＼初心者から／

ちゃんとしたプロになる

Figma 基礎入門

読む&作りながら学ぶ!

NEW STANDARD FOR FIGMA

相原典佳
沖 良矢
倉又美樹
岡部千幸 共著

books.MdN.co.jp
MdN
エムディエヌコーポレーション

はじめに

数ある書籍の中から、本書を手にとっていただきありがとうございます。

分業化が進んでいる制作・開発の現場では、ほかの職種の作業がわかりにくくなっているからこそ、コミュニケーションやコラボレーションが重要です。

Figmaは、デザイナーを中心に、さまざまな職種のみなさんと「協業」、つまりコラボレーションをしながらデザインを作っていくことで、真価を発揮するツールです。開発・制作の中心にFigmaを据えることで、自分だけでなくチーム全体としてのパフォーマンスを向上させられます。

デザイナーはもちろん、ディレクターやエンジニアなど、Figmaを扱うさまざまな人にFigmaの使い方や便利さを知ってほしいというコンセプトで本書を執筆しました。全7章で、以下のような構成になります。

- Lesson1～2：基礎的な知識や画面の見方を学ぶ
- Lesson3：アプリやWebサイトを試作できるプロトタイピング機能を扱う
- Lesson4：作成したデータを共有し、コラボレーションして制作や開発を行うための知識を伝える
- Lesson5～6：Figmaを使ったWebデザインとアプリデザインのノウハウを学ぶ
- Lesson7：ほかのツール（PhotoshopやIllustratorなど）との連携を扱う

Figmaは使いやすいだけなく、機能や使い方を知っていくことで「楽しさ」も感じるようなツールです。ぜひ、本書を土台にして、制作の現場で活かしてみてください！

2023年4月
著者を代表して
相原典佳

Contents 目次

Lesson 6

モバイルアプリをデザインする …… 223

Lesson 7

外部のデザインツールとの連携 …… 263

本書の使い方

本書は、Figmaの操作方法や使用方法を解説した書籍です。
画面の見方や基本的な使い方、Webサイトやアプリ制作での取り入れ方を解説しています。
本書の紙面の構成は以下のようになっています。

① 記事テーマ

記事番号とテーマタイトルを示しています。

② 解説文

記事テーマの解説。文中の重要部分は太字や黄色のアンダーラインで示しています。

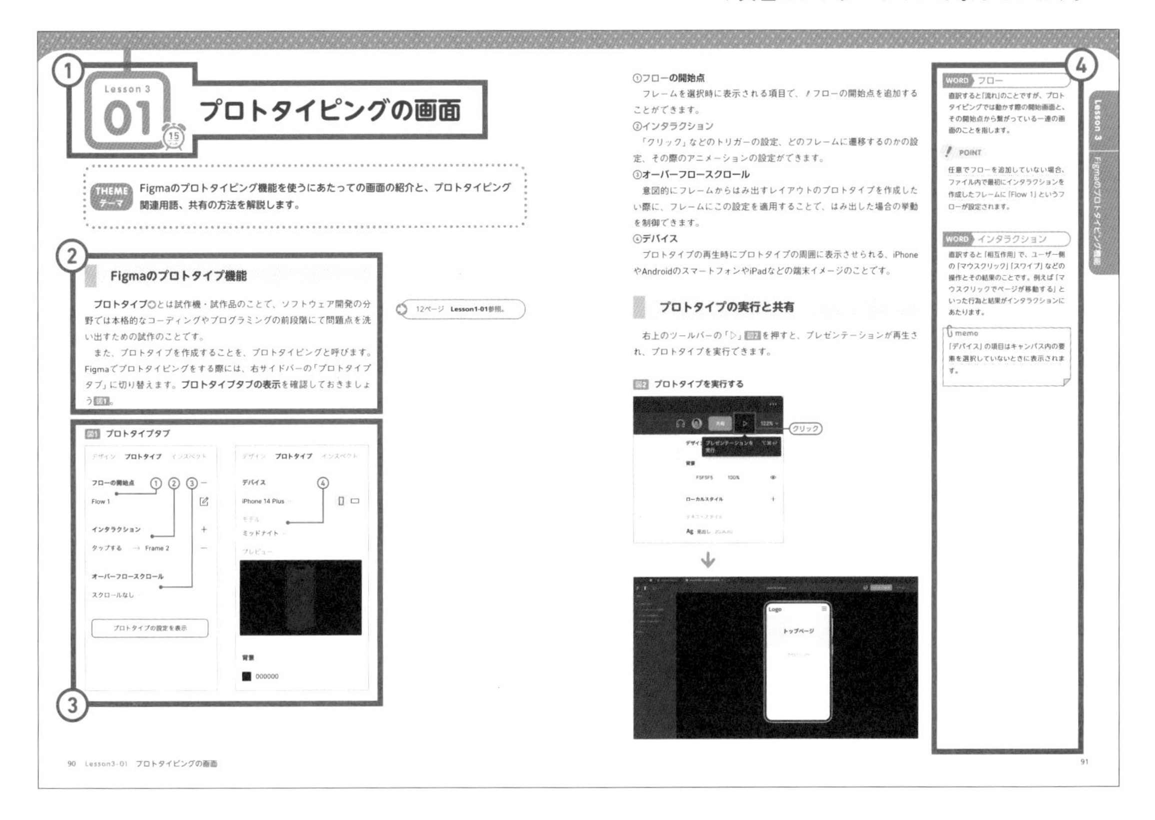

Lesson 3 01 プロトタイピングの画面

THEME テーマ Figmaのプロトタイピング機能を使うにあたっての画面の紹介と、プロトタイピング関連用語、共有の方法を解説します。

Figmaのプロトタイプ機能

プロトタイプとは試作機・試作品のことで、ソフトウェア開発の分野では本格的なコーディングやプログラミングの前段階にて問題点を洗い出すための試作のことです。

また、プロトタイプを作成することを、プロトタイピングと呼びます。Figmaでプロトタイピングをする際には、右サイドバーの「プロトタイプタブ」に切り替えます。**プロトタイプタブの表示**を確認しておきましょう 図1。

12ページ Lesson1-01参照。

図1 プロトタイプタブ

①フロー の開始点

フレームを選択時に表示される項目で、フローの開始点を追加することができます。

②インタラクション

「クリック」などのトリガーの設定、どのフレームに遷移するのかの設定、その際のアニメーションの設定ができます。

③オーバーフロースクロール

意図的にフレームからはみ出すレイアウトのプロトタイプを作成したい際に、フレームにこの設定を適用することで、はみ出した場合の挙動を制御できます。

④デバイス

プロトタイプの再生時にプロトタイプの周囲に表示させられる、iPhoneやAndroidのスマートフォンやiPadなどの端末イメージのことです。

プロトタイプの実行と共有

右上のツールバーの「▷」図2 を押すと、プレゼンテーションが再生され、プロトタイプを実行できます。

図2 プロトタイプを実行する

WORD フロー
直訳すると「流れ」のことですが、プロトタイピングでは動かす際の開始画面と、その開始点から繋がっている一連の画面のことを指します。

POINT
任意でフローを追加していない場合、ファイル内で最初にインタラクションを作成したフレームに「Flow 1」というフローが設定されます。

WORD インタラクション
直訳すると「相互作用」で、ユーザー側の「マウスクリック」「スワイプ」などの操作とその結果のことです。例えば「マウスクリックでページが移動する」といった行為と結果がインタラクションにあたります。

memo
「デバイス」の項目はキャンバス内の要素を選択していないときに表示されます。

90 Lesson3-01 プロトタイピングの画面　　91

③ 図版

Figmaの画面や作例画像などの図版を掲載しています。

④ 側注

POINT　重要部分を詳しく掘り下げています(一部、解説文のアンダーラインに対応)。

memo　実制作で知っておくと役立つ内容を補足的に載せています。

WORD　用語説明。解説文の色つき文字と対応しています。

サンプルのダウンロードデータについて

本書のLesson2、3、5、6の解説で使用するサンプルデータはFigmaファイルのため、下記のFigmaのWebサイトから入手できます。各サンプルデータの複製・保存方法は、62ページを参照してください。

Lesson2のサンプルデータ

https://www.figma.com/community/file/1227846740286417398

数字

Lesson3のサンプルデータ

https://www.figma.com/community/file/1227846788973611511

数字

Lesson5のサンプルデータ

https://www.figma.com/community/file/1227847561269469690

数字

Lesson6のサンプルデータ

https://www.figma.com/community/file/1227847004835461624

数字

このほかに、Lesson5のサンプルデータにはSVG・JPEG形式の画像ファイルが含まれます。画像ファイルは下記のURLからダウンロードしていただけます。

https://books.mdn.co.jp/down/3222303055/

数字

【注意事項】
- 弊社Webサイトからダウンロードできるサンプルデータは、本書の解説内容をご理解いただくために、ご自身で試される場合にのみ使用できる参照用データです。その他の用途での使用や配布などは一切できませんので、あらかじめご了承ください。
- 弊社Webサイトからダウンロードできるサンプルデータの著作権は、それぞれの制作者に帰属します。
- 弊社Webサイトからダウンロードできるサンプルデータを実行した結果については、著者および株式会社エムディエヌコーポレーションは一切の責任を負いかねます。お客様の責任においてご利用ください。

Lesson 1

Figmaの基本とワークフロー

このLessonでは、Figmaの概要と特徴、画面の見方やツールについて解説します。基礎的な内容ですので、しっかり学んでいきましょう。

基本解説　機能解説　実践・制作

Figmaを知ろう

ここではFigmaの特徴と概要を解説し、Figmaの得意・不得意についても触れています。使い方を知る前に、まずはFigmaでできることをつかみましょう。

Figmaってどんなツール？

Figmaは、Webサイト、スマートフォンアプリのデザインに最適なツールです。2023年現在、Figmaはさまざまな現場で導入が進んでいて、人気も高まっているデザインツールとなっています。

その理由の1つは、Figmaにはデザイン機能、プロトタイピング機能、バージョン管理機能、コメント・通話機能などがあり、Figma1つでそれらをまかなえることができる点です。

2つ目の理由は、Figmaはオンラインで操作できるツールとなっていて、データのやり取りもオンライン上で完結することです。データが常に最新版となるためコラボレーションがしやすくなり、デザイナーだけではなく、ディレクターやコーダー・プログラマー、クライアントなどがFigmaの機能を通して開発・制作に関わりやすくなります 図1。

図1 Figmaはオンライン上のデータをやり取りします

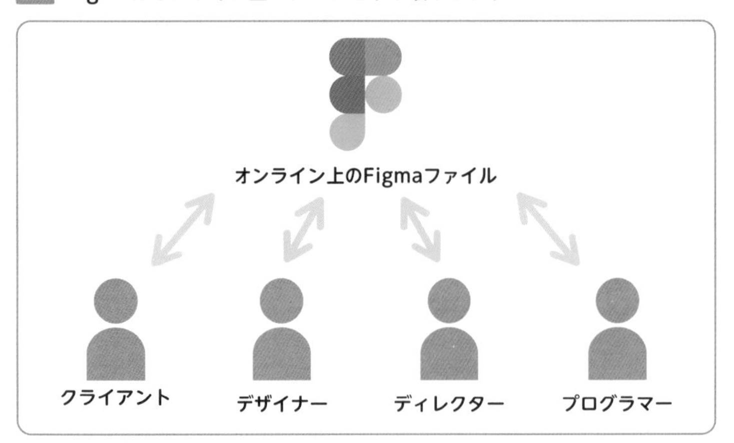

これらの理由から、Figmaを開発・制作の中心に据えることで、作業の「後戻り」が発生しにくくなり、関係者との良質なフィードバックが発生しやすくなるメリットがあります。

memo

UX Toolsの調査（2022年）では、UIデザイナーの88%がFigmaを利用しているという結果が出ています。
出典：
https://uxtools.co/survey/2022/

POINT

通話機能はスターター（無料プラン）にはありません。プランの違いは16ページ、Lesson1-02で解説しています。

memo

Figmaはオフラインで使うことはできません。インターネットへの接続状況が悪く、一時的に接続できなくなってしまったときは、再度接続したときにまとめて変更内容が同期されます。

memo

Figmaと似た機能を備えたデザインツールとして、ほかにSketch、Adobe XDの2つがあり、細かい使用感の違いや基本機能の違いがありますが、不足する機能はプラグイン（43ページ、Lesson1-06参照）で補える場合もあります。また、SketchからFigmaへの移行は269ページ、Lesson7-02で解説しています。

Figmaが得意なこと

Figmaのデザイン機能は、Webデザインやスマートフォンアプリなどの**UIデザイン**に特化した機能が備わっているため、それらにチューニングされた使い心地が得られます。

Figmaが得意とするデザインの種類は次のものがあります。

- Webサイト
- スマートフォンアプリ
- ワイヤーフレーム

WORD UIデザイン

UIとはユーザーインターフェースの略で、利用者が触ることができる箇所、といった意味です。ここでの「UIデザイン」はWebサイトやモバイルアプリ、デスクトップアプリなどのデザインを指します。

ワイヤーフレームとは

ワイヤーフレーム 図2 とは、Webサイト・Webサービスやスマートフォンアプリの骨組みや設計図ともいえるもので、画像や見出し、テキスト、クリック可能なボタンやリンクなどの情報をどの画面に配置するのかを示した図です。

図2 Wireframes for mobile UI design

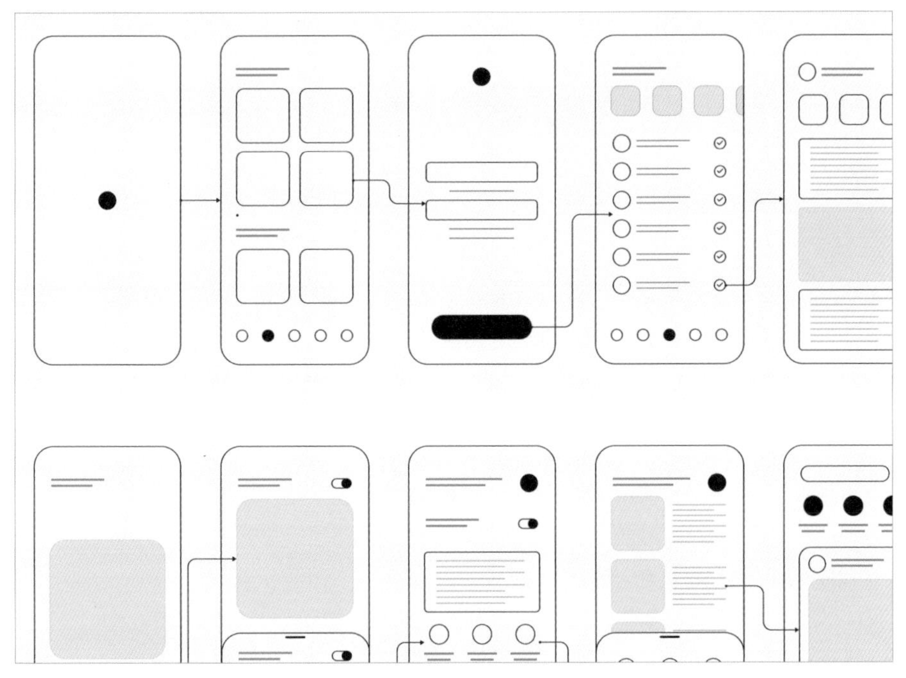

https://www.figma.com/community/file/848318135747364351

ワイヤーフレームはディレクターが作成する場合が多いのですが、デザイナーが作る場合もあります。

プロトタイプとは

ワイヤーフレームが完成したあとに、プロトタイプを作成する場合があります 図3。

プロトタイプとは試作機・試作品のことで、ソフトウェア開発の分野では本格的なコーディングやプログラミングの前段階にて問題点を洗い出すための試作のことです。

POINT

プロトタイプの作り方は、90ページ、Lesson3で解説します。

図3 Figmaで作成したプロトタイプ

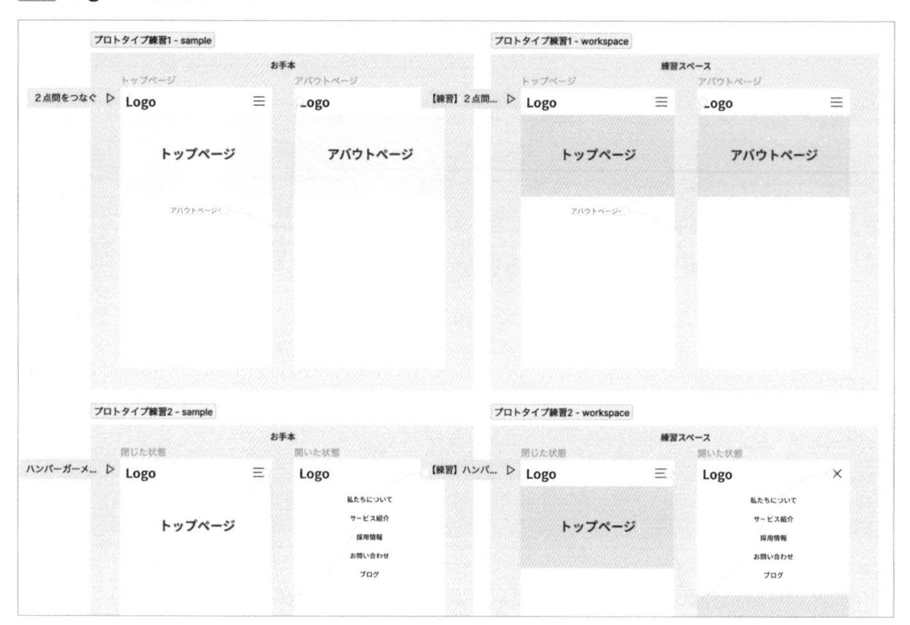

Figmaでのプロトタイプ作成は、画面から画面へ遷移する様子をアニメーションで表現できるなど、実際のWebサイトと似た機能を実現できます。

例えば、Figmaを含めたデザインツールでWebページの画面を作成しただけでは、画面内のボタン部分をクリックしても何も反応しません。そのような機能を実現する場合、コーディングやプログラミングが必要になります。

しかし、プロトタイプ機能を用いれば、ボタン部分に「別ページへの移動」を設定することで、ページ遷移の機能をコーディングの実装をせずに疑似的に表現できます。これによって、コーディングやプログラミングで実装する前に、問題点の確認や洗い出しをすることができます。

WORD コーディングやプログラミング

コーディングとは主にHTMLとCSSを記述することをいい、プログラミングはJavaScriptやPHP、Swiftなどのプログラミング言語を記述することをいいます。

Figmaが苦手なこと

Figmaが苦手とするデザインの種類もあります。

◎紙媒体のデザイン
◎ロゴ制作
◎写真のデジタル現像
◎モーションデザイン

これらのデザインをする場合は、別のツールを選択することを検討しましょう。

これらのうち、ロゴ制作や写真の補正はWeb制作やアプリデザインでも必要になります。ロゴ制作で必要なベジェ曲線はFigmaでも扱えますが、複雑なパスを扱う場合はAdobe Illustratorなどが適切でしょう。同様に写真の補正も、簡易な補正は可能ですが、より高度なレタッチをしたい場合はAdobe Photoshopなどを用いるほうがよいです。

Figmaだけで完結させるのではなく、適切なツールを使うことを意識しましょう。

memo
Illustrator、PhotoshopとFigmaとの連携については、264ページ、Lesson7-01で解説しています。

Figmaをはじめる

Figmaを使いはじめるための手順を解説します。まずは無料プランのスターターではじめるのがよいのですが、ほかのFigmaのプランについても紹介しています。

Figmaアカウントを作成する

Figmaをはじめるにあたって、まずはアカウントを作成しましょう。公式サイト右上の「始める」から作成します 図1 。

図1 Figma 公式Webサイト

https://www.figma.com/ja/

メールアドレスとパスワードを決めて入力します 図2 。

図2 メールアドレスとパスワードを入力

次の画面で「自分の名前」を入力し、「職種・利用目的」を選択、任意で「メーリングリスト参加への同意」をチェックし、アカウントを作成します 図3。

図3 アカウントを作成

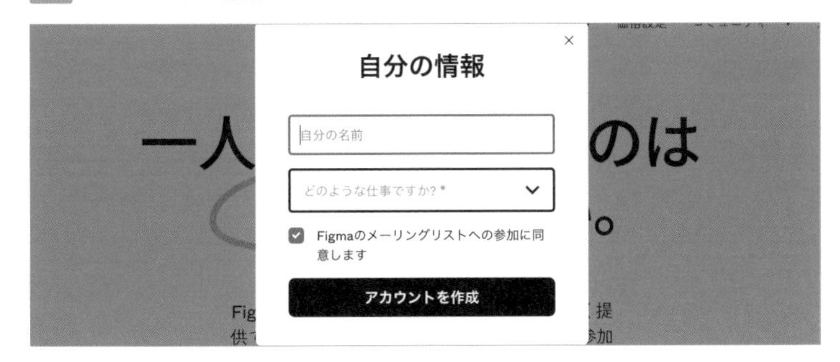

入力したメールアドレス宛に確認用のメールが送られていますので、「メールを確認する」をクリックすることで、Webブラウザで「Figmaへようこそ」の画面が立ち上がります 図4。

memo
Googleアカウントで作成することもできます。

図4 「Figmaへようこそ」画面

チームを作成する

アカウントを作成したら、次は「チーム」を作成することになります。Figmaのチームは、「組織単位で用意するFigma上の場所」と考えるとよいでしょう。チームの中に「プロジェクト」が作成でき、プロジェクトの中に「ファイル」を作成できます。

チームは、会社や組織ごとに1つ用意するとよいでしょう。「プロジェクト」は、例えば制作会社であれば複数の案件をこなすことになるので、それらの案件ごとに1つのプロジェクトを用意する、という使い方になります。

自分自身が参加するチームを作成しましょう。チーム名を入力します。チームのプランを選ぶ際は、無料のプランである「スターター」でかまいません（次ページ 図5）。

図5 チームのプランを選ぶ

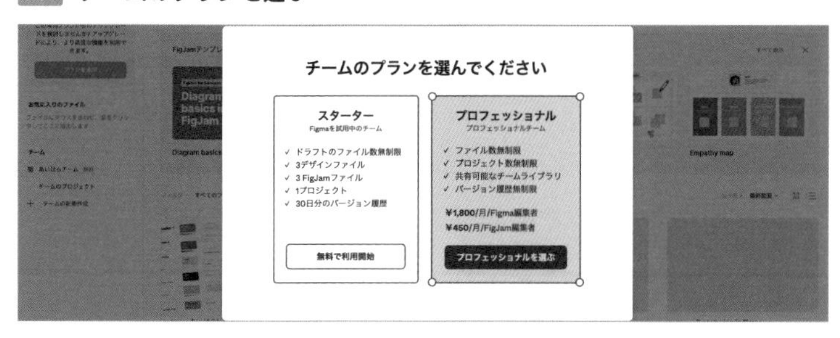

memo

Figmaが英語版となっている場合は日本語版にしておきましょう。画面右下にある「?」アイコンをクリックし、「Change languages...」を選択、日本語を選び「Save」ボタンをクリックすると日本語化されます。

Figmaの料金プラン

Figmaには、以下のようなプランがあります。本書は、無料のスタータープランであっても問題なく読み進められるようになっていますのでご安心ください。

Figmaの料金 図6 は「Figmaプロフェッショナル」以上のプランで発生し、「編集者」権限があるメンバー1人あたりの料金となります。個人や小規模なチームでFigmaを利用する場合、ほとんどのケースではスタータープランかプロフェッショナルプランで問題ありません。

memo

2023年3月時点の料金となります。プロフェッショナル、ビジネスでは円での支払いが可能です。

図6 料金プランと機能

プラン	編集者 1 人あたりの月額	支払いサイクル	機能
スターター	無料	-	・プロジェクト数 1 つまで ・ファイル数 3 つまで（下書きは無制限） ・バ ジョン履歴 30 日間 ・ライブラリはスタイルのみ
プロフェッショナル	1,800 円（年払い時） 2,250 円（月払い時）	年払い、または月払い	・プロジェクト数無制限 ・ファイル数無制限 ・バージョン履歴無制限 ・ライブラリ制限なし ・会話（音声通話）機能 ・パスワード保護
ビジネス	6,750 円	年払いのみ	プロフェッショナルプランのすべての機能 ・チーム数無制限 ・組織全体のデザインシステム ・デザインシステムアナリティクス ・ブランチとマージ機能 ・プライベートのプラグインとウィジェット ・シングルサインオン ・Webhook
エンタープライズ	お見積り価格	年払いのみ	ビジネスプランのすべての機能 ・高度なセキュリティ ・柔軟なチーム管理
エデュケーション	無料	-	学生と教育機関のみが利用できる特別なプラン

デスクトップアプリをダウンロード

Figmaは、Webブラウザまたはデスクトップアプリから利用できます。本書では、デスクトップアプリでの利用を基本として進めます。デスクトップアプリのダウンロードは、ダウンロードページの「デスクトップアプリ」図7から可能です。OSに応じたファイルをダウンロードし、インストールしましょう。また、システム要件は次のとおりです図8。

図7 Figmaのダウンロード

https://www.figma.com/ja/downloads/
このページへは、ホームページから「製品」→「ダウンロード」と移動します

図8 Figmaのシステム要件

Figma の種類	システム要件
ブラウザ版	・Chrome 72 以上 ・Firefox 78 以上 ・Safari 14.1 以上 ・Microsoft Edge 79 以上
デスクトップアプリ	・Windows 8.1 以上 ・macOS 10.13 (macOS High Sierra) 以上

Figmaのデスクトップアプリでは、自分のPCにインストール済みのフォントを利用可能ですが、ブラウザ版で同様に自PCのフォントを利用する場合は、フォントインストーラーを利用する必要があります。

ダウンロードページの「フォントインストーラー」から**OSごとのインストーラー**をダウンロードし、インストールしましょう。

memo

エデュケーションプランでは、プロフェッショナルプランと同等の機能を利用できます。なお、エデュケーションプランを利用するには、Figmaによる資格認定を受ける必要があります。詳しくは公式サイトをご覧ください。
https://www.figma.com/ja/education/

memo

エンタープライズプランを利用するにはFigmaへの問い合わせが必要になります。詳しくは公式サイトをご覧ください。
https://www.figma.com/ja/enterprise/

POINT

ダウンロードページの「フォントインストーラー」からOSごとのインストーラーをダウンロードし、インストールする、という手順となります。

Figmaの基本の画面

Figmaのファイルやデータにアクセスできるファイルブラウザと、Figmaで実際に作業をしていくキャンバス、そしてそれら画面の構成と名称について見ていきます。

ファイルブラウザ画面の構成と名称

Figmaを立ち上げた際のホーム画面を「ファイルブラウザ」と呼びます 図1。

図1 ファイルブラウザ画面

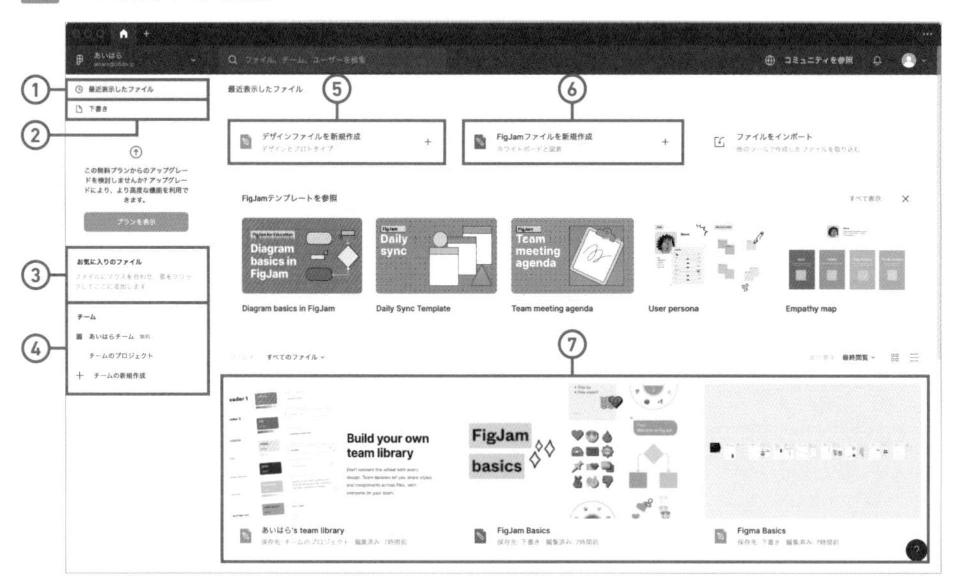

① **最近表示したファイル**

最近に表示したファイルが、近い日付の順に一覧で表示されます。

② **下書き**

ファイルを作成した際に保存される場所です。また、削除済みのファイルも「下書き」からアクセスできます。

③ **お気に入り**

ファイル右下にある「☆」アイコンの「お気に入りに追加」をクリックした際に、この場所に追加されます。

memo

プロジェクト内で新規作成した場合は、「下書き」内ではなくプロジェクト内のファイルとして保存されます。

④ **チーム**

Figmaのアカウントは複数のチームに参加することができ、所属中のチームが一覧で表示されます。

⑤ **デザインファイルを新規作成**

デザインファイルの新規作成ができます。

⑥ **FigJamファイルを新規作成**

FigJamファイルの新規作成ができます。

⑦ **ファイルの一覧**

ファイルが一覧で表示されます。デザインファイルとFigJamをフィルターすることが可能で、並び順を「最終更新」「アルファベット」「作成日」で並べ替えることができます。

WORD FigJam

ブレインストーミングとアイデアの整理に有用な、ホワイトボードのコラボレーションツールです。スタータープランの場合、FigJamファイルを3ファイルまで利用できます。本書では詳しく扱いませんが、必要に応じて利用してみるとよいでしょう。

memo

新規でアカウントを登録した場合でも、「下書き」や「プロジェクト」に最初からいくつかのファイルがあります。使い方の実例がわかるものなので、触ってみてもよいでしょう。

デザインファイルの画面構成と名称

図2の画面は、デザインやプロトタイピング、コメントのやり取りといったほとんどの操作を行う作業場所です。

図2 デザインファイル画面

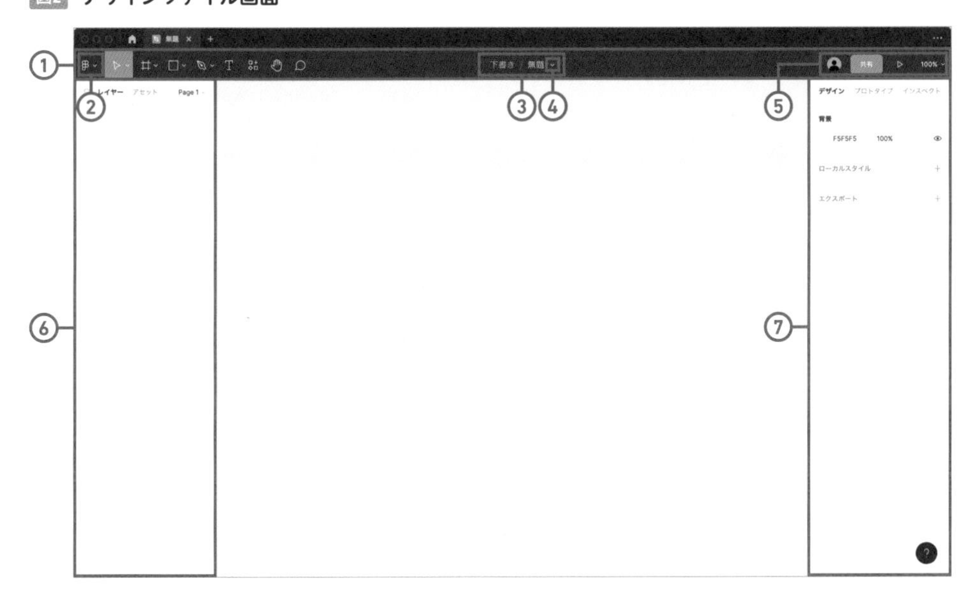

① **ツールバー**

デザインツールやメニュー、今アクセスしているアカウント、共有ボタン、表示設定などがまとまっています。

② **メインメニュー**

Figmaアイコンの箇所をクリックした際に表示されます。「メインメニュー」の機能や使い方は20ページで解説します。

memo

①ツールバーのデザインツールの機能や使い方は28ページ、Lesson1-04で解説しています。

③コンテキストツール

ツールバー中央付近に表示される機能です。何も選択していない状態ではプロジェクト名とファイル名、「ファイル関連アクション」が表示されます。キャンバスで選択している要素があると、その要素に応じた機能が表示されます。例えばシェイプを複数選ぶと、シェイプ同士を結合したり型抜きしたりするブーリアングループの機能が表示されます。

④ファイル関連アクション

「コンテキストツール」内の、何も選択していないときに表示される「下向きの矢印アイコン」がファイル関連アクションです 図3。その中にある「バージョン履歴」は、26ページで解説しています。

⑤ユーザーアバター、共有、プレゼンテーション、表示オプション

ツールバー右上に表示される機能で、アバターは今アクセスしているアカウントのアバターが表示されます。共有は、ファイルURLの共有が可能です。プレゼンテーションは、プロトタイプ機能を使うときや、その名のとおりプレゼンテーション用スライドをFigmaで作成した際に使います。表示オプションは、拡大縮小などをコントロールできます。

⑥左サイドバー

レイヤータブ、アセットタブがあり、それぞれを切り替えられます。また、「ページ」の部分をクリックすると、レイヤータブの上部に現在のページが表示されます。左サイドバーのそれぞれの項目については、22ページから解説します。

⑦右サイドバー

デザインタブ、プロトタイプタブ、インスペクトタブがあります。デザインタブは24ページから解説します。プロトタイプタブは、プロトタイプの作成時に利用するタブです。インスペクトタブは、Webサイト制作でコーディング作業をする際に必要な値を取得するために利用します。

メインメニュー

ツールバーの左上にあるFigmaアイコンをクリックした際に表示されるメニューが「メインメニュー」です 図4。

図3 ファイル関連アクション

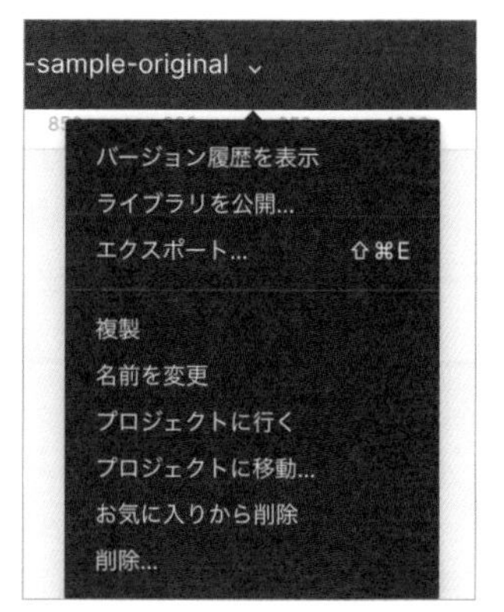

memo

⑤の機能のうち、共有は108ページ、Lesson4-01で、プレゼンテーション機能は91ページ、Lesson3-01で、表示オプションは55ページ、Lesson2-01でそれぞれ解説しています。

WORD レイヤー

「層」のことで、Figmaではテキスト、図形などの各要素のことです。レイヤータブ内に一覧で表示されることになります。

memo

⑦右サイドバーのプロトタイプタブは90ページ、Lesson3-01で、インスペクトタブは124ページ、Lesson4-04で解説しています。

memo

メインメニューのうち、WebブラウザのFigmaには「ファイルへ戻る」があり、そこから「ファイルブラウザ」に移動できます。一方で、デスクトップアプリのFigmaでは左上の「家アイコン」からファイルブラウザへ移動します。

図4 メインメニュー

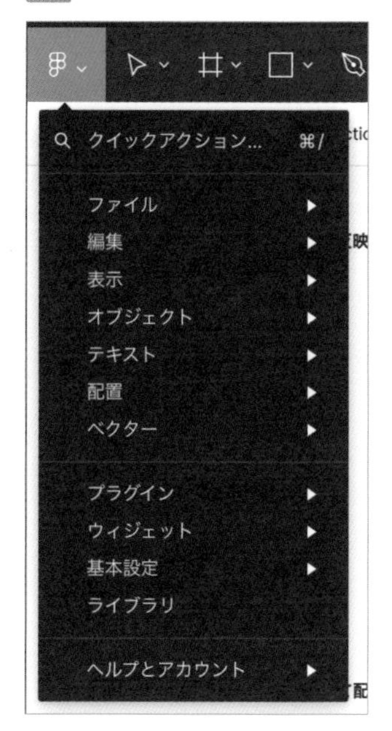

メインメニューの「編集」や「テキスト」の項目など多くの項目は、右サイドバーのデザインタブやショートカットキーからの変更も可能です。メインメニューから変更するよりも、デザインタブから、またはショートカットキーからの設定変更のほうが効率的な場合が多くあります。

メインメニュー内にある「クイックアクション①」は使いたい**プラグイン**を呼び出す際に使うことが多いでしょう。ただし、メインメニュー内から選ぶよりは、⌘（Ctrl）+/キーのショートカットキーを使うとよいです。

また、Figmaなど多くのデザインツールには、shiftキーを押しながら方向キーを押すと、まとまった移動やまとまった数値の増減ができる機能があり、Figmaでは変化量を変更できます。「基本設定②」の「ナッジ」を開き、「大きな調整」を初期値の「10」から違う値にすることで変更されます図5。

43ページ　Lesson1-06参照。

POINT

Webデザインやアプリデザインでは8の倍数でデザインすることも多いので、その場合「ナッジ」の「大きな調整」を「8」に変更するとよいでしょう。

図5 ナッジを変更

左サイドバー

左サイドバーを詳しくみていきましょう 図6。

図6 左サイドバー

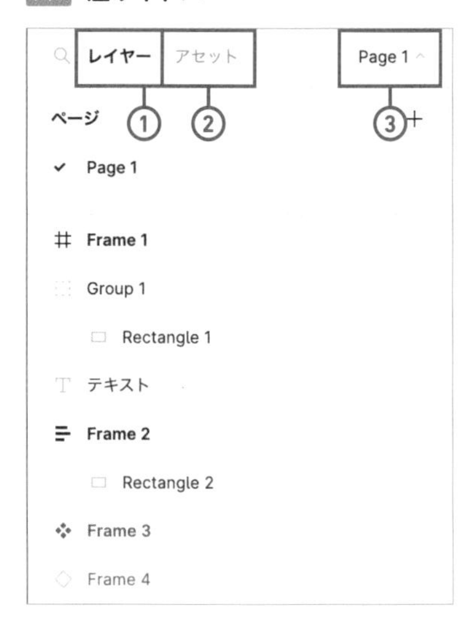

① レイヤーパネル

ページ内のレイヤーが一覧で表示されます。レイヤーパネル内でより上にあるレイヤーが、重なり順として上に表示されます。

レイヤー名の先頭のアイコンは、テキスト、**フレーム**、**グループ**➡などのレイヤーの種類によって別のアイコンが表示されます 図7。

57ページ **Lesson2-01**参照。

また、レイヤーでは「表示」「非表示」の切り替え、「ロック」「ロック解除」の切り替えが可能です 図8。

図7 レイヤー名の先頭のアイコン

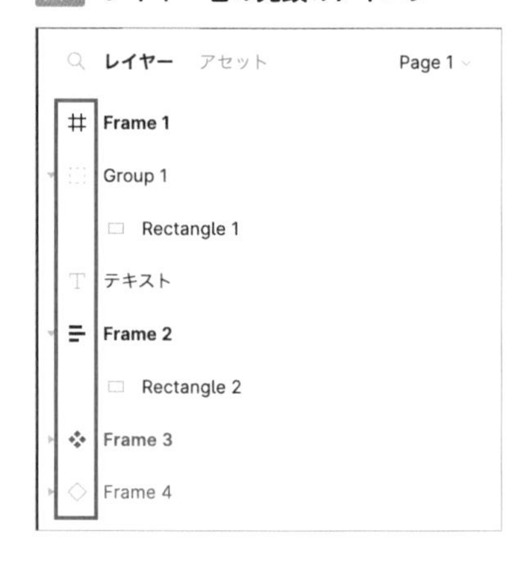

図8 「表示」「非表示」、「ロック」「ロック解除」の切り替え

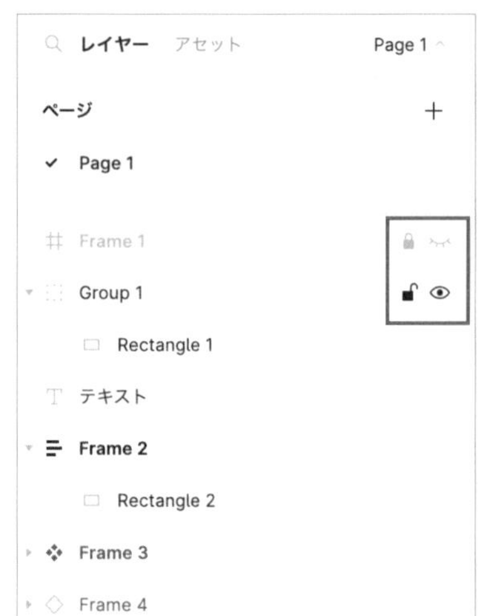

②アセットパネル

アセットパネル 図9 では、利用可能な**コンポーネント**が一覧で表示されます。

68ページ Lesson2-03参照。

図9 アセットパネル

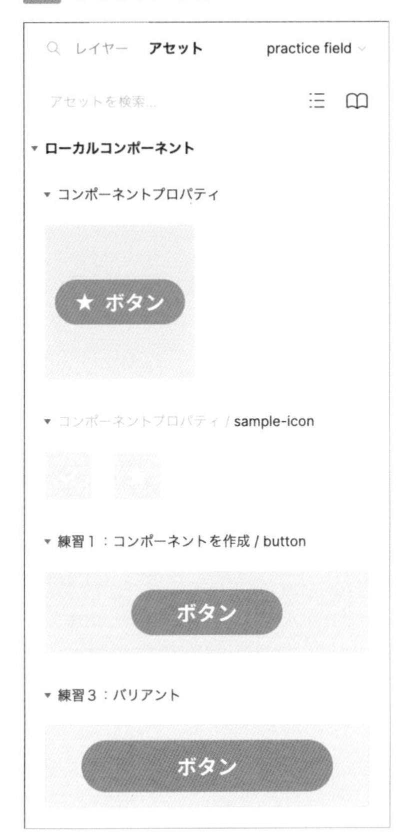

コンポーネントはサムネイルで表示されていて、ドラッグ&ドロップでキャンバスにインスタンスとして配置することができます。

ファイル内で定義されているコンポーネントのほかに、**ライブラリ**のコンポーネントなどが表示されます。

127ページ Lesson4-05参照。

③ページ

Figmaのデザインファイルは複数のページを持つことができ、それぞれのページごとにキャンバスがあります。③の箇所をクリックすることで、ページの一覧の表示・非表示を切り替えられます。ページを追加する場合は、右上の「+」アイコンから可能です。

POINT

無料のプランであるスターターの場合、3ページまでとなります。

memo

ページの活用方法として、コンポーネントやスタイルをまとめるためのページとしたり、ワイヤーフレーム一式やスマートフォン用のデザインなどデザインの種類別でまとめておいたり、関係者と検討中の状態を仮置きするためのページを用意したりと、さまざまな使い方があります。

デザインタブ

右サイドバーのデザインタブを解説します図10。

① 整列

選択した要素を、特定の基準に合わせて揃えられる機能です。

② レイヤー関連の設定

選択中の要素のX座標(左から)の位置、Y座標(上から)の位置、高さ、幅、角度などが設定できます。フレーム要素がフレームやシェイプの場合、角丸の半径を設定できます。フレームの場合は「コンテンツを切り抜く」が設定できます。コンテンツを切り抜くは32ページ、Lesson1-05で、フレームについては56ページ、Lesson2-01で解説しています。

③ インスタンス

インスタンスを選択中に表示され、コンポーネントプロパティが設定されている場合に設定を変更することができます。コンポーネントとインスタンスについては68ページ、Lesson2-03で解説しています。

④ オートレイアウト

オートレイアウトを設定している場合、オートレイアウトを調整するための設定が表示されます。オートレイアウトは78ページ、Lesson2-04で解説しています。

⑤ 制約

選択中の要素の外側にフレームがある場合に表示される設定が「制約」です。制約は58ページ、Lesson2-01で解説しています。

⑥ レイアウトグリッド

レイアウトグリッドは、要素を揃えて配置したいときの基準になるグリッドを設定・表示できる機能です。レイアウトグリッドは60ページ、Lesson2-01で解説しています。

⑦ レイヤー

レイヤーのブレンドモード設定、不透明度、表示・非表示を調整できます。

⑧ 塗り

選択中の要素の色を設定できます。Figmaの場合、文字色もここで変更します。また、Figmaでは画像データも「塗り」として扱われます。画像については、30ページ、Lesson1-05で解説しています。

⑨ 線

要素の周囲に線を追加することができます。色、不透明度、太さ、線の位置を調整できます。また、「…」アイコンからは「高度な線設定」として、実線・破線の変更などを調整できます。

⑩ 選択範囲の色

複数の要素を選択しているときに、それらの要素で適用されている色を一覧として表示してくれる機能です。

WORD ブレンドモード

複数の色が重なっているときに、どのように色が混ざり合うかの設定する機能です。

⑪ エフェクト

要素に影などを追加できる機能がエフェクトです。エフェクトには「ドロップシャドウ」「インナーシャドウ」「レイヤーブラー」「背景のぼかし」があり、効果の度合いを調整する場合は「エフェクトの設定」から調整します。

⑫ テキスト

テキストを選択したときに表示される設定です図11。

図11 テキスト

⑬ エクスポート

選択中の要素を画像として書き出すための設定です図12。エクスポートは38ページ、Lesson1-05で解説しています。

図12 エクスポート

⑭ ローカルスタイル

ローカルスタイルとは要素を選択していないときに表示される項目で、ファイル内で定義されているスタイルが表示されます図13。スタイルについては63ページ、Lesson2-02で解説しています。

図13 ローカルスタイル

図10 デザインタブ

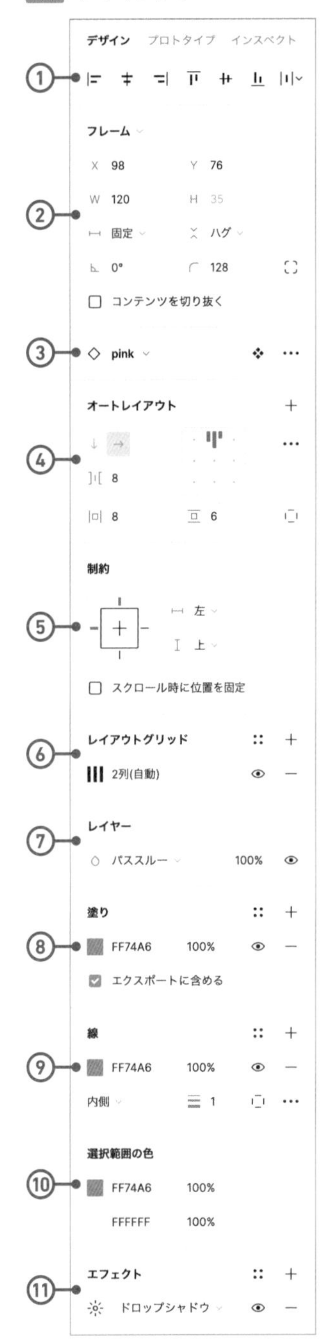

バージョン履歴

Figmaでは、制作途中のデザインの状態を30分ごとに保存しています。それらの状態をもとに「過去の状態に戻す」ことができる機能が、バージョン履歴です。これによって、あやまってデザインに必要な部分を消してしまったときに、元の状態へ復元することが可能です。

ツールバー中央のファイル名右にある「下向きの矢印アイコン」をクリックし、「バージョン履歴を表示」を選択します。すると、右サイドバーがバージョン履歴の一覧図14となります。

memo
無料のプランであるスターターチームでは、さかのぼれる期間が30日に制限されます。

図14 バージョン履歴の一覧

memo
ツールバー中央のファイル名の表示は、要素を何も選択していないときに表示されます。

一定のタイミングで自動でバージョン履歴が保存されるほか、「プラスアイコン」の「バージョン履歴に追加」をクリックすることで、任意のバージョン履歴として「現在のバージョン」を残すことができます図15。また、このとき「タイトル」と「変更の内容を説明」を設定しておくことができます。

図15 バージョン履歴に追加

バージョンを復元したい場合、履歴の右側にある「その他のオプション」から「このバージョンを復元」を選ぶことでそのバージョンの状態に復元されます図16。

図16 「このバージョンを復元」を選ぶ

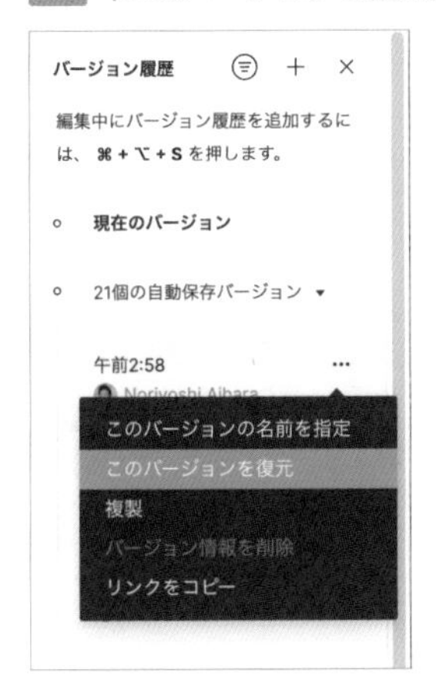

デザインが完成したタイミングや、クライアントに見せるタイミングなど、バックアップ的に保存しておきたいバージョンを残しておくとよいでしょう。

デザインに使うツール

THEME テーマ ここでは、Figmaでデザインするにあたって使用する各種デザインツールを解説します。

デザインツール

実際にデザインする上で使用するデザインツールを詳しく見ていきます 図1 。各ツールの右に「下向きの矢印アイコン」がある場合は、似た種類のツールが複数まとまっていて、クリックすると リストとして表示されます。

POINT

並び順として最上部にあるツールがもっともよく使うツールと考えてよいでしょう。

図1 デザインツール

⑮ ⑯ ⑰ ⑱

移動ツール

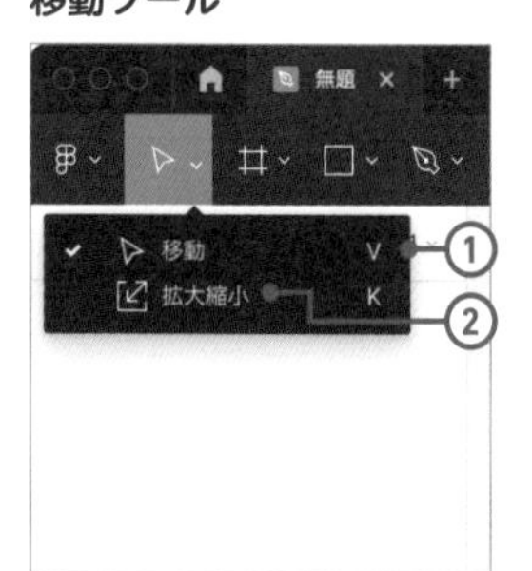

リージョンツール

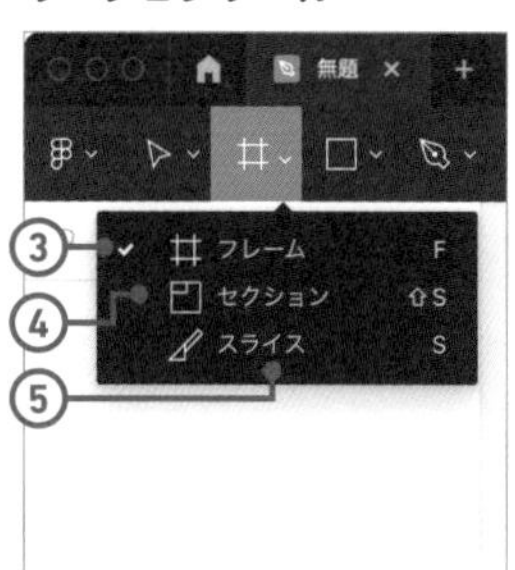

シェイプツール

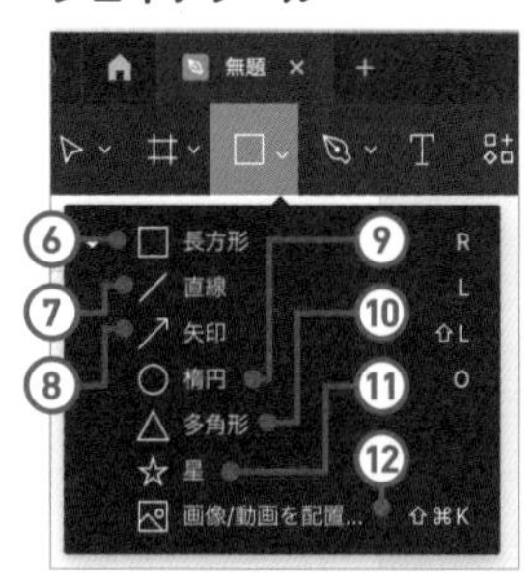

描画ツール

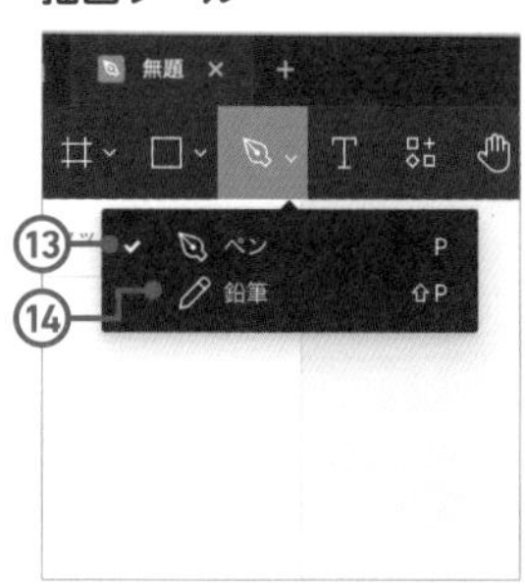

ツール名	機能	ショートカット
①移動	要素を選択・移動します。shift キーを押しながら選択すると、複数項目が選択できます。また、shift キーを押しながらドラッグして移動すると、水平、垂直に移動します。	V キー
②拡大縮小	要素の縦横比率を保ったまま拡大縮小ができます。このツールで要素を選択している場合、右サイドバーに「拡大縮小」の項目が表示されます。	K キー
③フレーム	フレームを作成します。このツールを指定している場合、右サイドバーに「フレーム」の項目が表示されます。	F キー
④セクション	セクションを作成します。	shift + S キー

ツール名	機能	ショートカット
⑤スライス	スライスを作成します。スライスとは、選択した範囲を画像として書き出すことができる機能です。画像を書き出す際は、右サイドバーの「エクスポート」で設定します。	S キー
⑥長方形	ドラッグして長方形を描画します。Shift キーを押しながらドラッグすると正方形が描画できます。	R キー
⑦直線	ドラッグして直線を描画します。shift キーを押しながらドラッグすると、45 度ごとの角度で描画できます。このツールを使用している場合、右サイドバーに「線」の項目が表示されます。	L キー
⑧矢印	ドラッグして矢印のある直線を描画します。また、この矢印のある直線は、右サイドバーの「線」の項目にある「終点」の設定を「線矢印」に変更したものと同一です。	shift + L キー
⑨楕円	ドラッグして円を描画します。shift キーを押しながらドラッグすると、真円として描画できます。	O キー
⑩多角形	ドラッグして多角形を描画します。shift キーを押しながらドラッグすると、辺の長さが同じ多角形を描画できます。多角形の頂点数は、右サイドバーの図2の箇所で設定ができます。	設定なし
⑪星	ドラッグして星型の図形を描画します。shift キーを押しながらドラッグすると、辺の長さが同じ星を描画できます。星の頂点数は、右サイドバーで設定ができます。	設定なし
⑫画像 / 動画を配置 ...	このツールを選択するとファイル選択ダイアログが表示され、画像ファイルを選んで配置することができます。このとき、複数の画像ファイルを選ぶと、その個数ぶんだけ一度に配置できます。また、図形の上でクリックすると、その図形の範囲内に配置することができます。	macOS : ⌘ + shift S キー / Windows : Ctrl + shift + K キー
⑬ペン	アンカーポイントやパスを作成します。作成済みのパスの調整をする場合は図3から「オブジェクトの編集」を選ぶことで調整が可能になります。	P キー
⑭鉛筆	フリーハンドの線を描画します。	shift + P キー
⑮テキスト	テキストを作成します。	T キー
⑯リソース	コンポーネント、プラグイン、ウィジェットのリストを表示します。	shift + I キー
⑰手のひらツール	ドラッグしてページ内を移動できます。	H キー
⑱コメントの追加	クリックした位置に、コメントを追加します。このツールを使用している場合、右サイドバーがコメント一覧になります。また、コメントの吹き出しは shift + C キーで非表示にできます。	C キー

図2 多角形の頂点数を変更できる箇所

図3 オブジェクトの編集を選ぶ

Figmaで画像を扱う

Figmaでの画像の扱いや挿入方法、Figmaでの画像の扱い、画像を書き出せるエクスポートなど、画像に関しての機能と使い方を解説します。

Figmaで画像を挿入する

Figmaで画像を挿入する場合、キャンバス内に❗画像ファイルをドラッグ＆ドロップするだけで、その場所に画像が配置されます。1つの画像ファイルを配置するだけなら、この方法がもっともシンプルでしょう。

また、長方形や円を作成し、その背景画像として画像を読み込むこともできます。「塗り」の項目で**カラーコード**が表示されているすぐ左の正方形をクリックし、**カラーピッカー**を表示させます。左上の「単色」の箇所をクリックし「画像」を選び、「画像を選択」から配置したい画像を選択します 図1。

❗ POINT

サポートしている画像の形式は、PNG、JPEG、HEIC、GIF、WEBPです。

WORD カラーコード

カラーコードとは光の3原色に基づいた色を数値化したもので、Figmaでは16進数の6桁であらわします。

WORD カラーピッカー

カラーピッカーとはFigmaでカラーを変更するときに利用する機能です。本Lessonの34ページで解説します。

図1 長方形の背景画像として画像を読み込む

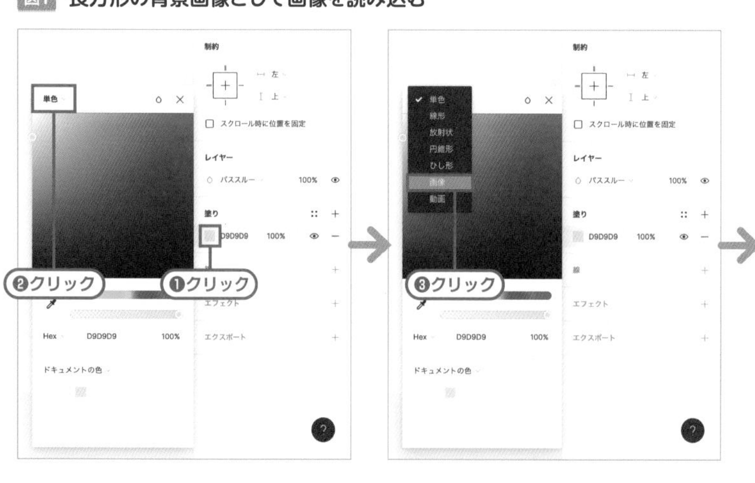

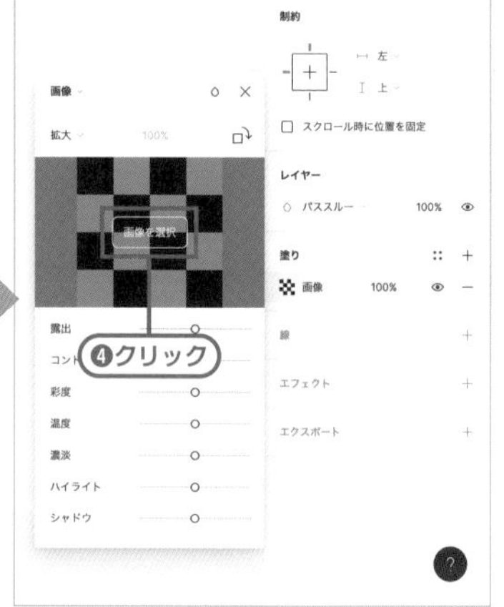

ほかの方法として、デザインツールの「画像/動画を配置...」から画像を配置することができます。複数ファイルを一度に配置する場合はこの方法がよいでしょう。

Figmaでの画像の扱い

Figmaで画像を配置すると、図形にひもづく「塗り」の1パラメーターとして存在することになります。

図2の箇所を変更することで、画像をどのように配置するか、の設定を変えられます。

図2 画像の配置設定

拡大

画像を設定したときの初期値で、シェイプの範囲を埋めるように画像が拡大・縮小されます。シェイプの範囲に入り切らない部分は非表示となります図3。

図3 「拡大」設定時の表示

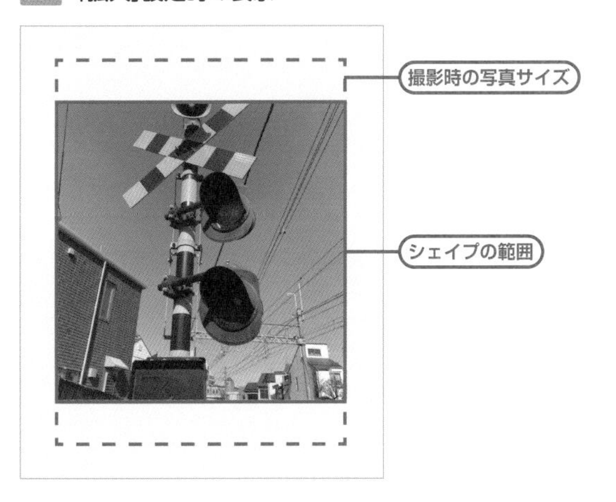

サイズに合わせて調整

シェイプの範囲のなかで、画像の全体がすべて表示されるように拡大・縮小されます(次ページ図4)。

POINT

ほかのデザインツールでは、画像は画像、図形は図形として存在できることが多いのですが、Figmaでは画像を入れるための図形が必要で、例えば長方形ならその長方形シェイプの中に画像が敷き詰められている状態になります。

memo

シェイプの縦横比率を保ったまま拡大縮小する際は、shiftキーを押しながら辺や頂点をドラッグします。

memo

シェイプの縦横比率を保ったまま拡大縮小する際は、shiftキーを押しながら辺や頂点をドラッグします。

図4 「サイズに合わせて調整」設定時の表示

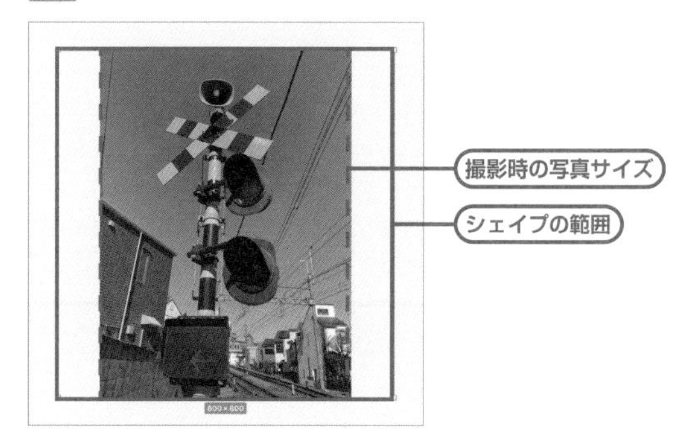

トリミング

バウンディングボックスが表示され、画像の一部を残す、つまり「トリミング」された画像になります図5。

図5 「トリミング」設定時の表示

タイル

シェイプ内に、画像をタイル状に敷き詰めたような表示になります。パーセンテージを変更することで、敷き詰める画像の表示倍率を調整できます。

画像補正

続いて、Figmaでの画像の補正方法を紹介します。イメージオプションを開くと、下部に画像補正の項目が並んでいます図6。

図6 画像補正の項目

スライダーの中央にあるツマミ部分を右にスライドさせるとプラスの効果、左にスライドさせるとマイナスの効果がかかります。

効果の種類としては次のとおりです。

POINT

複数の効果を同時に適用させることもできます。

露出

写真を撮影する際に、カメラに取り込まれる光の量のことを指します。右にスライドさせると明るくなり、左にスライドで画像が暗くなります。

コントラスト

画像の中の「明るい部分」と「暗い部分」の差のことです。右にスライドさせると明るい部分をより明るく、暗い部分をより暗くさせられます。左にスライドさせると明るい部分を暗く、暗い部分を明るくできます。

彩度

鮮やかさの度合いのことで、右にスライドさせると鮮やかな画像に、左にスライドさせると鮮やかさの低い画像になります。

温度

画像のトーンの一つで、右にスライドさせると暖色系の画像に、左にスライドさせると寒色系の色合いになります。

濃淡

画像のトーンの一つで、右にスライドさせると画像が**マゼンタ**寄りに、左にスライドさせるとグリーン寄りの画像にすることができます。

WORD マゼンタ
明るく鮮やかな赤紫色のこと。

ハイライト

画像の中の明るい部分にのみ影響する設定で、右にスライドさせると明るい部分をより明るく、左にスライドさせると明るい部分を暗くできます。

シャドウ

画像の中の暗い部分にのみ影響する設定で、右にスライドさせると暗い部分を明るく、左にスライドさせると暗い部分をより暗くできます。

カラーを変更できるカラーピッカー

Figmaでのカラーを変更するときに利用する、カラーピッカーについて見ていきましょう。

「塗り」の項目にある、色が表示されている正方形部分をクリックすると、カラーピッカーが開きます 図7。

memo
「線」でのカラーピッカーの利用も同様の手順となります。

図7 カラーピッカー

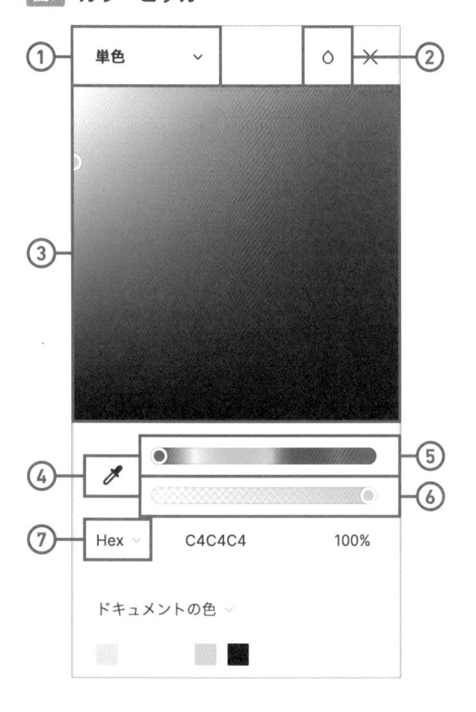

カラーピッカーの項目は、次のとおりです。

①塗りの種類

ベタ塗りとなる「単色」以外に、グラデーションの種類として「線形」「放射状」「円錐形」「ひし形」が設定できるほか、「画像」「動画」が選べます。

> **POINT**
> 「動画」は無料プランである「スターター」内のファイルには設定できません。

②ブレンドモード

ブレンドモードを設定できます。

③カラーパレット

範囲内の色をクリックやドラッグで選択することができます。丸く白いアイコンが現在の色をあらわしています。

④スポイトツール

キャンバス内の特定の色を取得して反映することができます。

⑤色相

色相とは赤や黄色、緑など色味のことで、バー状の色相をクリックやドラッグすることで、その箇所の色味に変更できます。

⑥透過度

透過度の設定項目です。0〜100の値で指定します。

⑦カラーモデル

Figmaではカラーモデルとして「Hex」「RGB」「HSB」「HSL」と、rgbaであらわされる「CSS」を選択できます。

> **POINT**
> 色をどのような値であらわすのか、の仕組みで、光の三原色を用いるRGBや、16進数であらわしたHEXなどがあります。

要素の形で切り抜くことができる「マスク」

画像とシェイプ、画像とテキストなど、複数の要素を重ねた際に、片方の形状で「切り抜く」ことができる機能が「マスク」です 図8。

図8 星型のシェイプによってマスクが適用されている様子

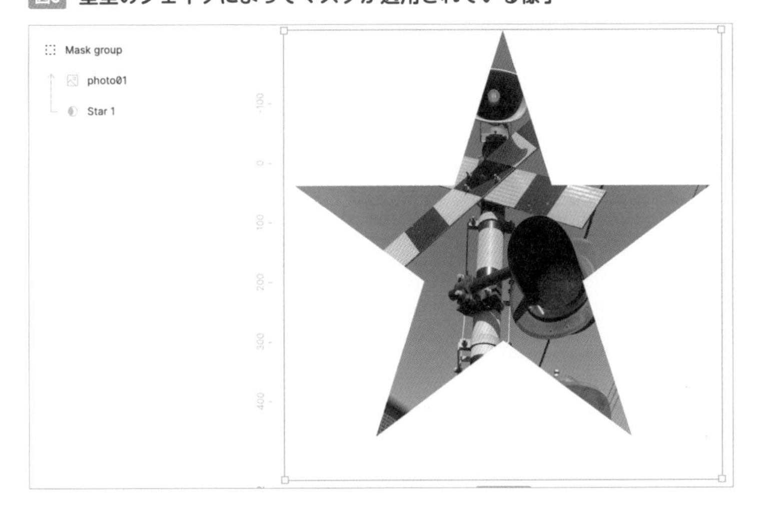

Figmaでは、下に重なっている要素の形で切り抜かれます。

例えば、画像を円形のシェイプで切り抜きたい場合、画像を上、楕円シェイプを下に配置し、両方を選択中に右クリックメニューの「マスクとして使用」を選ぶことでマスクが適用されます図9。

memo
ツールバーの上部中央に表示される「マスクとして使用」からも可能です。

図9 「マスクとして使用」を選択する

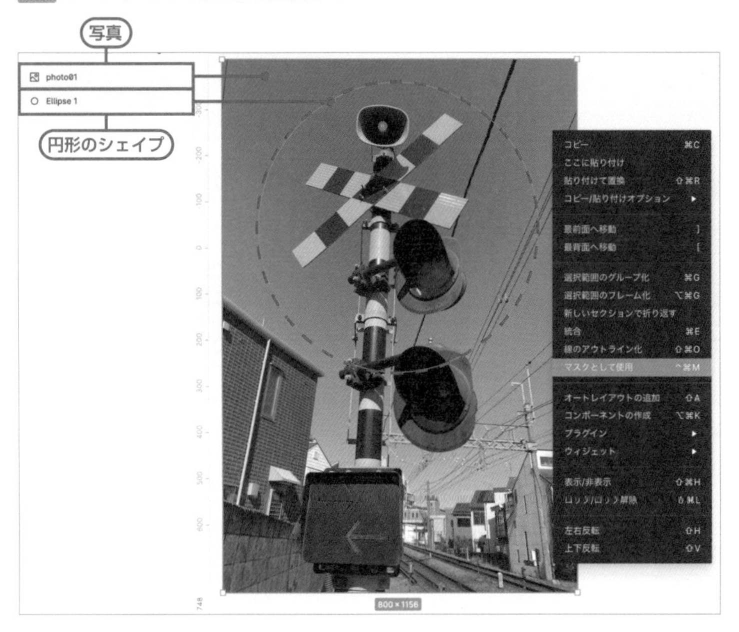

マスクの機能は、シェイプやテキストなどの複雑なかたちで切り抜くことができますが、単純な長方形の範囲の外にはみ出した部分を隠したいだけなら、フレームの「コンテンツを切り抜く」を利用する方法でもよいでしょう図10。

図10 フレームの「コンテンツを切り抜く」

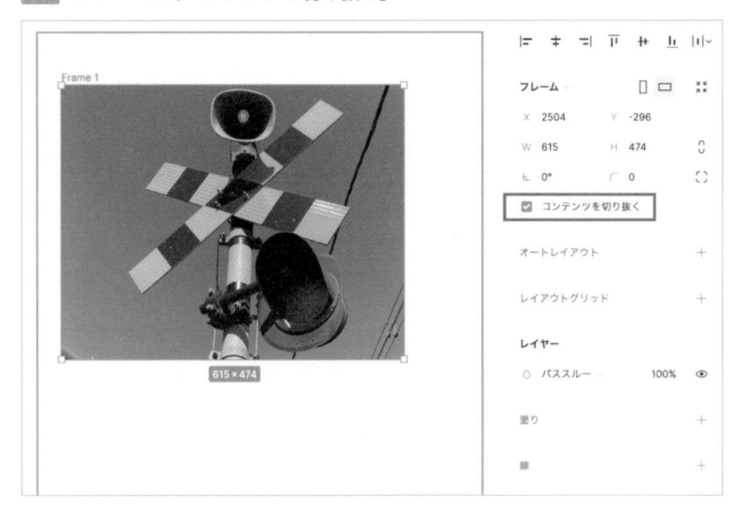

ブーリアングループ

ブーリアングループとは、レイヤー上で重なっている複数のシェイプを、1つのシェイプとして結合したり、型抜きしたりできる機能です図11。

POINT

Adobe Illustratorでは「パスファインダー」と呼ばれる機能です。

図11 ブーリアングループで「結合」した様子

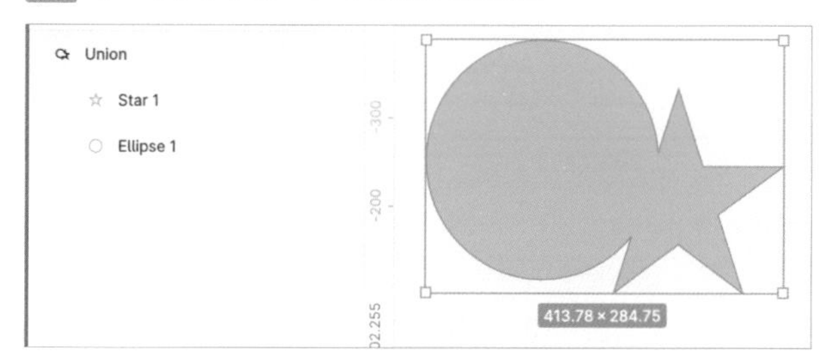

ブーリアングループは、重なっている要素を同時に選択しているときに、ツールバーの上部中央に表示される「ブーリアングループ」から利用可能です図12。

図12 ブーリアングループがツールバーの上部中央に表示される

ブーリアングループには4つの種類があります。

- 選択範囲の結合
- 選択範囲の型抜き
- 選択範囲の交差
- 選択範囲の中マド

それぞれを適用した際の挙動は、次のとおりです（次ページ図13 図14 図15 図16）。

memo

ブーリアングループを適用した状態だと、1つのシェイプにはなるわけではなく、レイヤーパネル上で「Subtract」という名前のグループとなり、中にはそれぞれの要素が残っていることがわかります。これを1つのシェイプにするには、⌘（Ctrl）+Eキーを押します。

図13 選択範囲の結合

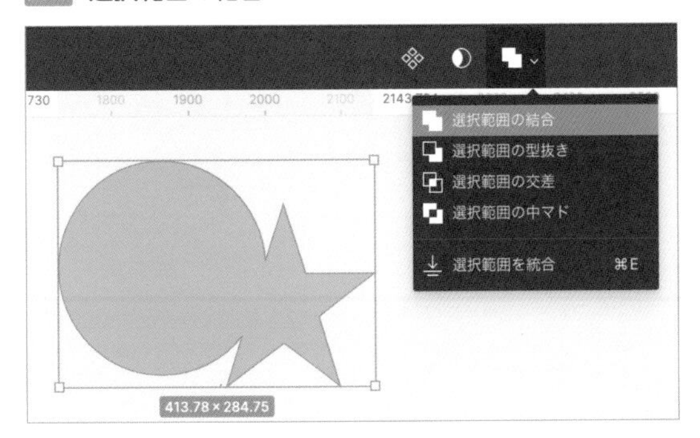

図14 選択範囲の型抜き

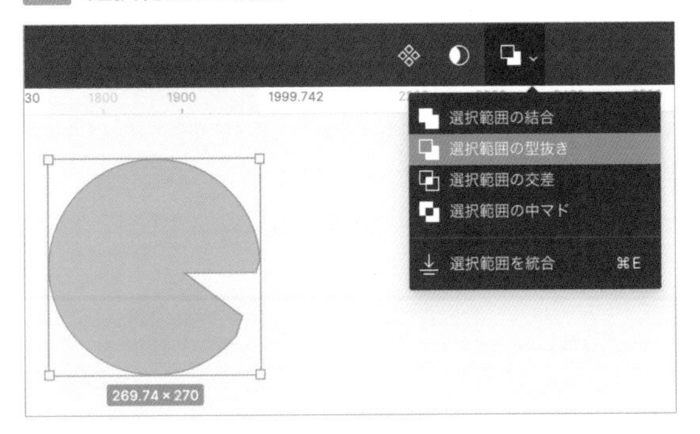

図15 選択範囲の交差

図16 選択範囲の中マド

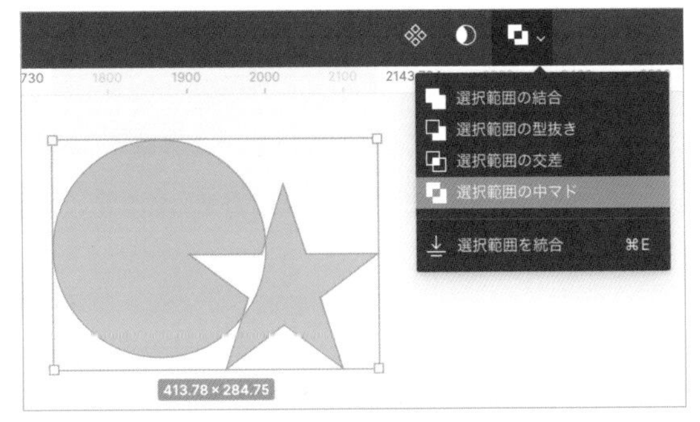

Figmaで画像のエクスポート

エクスポートとは、指定した範囲を特定のフォーマットの画像として書き出すことです。例えばレイヤーやグループ、フレームなどを画像として保存することができます。

Figmaでの画像エクスポートをする場合、エクスポートしたいグループやフレーム、レイヤーを選択し、右サイドバーのデザインタブにある「エクスポート」図17から可能です。

図17 エクスポート

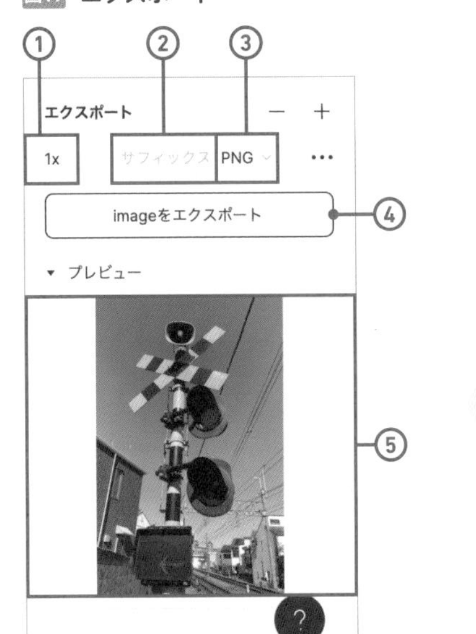

POINT

閲覧のみの権限の場合、右サイドバーにあるエクスポートタブから書き出しができます。

① 倍率

初期では「1x」となっています。この「x」は倍率を表し、2xであればFigma上のサイズの2倍解像度の画像として書き出されます。また、単位が「w」や「h」のものは、「w」であればその数値の幅まで拡大または縮小し、高さは比率に応じた高さとして書き出されます。

② サフィックス

この欄に文字列を入力した場合、ファイル名の末尾に追加する文字を指定できます。空欄の場合は何も追加されません。

③ 画像フォーマット

PNG、JPG、SVG、PDFから画像フォーマットを選択できます。

④ エクスポート

「[レイヤー・フレーム名]をエクスポート」のボタンをクリックしてエクスポートができます。

⑤ プレビュー

どのような画像としてエクスポートされるのかを確認できます。

① **倍率**、② **サフィックス**、③ **画像フォーマット**を設定し、④**エクスポート**をクリックすることで、エクスポートされます。

画像フォーマット

Figmaでは、PNG、JPG、SVG、PDFの4つの画像フォーマット図18でエクスポートができます。これらは用途に応じて使い分けます。**ベクター**であればSVG、**ラスター**であればJPGかPNGを選ぶとよいでしょう。

POINT
右上の「+」アイコンをクリックすることで、複数の設定を登録することができ、登録した数のぶんの画像のエクスポートができます。

memo
エクスポート時のファイル名は、フレームやグループ、レイヤーに設定した文字列になります。

WORD ベクター
ベクターとは、複数の点(アンカーポイント)の座標と、それを繋いだ線、色、カーブなどを数値データで表現する画像表現形式です。拡大してもピクセルが荒くならず、スムーズに表示されます。

WORD ラスター
ラスター(ビットマップ)は格子状に集合したピクセルで表現する形式のことで、拡大すると1ピクセルずつのドットで構成されていることがわかります。

図18 **Figmaで書き出せる画像フォーマットの違い**

機能	PNG	JPG	SVG	PDF
表現形式	ラスター	ラスター	ベクター	ラスター
適した用途	透過が必要な写真、イラスト	写真	ロゴ、アイコン	プレゼンテーション資料
透過	○	×	○	×

PNG

イラストや図版など、色の境界がはっきりしている画像に向いているフォーマットです。色数が多くなるとファイルサイズが大きくなるため、色数が少ない画像を中心に利用します。ただし、透過が必要な画像の場合は、写真であってもPNGを選択することもあります。

JPG

写真など、色数の多い画像に向いているフォーマットです。

SVG

ロゴやアイコンなど、ベクター画像のためのフォーマットです。拡大・縮小しても画質が劣化しません。

PDF

文書ファイルのフォーマットで、プレゼンテーション資料などに向いているフォーマットです。

スマホ用に高画素密度の画像をエクスポート

スマートフォンWebサイトに使う画像は、**画素密度**が2倍以上になるような解像度にする必要があります。例えばスマートフォン用の**フレーム**のiPhone 14は390の幅となりますが、幅いっぱいの画像を用意する際には、幅780pxの画像を用意することになります。

幅が390pxの画像から、その2倍の幅の画像を用意するには、「1. 倍率」を「2x」としたエクスポート設定で書き出すことで幅が780pxの画像となります。

Figmaでは、エクスポート設定を複数用意することが可能ですが、これを利用して複数の倍率の設定を用意します。それぞれの倍率を変更し、サフィックスとして「@2x」「@3x」等の倍率がわかる文字列を付与しておくとよいでしょう図19。

図19 複数のエクスポート設定

POINT

プレゼンテーション資料としてPDFを書き出す場合の方法は、42ページを参照してください。

WORD 画素密度

画素密度とは、ディスプレイにおける表示の精細さのことです。ディスプレイ1インチあたりに配置される画素数（ピクセル数）が高ければ高いほど、高精細な表示になります。

WORD フレーム

Figmaでデザインをするための枠がフレームです。56ページ、Lesson2-01で解説しています。

POINT

Figmaに取り込んだ画像の幅が780px未満の場合、エクスポートした画像がきれいに表示されないこともあるので、取り込む際の画像に十分な幅と高さがあるか注意してください。

memo

PC用の画像でも、高画素密度ディスプレイに対応する場合は2倍の画像として書き出す必要があります。

さまざまな書き出しの方法

ファイル内のエクスポート設定が適用された箇所を、一括して書き出すことも可能です。「メインメニュー」→「ファイル」→「エクスポート」とクリックします。

エクスポート設定が適用済みの箇所が、リストとして一覧で表示されます図20。チェックを入れた上で「エクスポート」をクリックすると書き出されます。

POINT

ショートカットキーは⌘（Ctrl）＋shift＋Eキーです。

memo

エクスポート設定を適用済みの要素を選択中の場合、選択されている要素のみがリストに表示されます。

図20 エクスポートのリスト

レイヤーやフレーム・グループ単位ではなく、任意の範囲を画像として書き出したい場合は、スライスを用います。

スライスツールを選択し、ドラッグで範囲を作成すると、破線の矩形となります図21。❗作成した範囲を選択すると、右サイドバーでエクスポートの設定ができるようになります。

POINT

キャンバス上で選択することはできないため、左サイドバーのレイヤータブ上で選択します。

図21 スライスツールで範囲を設定した様子

また、Figmaをプレゼンテーション資料用に活用する際には、プレゼンテーション用スライドをPDFとして用意することもあるでしょう。

その場合は、各スライドをA4サイズやフルHDサイズのフレームとして用意し、「メインメニュー」→「ファイル」→「フレームをPDFとしてエクスポート…」をクリックすると、ページ内の各フレームが1つのPDFとして結合された状態で書き出されます。

画像の軽量化

現代のWebサイトでは、サイト表示高速化が重要なテーマとしてあり、そのための手段として画像を軽量化する対策をとることがあります。

画像軽量化の観点から、圧縮技術に優れている**WebP**というフォーマットが注目されていて、ラスター画像のJPGやPNGの代わりにWebPを利用する事例が増えています。

2023年3月現在、Figmaのエクスポートではフォーマットに WebPを選ぶことができないのですが、次の選択肢があります。

WORD WebP

ウェッピーと呼びます。同じ解像度の場合だとJPGやPNGよりも容量が小さくなる傾向があり、透過やアニメーションも可能なフォーマットです。

memo

WebPよりもさらに高い圧縮率を誇るフォーマットとして、AVIFというフォーマットもあります。

プラグインを利用する

プラグインを用いてWebPとして書き出すことができます。一部のプラグインでは有料のプランを利用する必要がありますので、その点に留意してください。

WebP変換サービスを利用する

一度JPGやPNG形式で書き出した画像ファイルを、WebPに変換します。Webサービスの Squooshなどを利用します。

https://squoosh.app/

開発側で一括変換出力する

❗デプロイ時にPNGやJPGをWebPに変換します。npmのパッケージとして配布されているimageminを、Viteやnpm scriptsなどで実行する流れとなります。

POINT

ここでは詳しい解説はしませんが、フロントエンドエンジニアの領域となります。

プラグインと Figmaコミュニティ

Figmaには、さまざまな機能を追加できるプラグインという仕組みが搭載されています。また、プラグインを入手できる場であるFigmaコミュニティについても紹介します。

プラグインとは

プラグインとは、機能の一部を拡張できる仕組みのことです。Figmaではユーザーにプラグイン開発を開放しています図1。

完成したプラグインはFigmaコミュニティで公開することが可能で、公開されたプラグインは誰でも利用できます。

図1 プラグイン

Figmaコミュニティ

Figmaコミュニティ（次ページ図2）はプラグインだけでなく、デザインファイル、FigJamファイル、ウィジェットを公開できる場所です。優れたUIキットやデザインシステムがFigmaコミュニティで公開されています。

memo

UIキットなどのデザインファイルを利用する方法については、88ページ、Lesson2-05で解説しています。

図2 Figmaコミュニティ

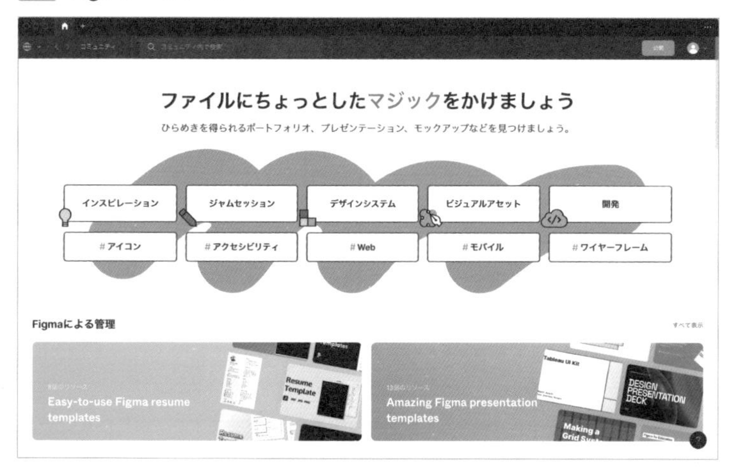

上部の検索欄の「コミュニティ内で検索」から、使いたいプラグイン名やデザインファイル名などを入力して検索することができます。

Figmaコミュニティに移動するには、ファイルブラウザ左上の名前とメールアドレスの箇所図3をクリックし、「コミュニティ」を選択することで移動できます。

図3 「コミュニティ」を選択する

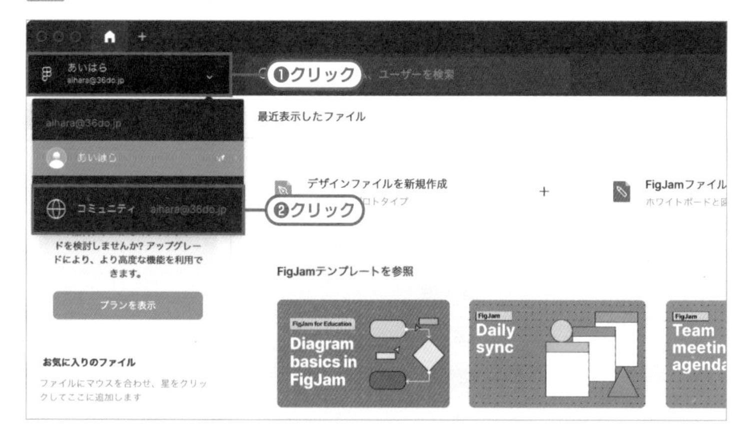

プラグインを利用する流れ

プラグインを実際に導入してみましょう。ここでは例として、オープンソースのアイコンをFigma上で利用できるIconifyというプラグインを使ってみます。

1. コミュニティからIconifyを検索

ファイルブラウザからコミュニティに移動し、検索欄に「iconify」と入力し、 return （ Enter ）キーを押すと、「iconify」の結果に移動します図4。

図4 「iconify」の検索結果

今回選びたいのは「プラグイン」なので、左側のカテゴリーから「プラグイン」を選択すると、「Iconify」が最上部に表示されますので、右端の「試す」をクリックします図4。

2. Iconifyのデザインファイルで「実行」

コミュニティからデザインに移動し、画面内にIconifyのプラグインを実行するためのモーダルが表示されますので、「実行」のボタンをクリックします図5。

図5 Iconifyプラグインを実行する

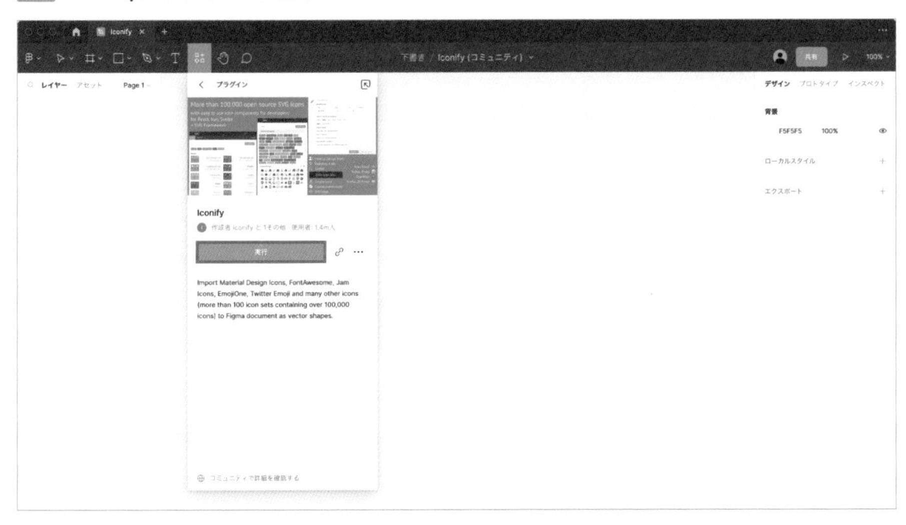

Iconifyのプラグインモーダルが表示され（次ページ図6）、利用可能な状態になりました。

図6 Iconify

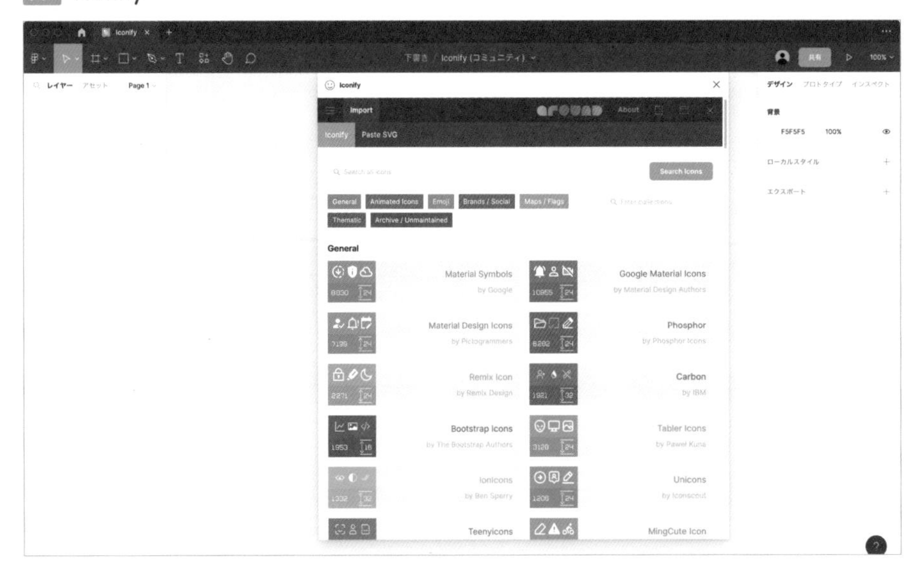

3. 自分のデザインファイルでIconifyを利用する

自分のデザインファイルでプラグインを利用する場合、プラグインの使用履歴から呼び出す形で利用します。

新規でFigmaファイルを作成する、または既存のFigmaファイルを開きます。

続いて、⌘（Ctrl）+/キー で**クイックアクション**を呼び出し、利用したいプラグインの名称を入力することで表示されます 図7。利用したいプラグインを選択すると、図6 のモーダルが表示されて利用可能な状態になります。

図7 クイックアクションで検索中の様子

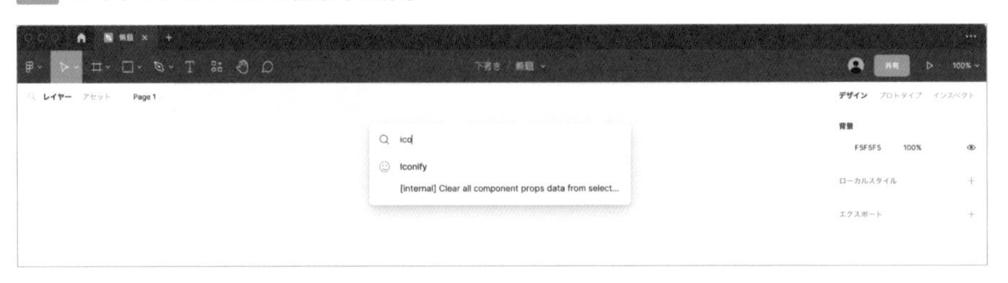

プラグイン名がわからない場合は、ツールバーの「リソース」をクリックし、プラグインにタブの「最近使用したリソース」からプラグインを探して立ち上げるとよいでしょう 図8。

図8 リソースのプラグインタブ

ウィジェット

Figmaでは、プラグインとは別に「ウィジェット」を活用することができます。

ウィジェットとは、ファイル内に配置できる、機能を持たせたコンポーネントのようなパーツです。ウィジェットはプラグインと同じく、ユーザーが開発することができます。

タイマー機能のウィジェットや、アイディアをメモできる付箋機能のウィジェットなど、制作を便利に進めるためのツールとしてのウィジェットや、ユーザー同士でチェスができてしまうウィジェットなど、さまざまなウィジェットがあります図9。

図9 さまざまなウィジェット

ウィジェットの導入は、プラグインと同じ流れで導入可能で、Figmaコミュニティから検索し、「試す」から利用することができます。

ウィジェットはFigJamでも利用可能で、FigmaとFigJamの両方で利用可能なウィジェットもあれば、FigJamでのみ利用可能なウィジェットもあります。

ワークフローとFigma

仕事において一連のやり取りの流れを「ワークフロー」といいます。Webサイトを完成させるまでの流れと、Figmaがワークフロー上でどのように関わっていくのかを見ていきましょう。

職種ごとのFigmaの活用例

Figmaは、デザイン作成の場面で活用していくことが多いツールではありますが、ディレクター、デザイナー、エンジニアのそれぞれで異なる場面での使い方があります。また、分業しつつも連携しながら制作を進めていくためには、自分自身の役職だけでなく、ほかの職種での活用法も知っておくことが重要です。

それぞれの役職ごとの関わり方を見ていきましょう。

デザイナー

デザイナーはFigmaをデザイン作成のためのツールとして活用することになります。Figmaのさまざまな機能を十分に生かしてデザインを作成していきましょう。例えばFigmaでは、複数人のデザイナーで音声通話をしながらリアルタイムで共同編集ができます。一緒に作業をすることで、デザインの経緯や意図について、お互いが理解を深めながら進められます。

また、完成したデザインデータだけでなく、試行錯誤をしている段階のデザインもほかのデザイナーやチームメンバーに共有することで、議論を深めることもできるでしょう。

会話機能（音声通話）の詳細については、119ページ、Lesson4-02を参照してください。

ディレクター

ディレクターとは、直訳すると指揮者や管理者、映画など映像の分野では監督となる職業です。Webサイト制作やアプリ開発でのディレクターは、制作や開発の仕事そのものではなく、「その周辺で発生する仕事」を担当する職業です。

ディレクターの仕事内容は多岐にわたるのですが、次のような内容があります。

- Webサイトやスマートフォンアプリの企画をまとめる
- 開発費・制作費を見積もりする
- プロジェクトの進捗をマネジメントする
- 決裁権者と交渉する

ディレクターは、Webサイトやアプリを完成させることに責任を持つ人、ともいえます。

ディレクターがFigmaを利用する機会としては、ワイヤーフレームの作成や、デザインのチェックとそれに伴うデザイナーとのやり取りなどが挙げられます。特にデザイナーとのやり取りでは具体的な修正内容を**コメント**したり、音声通話で話し合ったりすることも可能です。Figmaは複数人での共同制作に適しており、ディレクターと他のメンバーのよりスムーズなコミュニケーションを手助けしてくれることでしょう。

120ページ Lesson4-03参照。

エンジニア

エンジニアとは、直訳すると技術者となります。自動車やロボットなどの機械の技術者もエンジニアとなりますが、本書では情報技術分野の技術者を指します。

エンジニアのFigmaの使い方としては、デザイナーから受け取ったFigmaデータを「読み取る」ことが中心になるでしょう。Webデザインやスマートフォンアプリを完成させるためには、コーディング・プログラミングが必須となりますが、Figmaを用いることで、**余白やサイズ、フォントの情報、動きなどのコーディング・プログラミングに必要な情報をわかりやすい状態で取得できます**。

124ページ Lesson4-04参照。

また、Webデザインにおいては、Figmaに配置した**画像の書き出し工程**をエンジニアが担当することが多いでしょう。

41ページ Lesson1-05参照。

画像書き出しは、デザイン編集権限がなくてもエクスポートタブから書き出すことが可能です。

memo
グループ化またはフレーム化されていないレイヤーの場合、書き出し画像が意図しないものとなる場合があり、編集権限がないとこれを変更することができません。そんなときは、デザイナーとFigmaのコメントなどでコミュニケーションをして、適切な変更をしてもらうようにしましょう。

どのような「流れ」で制作が進むのか

Webサイト制作やスマートフォンアプリ開発のワークフローは、「要件定義」「設計」「デザイン制作」「開発」「テスト」「公開・運用」といったようなフローに分かれます(次ページ図1)。それぞれの項目を見ていきましょう。

図1 ワークフローの図

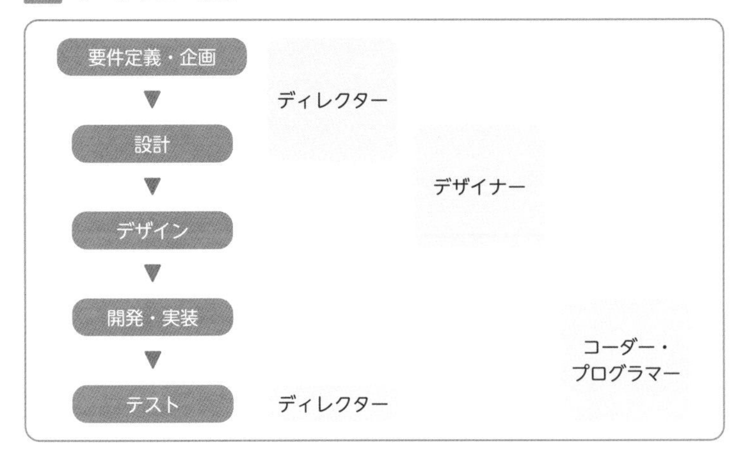

複数人で協力して進めることも多いため、フローの一部が重複しています。

要件定義

制作・開発を進めるために必要な内容を洗い出し、まとめることを要件定義といいます。

要件定義に必要な要素として、サイトの目的、ターゲットユーザー、サイトのコンセプト、使用するプログラム言語や採用する技術、文章や写真など必要な素材やそれらの手配、予算、スケジュールなど、多岐にわたるものとなります。

この工程ではディレクターが中心となって進めることになります。予算やスケジュールを見積もる際に、ディレクターの開発面または制作面の知識が不足している場合、デザイナーやエンジニアと確認しながら進める場合もあります。

また、大きめのプロジェクトだと、各部門のリーダーなどの主要メンバーで要件定義を進めておくと、のちのちの意見の食い違いが発生しにくくなります。複数人で意見を広げていく際には、**FigJam**を利用するとよいでしょう。

設計

要件定義をもとに、ワイヤーフレームの作成をします。ワイヤーフレームをもとにしたプロトタイプもここで作成する場合があります。

ワイヤーフレームの作成は、ディレクターまたはデザイナーが作成します。どちらが作成するかはプロジェクトやチームメンバーの関連性などでも変わってきます。

また、ワイヤーフレームは必ずしもFigmaで作る必要はなく、ノートなどに手描きで作成したものをもとに進めることも一般的です。一方で、Figmaの場合はコメントなどでコミュニケーションをしながら作成することができます。

できること・できないことを踏まえて、プロジェクトに適したツール、自分自身が作りやすい手段を取るとよいでしょう。

POINT

Webサイトを作る場合、システムをともなうサイトを作成する場合はWeb開発と呼び、そうでないサイトの作成はWeb制作と呼びます。システムをともなわないWebサイトの場合でも、デザイン部分の作成は制作、コーディング・プログラミング部分の作成については開発と呼ぶことがあります。また、スマートフォンアプリなどアプリケーションを作る場合は制作とは呼ばず、開発と呼びます。

POINT

要件定義を「企画」と呼ぶことも多いです。

19ページ **Lesson1-03**参照。

memo

例えば、元デザイナーのディレクターの場合は、ワイヤーフレーム作成を担当することが多いでしょう。

デザイン制作

要件定義で定めたターゲット、目的をもとに、彩色やモチーフなどを決めた上でデザインを制作していきます。このときの成果物は、デザインカンプと呼びます。

Figmaでデザインカンプを作っていくことになりますが、必要に応じてデザインをディレクターやほかのチームメンバー、クライアントにFigmaの共有機能を使って共有するとよいでしょう。その場合はコメントでフィードバックをもらったり、会話機能で音声通話しながら作業を進めたりします。

また、デザインカンプをもとにしたプロトタイプはこのタイミングで作成します。Webデザインの分野では、デザインカンプ以外にも広告バナーや**favicon**、**OGP画像**など、必要になるデータが多くあります。これらも合わせてFigmaでデザインするとよいでしょう。

開発

Webサイト開発の場合はこの工程でHTML/CSS、JavaScriptのコーディング・プログラミングをしていきます。スマートフォンアプリでは XcodeやAndroid Studio、Flutterなどを用いつつ、プログラミングをしていきます。

作成されたデザインをもとに開発していくことになりますが、開発の工程中でも状況によってはデザインに調整や変更が入ることも多くあります。Figmaであればデータが常に最新となるため、どのファイルが最新版なのかわからなくなる、といった問題は起きません。

コンテンツ制作

コンテンツとは、文章と写真のことです。ライターやフォトグラファー、クライアントの担当者が用意します。

コンテンツ作成のタイミングは開発のあとというわけではなく、デザインと並行して進める、またはデザインより先に用意することになります。

Figmaを中心とした制作・開発フローでは、制作中に頻繁にアップデートされる文章や写真をFigmaにまとめておくと、デザイナー以外のメンバーでも最新の成果物を確認しやすくなります。

テスト

コーディング・プログラミングまでが完了したあとに、サイトやアプリが問題なく機能しているかを試す工程として、テストを実施します。

公開・運用

いよいよ公開となります。公開後はブログ記事の投稿や、新規ページ開発などの運用をしていきます。

POINT

デザインデータ、デザインファイルとも呼びます。

WORD favicon

favicon（ファビコン）とは、Webサイトのシンボルマークとして表示するアイコンのことです。一般的にはブラウザのタブや、検索結果に表示されます。

WORD OGP画像

OGP画像とは、WebサイトをSNSに共有したときに表示されるサムネイルのことです。SNS上で目を引き、Webサイトの内容を伝えやすくするためにデザインします。

POINT

どれもスマートフォンアプリ開発をするための統合開発環境またはソフトウェア開発キットです。

POINT

ファイル自体は最新版となりますが、デザインの変更点がわかりにくい場合は問題が発生しがちですので、デザイナーやディレクターがエンジニア宛てに変更点をまとめてコメント機能などで申し送りをするようにしましょう。

ウォーターフォール型開発、アジャイル型開発

Web開発やスマートフォンアプリなどの開発ワークフローは、ウォーターフォール型、アジャイル型という2つの開発手法に分けられます。

ウォーターフォール型

ウォーターフォール（滝）が上から下に流れていくイメージのように、要件定義が終わったら次の設計に移り、設計が終わったらデザイン制作、というように一方通行で次の工程に進む形式の手法です。

ゼロから構築するWebサイトやスマホアプリ、リニューアルとして一新するWebサイトを構築する際は、ウォーターフォール型で開発される場合が多いです。ウォーターフォール型では前の工程に戻ることが難しいため、Figmaを活用して過不足ない制作物を用意しましょう。

アジャイル型

一方でアジャイル型は、要件定義、設計、デザイン制作、開発、テストの一連の工程を、機能やページ単位で実施し、一連の工程を繰り返していく手法です 図2。

図2 アジャイル型開発の流れ

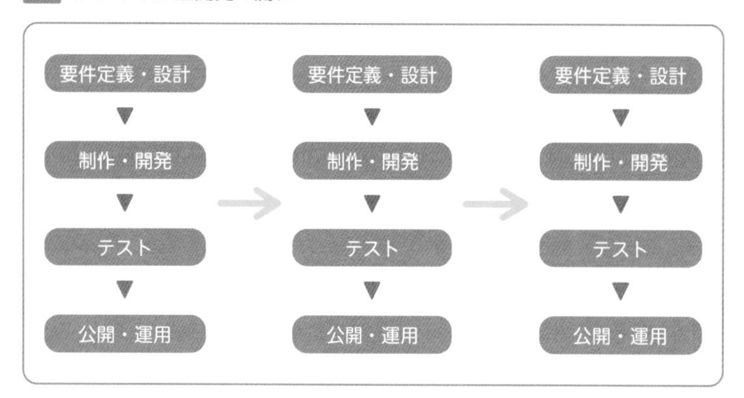

Webサイトの一部ページを追加作成するときや、小規模なサイトとしてオープンしたあとに順次機能を追加していくときなどに適しています。アジャイル型では、開発のスピードが求められることが多くあるので、Figmaの各種共有機能などを用いて、作成から確認、承認までのフローを効率化しておくことが重要です。

memo
ウォーターフォール型とアジャイル型のどちらか一方のみが優れているわけではないので、プロジェクトや組織に応じて選択するとよいでしょう。

Lesson 2

デザインするための機能

このLessonでは、Figmaでの基本操作と、特徴的な機能のコンポーネント、スタイル、オートレイアウトについて解説しています。練習用のファイルを用意していますので、実践形式で学んでいきましょう。

基本解説　機能解説　実践・制作

このLessonのサンプルデータ

https://www.figma.com/community/file/1227846740286417398

（サンプルデータの複製・保存方法は、62ページを参照）

Figmaの基本操作の流れ

Lesson2では、Figmaを扱う上での基本的な操作や機能を学んでいきます。ファイルの新規作成、拡大・縮小、移動、フレームの機能などについて見ていきましょう。

デザインファイルを作成する

Figmaのデザインファイルを作成するには、**ファイルブラウザ**で「デザインファイルを新規作成」のボタン 図1 をクリックします。

18ページ **Lesson1-03**参照。

図1 デザインファイルの新規作成

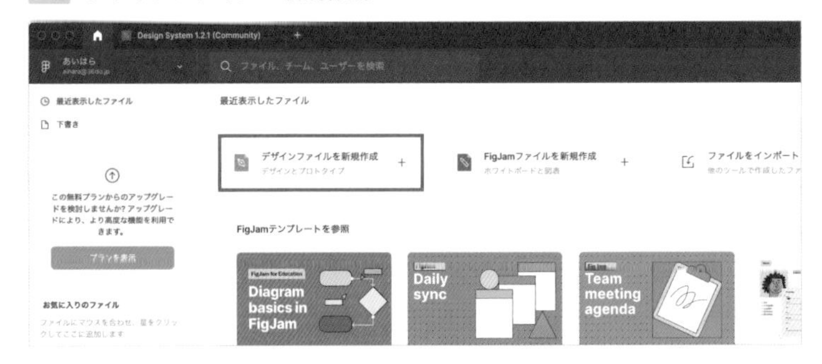

「下書き」の機能と制限

デザインファイルを新規作成すると、「下書き」フォルダーに保存されます 図2。

図2 下書きフォルダー

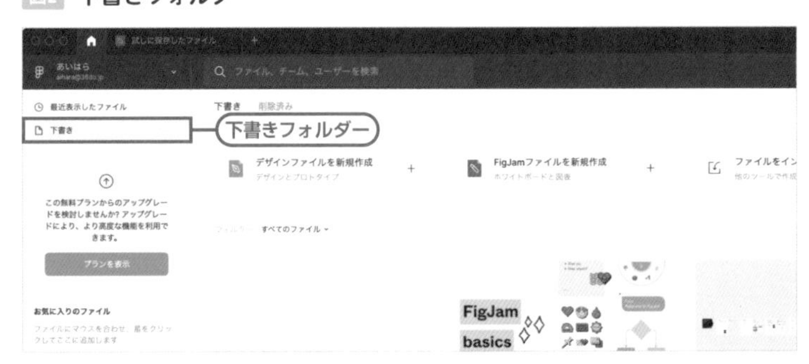

このフォルダーは**チームやプロジェクト**とは切り離されたフォルダーとなります。下書きにファイルが増えていくと管理がしづらくなるため、一時的な場所と考えるとよいでしょう。また、**バージョン履歴**としてさかのぼれる期間が30日間となります。

15ページ Lesson1-02参照。

26ページ Lesson1-03参照。

下書きにあるファイルをプロジェクトに移動させる場合は、デザインファイルを開いた状態でツールバーのファイル名の右にある「﹀」アイコンをクリックし、「プロジェクトに移動…」から可能です 図3。

また、ファイルブラウザの下書きの一覧で、ファイルを左側のプロジェクト名の箇所へドラッグ＆ドロップすることでも移動可能です。

図3 プロジェクトに移動させる

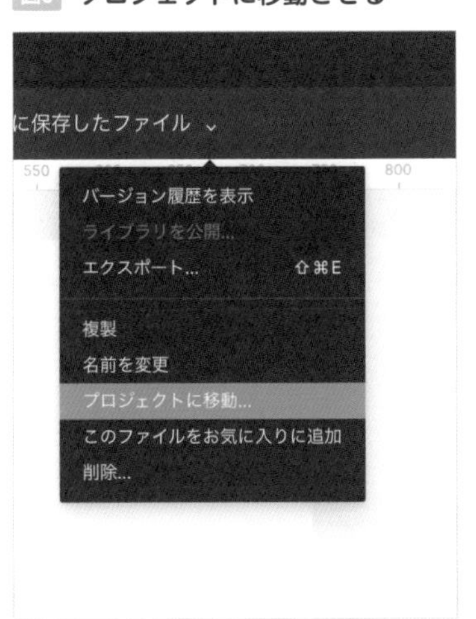

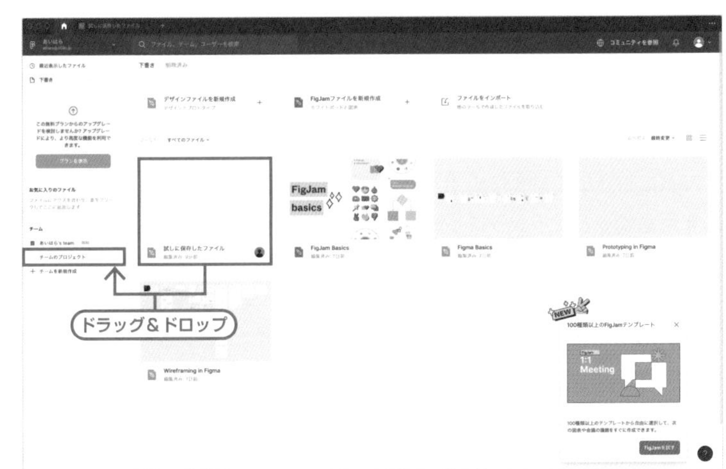

Figmaでの拡大・縮小と移動

Figmaでは、1つのファイルに複数のフレームを用意し、それぞれを複数の画面としてデザインを作成していくことが多いため、頻繁に拡大・縮小 図4、移動（次ページ 図5）を行うことになります。まずはこの基本的な操作を覚えておきましょう。

図4 拡大・縮小

操作デバイス	操作方法
キーボード＋マウス	キーボードの ⌘ （Ctrl）キーを押しながらマウスホイールを回す
トラックパッド	2本の指でピンチイン・ピンチアウト。 キーボードの ⌘ （Ctrl）キーを押しながら2本指で上下にスクロール

ツールバー右上の「*%」などが表示されている箇所は表示倍率を示していて、100%の場合が実寸サイズとなります。この箇所をクリックすると「ズーム/表示オプションメニュー」が開き、「100%ズーム」をクリックすることで実寸表示となります。

POINT

ショートカットキーは ⌘ （Ctrl）＋ 0 キーです。

図5 移動

操作デバイス	操作方法
キーボード＋マウス	キーボードの space キーを押しながらドラッグ
トラックパッド	2本指で上下左右にスクロール

28ページ Lesson1-04参照。

この操作は表示領域を動かすもので、パーツを動かしたい場合は**移動ツール**を利用します。

ズームイン、ズームアウトのほかに自動ズーム機能というものがあり、ページ全体を表示します。便利な機能ですが、フレームが複数あるような大きいファイルの場合は、表示サイズは小さめになってしまいます。

POINT

ズームインは ⌘ （Ctrl）＋ shift ＋ ; キー、ズームアウトは ⌘ （Ctrl）＋ − キーがショートカットキーです。自動ズームのショートカットキーは shift ＋ 1 キーです。

「デザインの枠」としてのフレーム

Figmaでデザインを作成する際には、「デザインの枠」としてのフレームを用意するところからはじめます。

ツールバーのフレームツールを選びます。すると、右側の「デザインパネル」に「スマホ」「タブレット」などのデバイスごとの項目が表示されます 図6。

例えばAndroidの小サイズとなる幅360のデザインを作成したいときは、「スマホ」の「Android(小)」図7 を選ぶと、幅360・高さ640のフレームが用意されます。

図6 フレームツールを選んだ際の右サイドバー

図7 「Android(小)」を選んだ様子

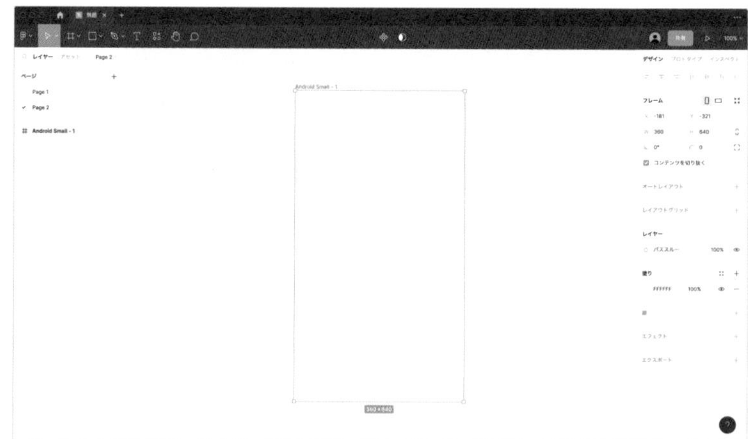

このように、作りたいデザインのサイズに合ったフレームを用意して、その中にデザインを作っていくことになります。

memo

Webサイトデザインをする際には、「デスクトップ」のフレームから選ぶとよいでしょう

要素をまとめる機能としてのフレーム

フレームの機能には、前述の「作りたいデザインのサイズを定義する」機能だけでなく、「複数の要素をまとめる」機能もあります。

例えば、Webサイトのプロフィールページで見られる、顔写真、名前、プロフィール文のセットをまとめるときなどに、フレームを使うとよいでしょう。

まとめたい複数の要素を選択して、⌘（Ctrl）+option（Alt）+Gキーを押すとフレーム化されます図8。

memo
フレーム化することでレイヤーが整理されるので、積極的にフレーム化するとよいでしょう

図8 顔写真、名前、プロフィール文のセット

また、図8の顔写真、名前、プロフィール文のセットはフレームを入れ子状にしています。名前とプロフィールで1つのフレームを用意し、作成したフレームと写真の2つをまとめた大枠としてのフレーム、という構造になっています図9。

図9 入れ子のフレームになっている様子

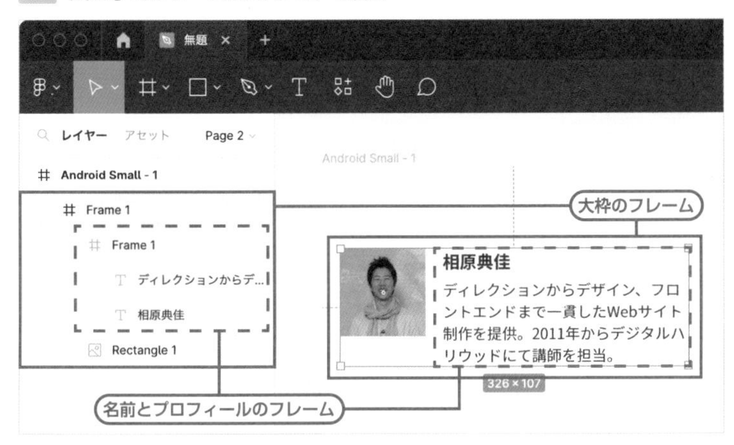

フレームとグループの違い

Figmaでの要素をまとめる機能には、フレームのほかに「グループ」があります。グループにしたい要素を選択した状態で、⌘（Ctrl）+Gキーでグループ化されます。

フレームとグループのどちらも、要素をまとめた際には一緒に移動などができますが、拡大縮小した際に内側の要素の挙動が異なります。

- グループの内側に配置された画像や長方形は、一緒に拡大縮小される
- フレームの内側に配置された要素は拡大縮小されず、「制約」によって制御される

この2つの違いを表すと、図10のようになります。

POINT

「要素をまとめる機能」が複数あることは、Figmaのわかりづらい点といえます。また、この2つ以外に「セクション」という機能もあります。28ページ、Lesson1-04参照。

POINT

テキストは拡大縮小しません。

図10 拡大縮小時のフレームとグループの違い

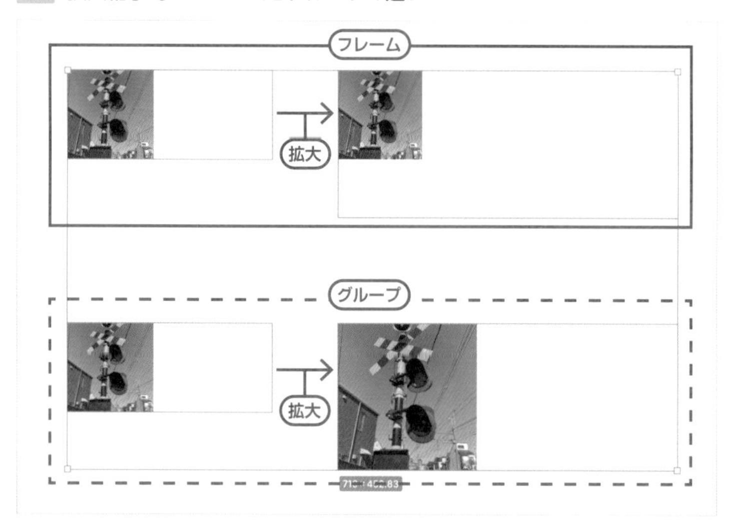

制約

フレームを作成した際に、その内側の要素は「制約」によって制御されます。制約とは、フレームのフレームのサイズを変更したときに、内側の要素がどのような挙動になるのかを決める設定です。

フレーム内の要素を選択すると、要素の上と左に青い点線が表示されますが、これは制約がどのように適用されているかを表しています図11。

制約は、例えばWebデザインのフッター部分の位置を調整するときに使える機能です。

デザイン内のコンテンツが増えた際にフレームの高さを調整することがありますが、制約を利用すると、フッターの位置をずらすのではなく、フレームのサイズを変えてもフッターの位置を最下部にくっついたままにできます図12。

図11 制約の適用状況を表している表示

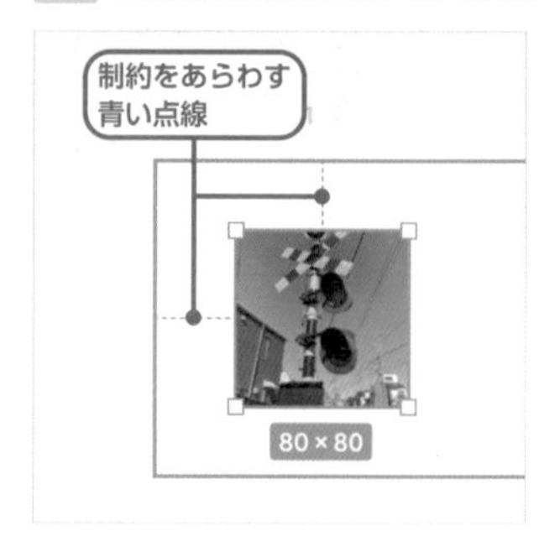

WORD フッター

Webサイトやスマホアプリの下部に設置される、各ページへのナビゲーションや著作権表示などをまとめた領域のことです。

図12 **フッターの位置を最下部にくっついたままにする**

フレームサイズを変更した際に、制約でフッター位置が追従されるように変更してみましょう。まず、フレームツールで「iPhone 14」など、任意の画面サイズのフレームを用意し、フッターに見立てたシェイプを長方形ツールを用いてフレームの下部に作成します。

続いて、先ほど作成した長方形を選択し、デザインパネルの「制約」の項目で「上」とある箇所を「下」としてください図13。

図13 **「制約」の項目を「下」に**

この状態で、フレームを縦方向に広げてみましょう。フレームを下に広げても、フッターが下部にくっついたままの表現ができます。

レイアウトグリッド

レイアウトグリッドは、要素を揃えて配置したいときの基準になるグリッドを設定・表示できる機能です。

フレームを選択中に、右サイドバーのデザインタブにある「レイアウトグリッド」の項目で、「+」をクリックすることでレイアウトグリッドが適用されます図14。

図15は、「グリッド」が適用されている様子で、指定した数値の格子が敷き詰められた表示となります。この格子に沿って要素を配置することで、要素と要素がずれることなく配置されたレイアウトを実現できます。

> **memo**
> shift + Gキーでレイアウトグリッドの表示・非表示を切り替えられます。

図14 レイアウトグリッドを適用する

図15 10pxの「グリッド」のレイアウトグリッド

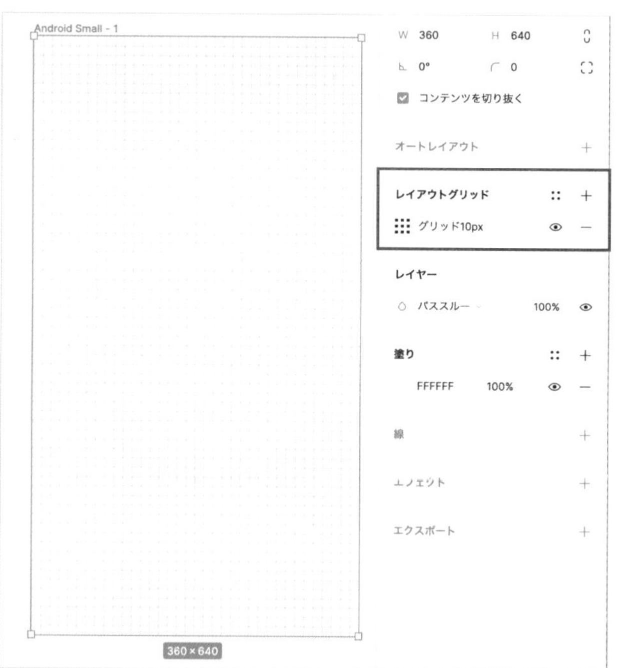

レイアウトグリッドは、「グリッド」以外にも「列」と「行」の値をとることができます図16。

> **memo**
> 列を選ぶと垂直方向に、行は水平方向に、それぞれフレームいっぱいに伸びるグリッドが表示されます。

図16 「列」と「行」のレイアウトグリッド

レイアウトグリッドの設定項目を見ていきます図17 図18。

図17 レイアウトグリッドの設定項目

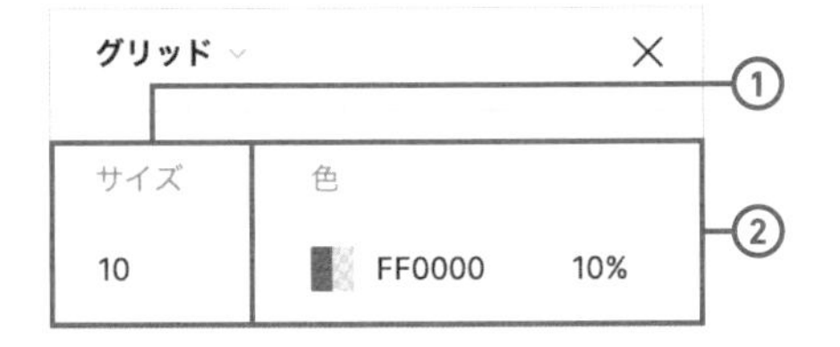

「グリッド」のときに設定できる項目

① **サイズ**

入力した値がグリッドの正方形のサイズとなります。

「グリッド」「列」「行」のいずれも設定できる項目

② **色**

グリッドの色を設定できます。

図18 レイアウトグリッドの設定項目

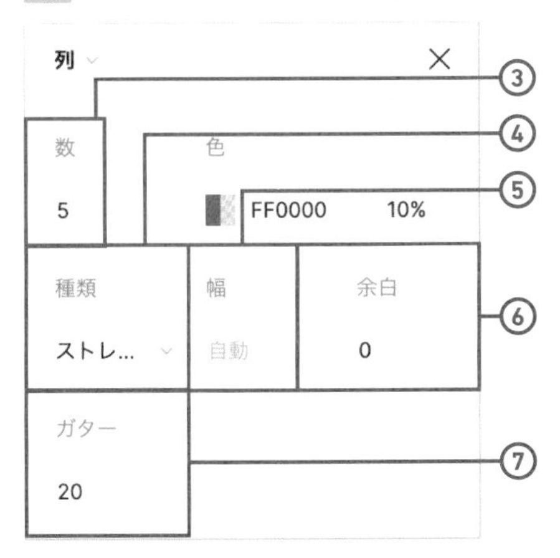

「列」または「行」のときに設定できる項目

③ **数**

「列」または「行」のグリッドが一度に表示される数を設定できます。

④ **種類**

「左揃え」「右揃え」「中央揃え」「ストレッチ」から選べます。「左揃え」「右揃え」などは、グリッドがそれぞれのフレームの端に配置され、「中央揃え」は中央に配置されます。「ストレッチ」は、③ **数**で設定した数のグリッドが、フレーム幅や高さに収まるように配置されます。

POINT

列の場合の選択肢です。行の場合、「上揃え」「下揃え」となります。

⑤ **幅**

グリッドの幅を数値で設定できます。「行」の場合、この項目は「高さ」となります。また、④ **種類**で「ストレッチ」を選んだ場合は自動の幅となるため設定できません。

⑥ **余白(オフセット)**

④ **種類**を「ストレッチ」とした場合は、フレームの端からの余白となります。④ **種類**が「中央揃え」「ストレッチ」以外の場合は項目名が「オフセット」となり、フレームの端からの距離となります。

⑦ **ガター**

グリッドとグリッドの余白を設定できます。

サンプルデータの複製・保存

本書のLesson2(次節以降)とLesson3、5、6では、サンプルデータ(Figmaファイル)を使った解説があります。取得するには、WebブラウザでFigmaファイルのURL(8ページ・本章の扉ページに記載)にアクセスします。デスクトップアプリであれば、「Lesson2-sample」などで検索すると出てきます。

該当のFigmaファイルのページが表示されたら、[Figmaで開く]ボタンをクリック 図19 すると、ファイルが複製されて開き 図20、!「下書き」フォルダーに自動的に保存されます。

POINT

Figmaのスターター(無料プラン)では利用できるプロジェクトは1つ、ファイル数は3つまでとなります(16ページ、Lesson1-02参照)。本書のサンプルデータは計4ファイルあるため、同一スターターのプロジェクトで保存・管理ができません。下書きのまま利用する(54ページ、Lesson2-01参照)、複数のスターターを利用する、プロフェッショナルの有料プランを利用する、などを検討してください。

図19 **Figmaファイルにアクセス**

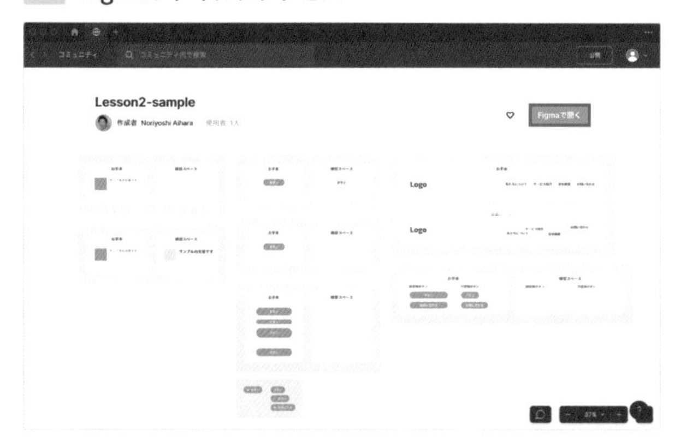

図20 **ファイルが複製されて開く**

スタイル機能を使う

THEME テーマ

UIデザインで重要な、設定値を使い回せるFigmaの機能、「スタイル」を解説します。練習問題をサンプルファイル内に用意していますので、スタイルの設定方法を習得しましょう。

スタイルとは

スタイルは、色やテキストなどの値や設定を登録でき、それらを使い回すことのできる機能です。

同じ種類の見出しをページデザインの複数箇所に設定したい場合、それぞれの箇所のフォントの種類、サイズなどの設定を毎回設定し直すことも手間がかかります。色についても、カラーコードを毎回コピーしたり直接打ち込むのは大変ですし、ミスの原因にもなります。

そこで、Figmaの「スタイル」を利用して使い回すとよいでしょう。

WORD カラーコード

カラーコードとは光の3原色に基づいた色を数値化したもので、Figmaでは16進数の6桁で表します。

スタイルの種類

Figmaで扱えるスタイルは以下の4つです。

- 色スタイル
- ! テキストスタイル
- エフェクトスタイル
- グリッドスタイル

カラーを登録できるスタイルが「色スタイル」です。テキストスタイル、フォントの種類、太さ、サイズなどを登録できます。

エフェクトスタイルは、「ドロップシャドウ」などのエフェクトとその値を登録できます。

グリッドスタイルはフレームに設定できる「**レイアウトグリッド**」を登録できるスタイルです。

! POINT

テキストスタイルには色の情報は含まれません。色もスタイルとしてコントロールするには、テキストに「色スタイル」を設定することになります。

60ページ　**Lesson2-01**参照。

memo

Lesson2で使用する練習用ファイルは、学習用のサンプルデータとしてFigmaのWebサイトで配布しています。URLは8ページと本章の扉に記載しています。複製・保存の方法は前ページを参照してください。

練習1：スタイルを作成する

ここからは、サンプルデータとなる「Lesson2練習用ファイル」を使って、実践形式で学んでいきましょう。

ファイルを複製・保存したら、まずは、ファイルの左上にある「練習1：スタイルを作成」セクションに移動します。左側には「お手本」、右側に「練習スペース」がありますので、この練習スペースで操作を実施してみましょう 図1。

図1 Lesson2練習用ファイルの「練習1：スタイルを作成」セクション

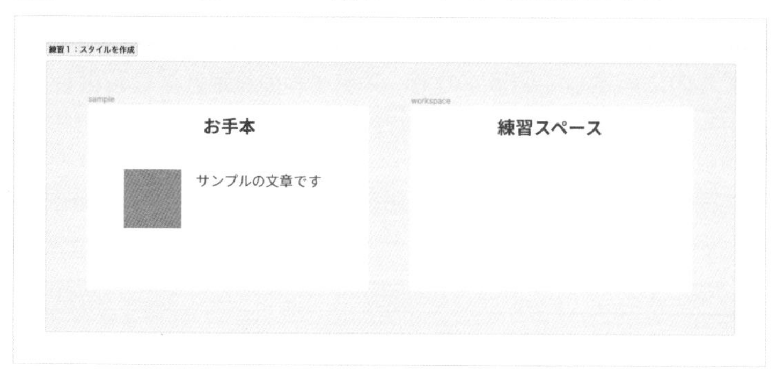

「お手本」の左側にある正方形には、色スタイルとして「sample-color/pink」というスタイルが適用されています。「お手本」の右側のテキストには、テキストスタイルとして「sample-text/base」というスタイルが適用されています。まずは色スタイルを作成していきます。

長方形ツールを選び、shift キーを押しながらドラッグすることで正方形を作成します。

作成した正方形を選択し、右サイドバーの「塗り」の色を変更しましょう。初期設定では、色は薄いグレーになっていますので、これを黄色になるよう変更します。

「D9D9D9」と書いてある左側にある、グレーの小さい正方形部分をクリックすると**カラーピッカー**が開きます。カラーピッカーの中央にあるカラースライダーを黄色の色相に変更し、カラーフィールド内の右上をクリックすることで、黄色が適用されます 図2。

図2 正方形に黄色を適用した様子

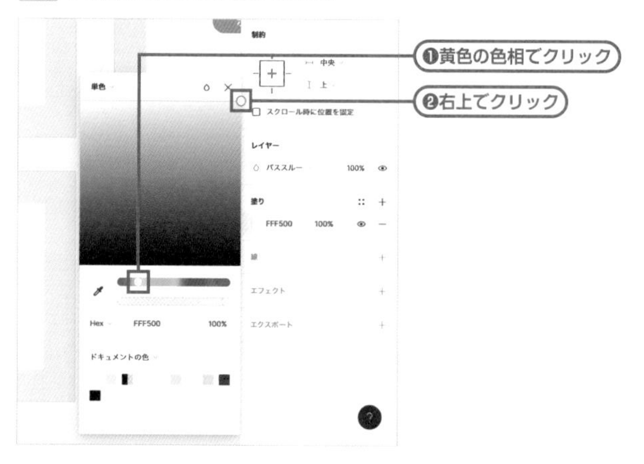

POINT

Lesson2練習用ファイルにはスタイル関連の練習スペースのほか、「コンポーネント」や「オートレイアウト」の機能を学ぶための練習スペースを用意しています。

memo

スタイル名に「/」スラッシュを入れることで、「sample-color/pink」といった分類をすることができます。また、スラッシュによる分類は「project-X/sample-color/pink」など、複数の入れ子状にすることもできます。

memo

「D9D9D9」の文字部分をクリックすると、直接カラーコードを入力できます。

30ページ Lesson1-05参照。

memo

黄色であれば、数値は任意のものでかまいません。

「塗り」右上にある :: アイコンをクリックすると、スタイルピッカーが開きます。新しくスタイルを登録する場合は、パネル内右上の「+」アイコンをクリックします 図3。

図3 新しくスタイルを登録

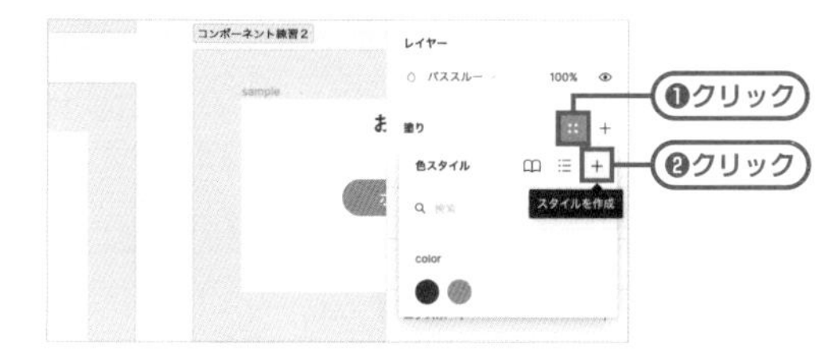

新しい色のスタイルを作成するパネルが表示されるので、「color/yellow」といった名前を入力すると登録されます 図4。

図4 スタイル名を入力して作成

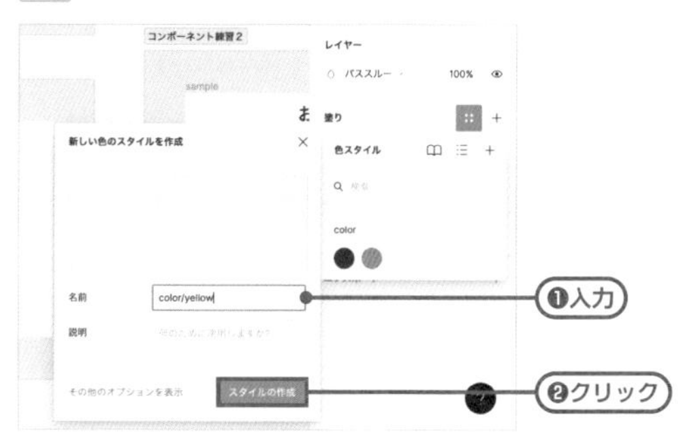

続いて、テキストスタイルを作成していきます。「お手本」と同じく「サンプルの文章です」など、テキストを入力しましょう。

テキストパネルで 図5 のように設定していきます。

図5 テキストを設定

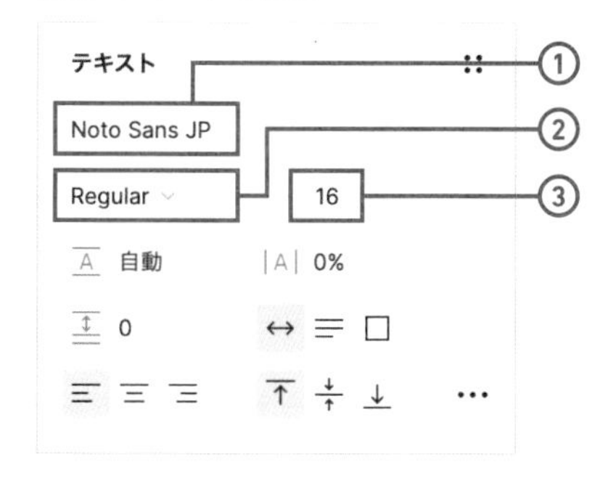

① **フォントの種類**：「Noto Sans JP」
② **フォントの太さ**：「Regular」
③ **フォントサイズ**：「16」

POINT

スタイル名は日本語の名前でもかまいませんが、制作チーム内で名付ける際のルールやガイドラインとして命名規則がある場合はそれに合わせた名前にしておきましょう。命名規則が用意されていると、名付けのパターンが決まっているため名付ける時間が短縮されるだけでなく、チーム内での運用もしやすくなります。

memo

「説明」の欄は空欄でもかまいません。

memo

プルダウンメニューから「Noto Sans JP」を選ぶ方法でもよいですが、直接フォント名を入力する方法でもよいでしょう。このとき、「Noto Sans Javanese」(ジャワ語)など、違う言語のNoto Sansを選ばないようにしましょう。

テキストスタイルとして、この設定を登録します。色スタイルと同様、テキストパネルの右上の「∷」アイコンをクリックし、パネル内右上の「+」アイコンをクリックします 図6。

図6 テキストスタイルを作成

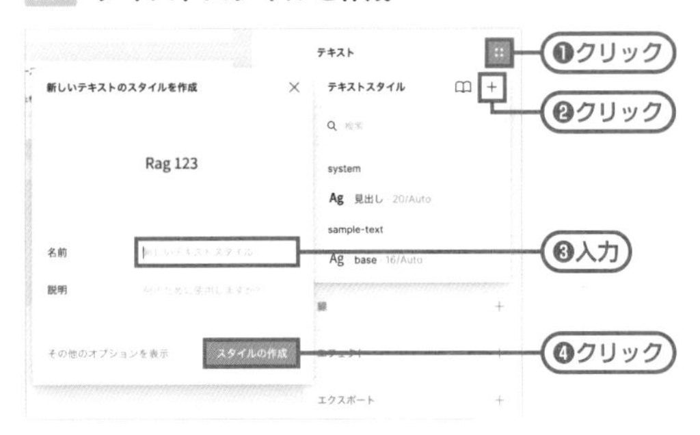

新しいテキストのスタイルを作成するパネルが表示されるので、「text/base」という名前を入力することで登録となります。

memo
エフェクトスタイル、グリッドスタイルを作成する際も、エフェクトパネル・レイアウトグリッドパネル右上の「∷」アイコンをクリックし、パネル内右上の「+」アイコンから作成します。

練習2：スタイルをほかの要素に反映させる

続いて、登録したスタイルをほかの要素に反映してみましょう。

「練習2：スタイルをほかの要素に反映」セクションに移動します。「お手本」では正方形のシェイプに「sample-color/pink」の色スタイル、テキスト部分に「sample-text/base」のテキストスタイルと「sample-color/font」の色スタイルが適用されています。「練習スペース」にある正方形のシェイプはグレー、テキストは太字でややサイズが大きいものとなっているので、練習1で作成した色スタイル、テキストスタイルをそれぞれ適用していきます。

シェイプを選択し、「塗り」の右上の「∷」アイコンをクリックすると、スタイルピッカーが開きます。すると、練習1：スタイルを作成」で作成した「color/yellow」が選択できるようになっていますので、そちらをクリックして色スタイルを適用しましょう 図7。

図7 色スタイルを適用

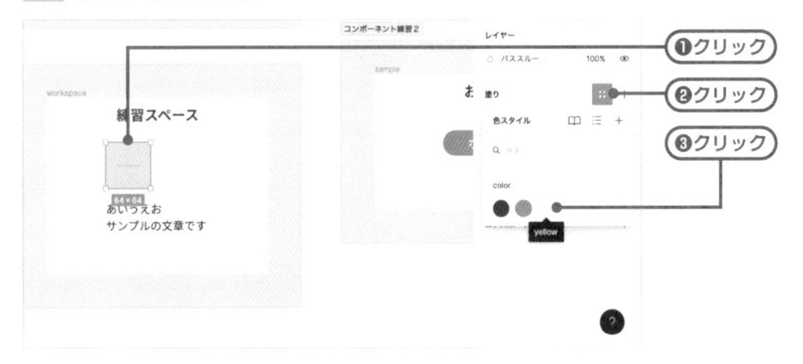

色スタイルに続いて、「練習スペース」のテキスト部分も、「練習1」で作成したテキストスタイルを反映します。

色スタイルのときと同様の手順で、テキストスタイルが「text/base」となるように設定してみましょう。

> **memo**
> お手本のテキストの色スタイルは「sample-color/font」となっています。練習スペースでも同様に、フォントの色を定義する色スタイルを作成・設定してみるとよいでしょう。

スタイルの設定を変更する

設定中のスタイルは、スタイルピッカーを開いて、スタイル名の右側に表示される「スタイルを編集」アイコンをクリックすることで変更ができます 図8。

図8 スタイルを編集して変更を適用

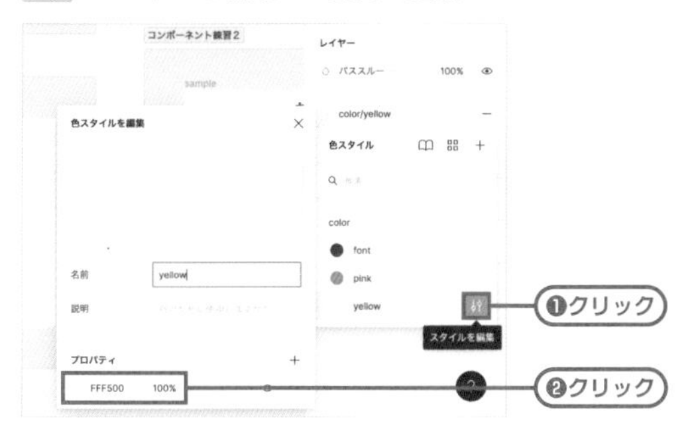

このとき、グリッド表示となっている場合は「スタイルを編集」アイコンが表示されません。「リストとして表示」の箇所をクリックして切り替えておくか、右クリックから「スタイルを編集」とします。

スタイルの設定を解除する

スタイルが設定された要素を選択中に、デザインパネルのスタイル名の右に表示される「鎖を解除する」ようなアイコンをクリックすると、設定済みのスタイルを解除することができます 図9。

図9 「鎖を解除」のアイコンをクリック

解除されたといっても、色であれば白やグレーなどに変更されるわけではなく、解除前の色の値になります。現在のスタイルから、少しだけ違うバリエーションに設定し直したい場合や、別のスタイルを適用したい場合などに使うとよいでしょう。

コンポーネント機能を使う

THEME テーマ

「コンポーネント」とはパーツのまとまりのことです。Figmaのコンポーネント機能はパーツのまとまりを保存して使い回すことができ、効率的にデザインを進めることができます。

コンポーネントとは

Figmaでの「コンポーネント」は、ひとまとまりのパーツを登録して再利用するための機能のことを指します。

コンポーネントの使い方として、デザイン内に複数登場するパーツ、例えばボタンやヘッダー、フッターなどをコンポーネントとして登録するとよいでしょう。修正に強くなるメリットだけでなく、まったく同じパーツを大量に使い回す場合や、似ているけど少し違うパーツを管理・運用する際にも有用な機能です。

コンポーネントとインスタンス

コンポーネントをコピー＆ペーストすると、「インスタンス」になります。!コンポーネントはおおもとの部分で、実際にはインスタンスを複製して使い回していくことになります。

コンポーネントを変更すると、インスタンスにも変更が反映されます。例えば、デザインを進める中でボタンの色を変更したくなったとしましょう。デザインデータの中に複数あるボタンの色を一つひとつ変更していくことは手間がかかります。このようなとき、あらかじめボタンがコンポーネントになっていると簡単に修正できます。コンポーネントの色を変更すると、インスタンスもすべて連動して色が変更されることになります。

コンポーネントとインスタンスは、次のようなFigmaの表示上の違いがあります。

! POINT

コンポーネントが「おおもとの部分」であることを強調するため、コンポーネントを「メインコンポーネント」と呼ぶ場合があります。

! POINT

コンポーネントとインスタンスは、選択した際の枠線の色や、レイヤーパネル上の色が紫色となります。

1. 左サイドバーのレイヤーパネル上で、コンポーネントは名前の先頭が「4つの塗りつぶしひし形」アイコン、インスタンスは「1つの中抜きひし形」アイコンで表示されます 図1。

図1 コンポーネントとインスタンスのレイヤーパネル上での表示

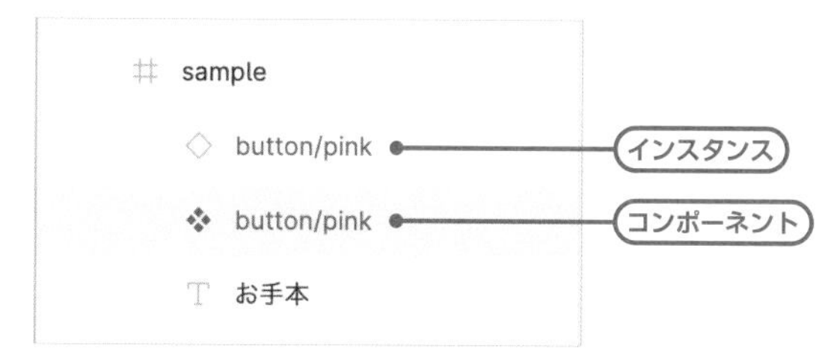

2. 右サイドバーのデザインタブに、インスタンスまたはコンポーネントの設定が表示されます 図2。

図2 コンポーネントとインスタンスの右サイドバー上での表示

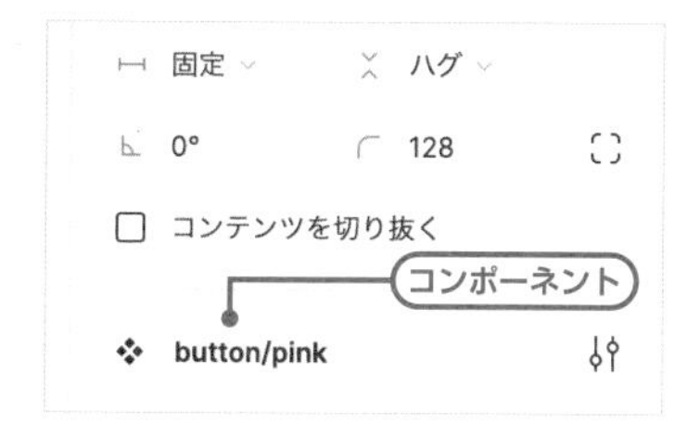

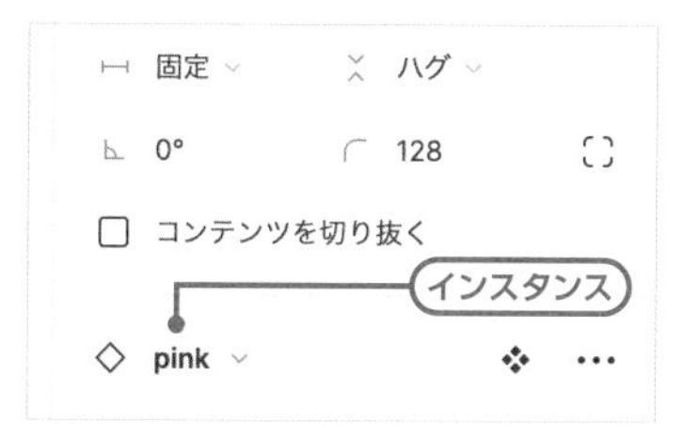

コンポーネントを登録すると、左サイドバーの「アセットパネル」に表示されるようになります 図3。アセットパネル内のコンポーネントを、キャンバスにドラッグ＆ドロップすることでインスタンスとして配置することができます。

図3 アセットパネル

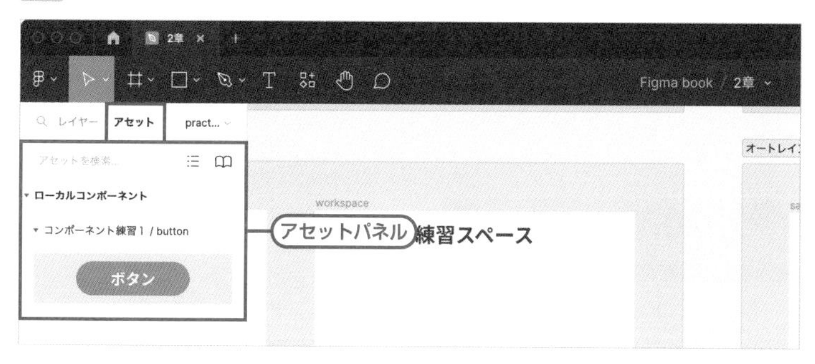

また、作成したコンポーネントは、一覧として確認できるようにまとめておくとよいです。コンポーネント用の「ページ」を作成し、そこにまとめて配置しておくか、ページ内の左上などの箇所にまとめて配置しておくとよいでしょう。

memo

レイヤータブ上ではグループやフレームなど、コンポーネントやインスタンス以外の要素も種類ごとのアイコンが表示されます。

POINT

コンポーネントをまとめておくことで、自分自身がわかりやすくなるだけでなく、エンジニアが開発する際に参照しやすくなります。

練習1：コンポーネントを作成する

「練習1：コンポーネントを作成」セクションに移動します。「お手本」の場所には、コンポーネント登録済みの「button/pink」という名前のボタンがあります。「練習スペース」には黄色いボタンがあるので、これをコンポーネントとして登録してみましょう 図4。

図4 黄色いボタンをコンポーネントとして登録

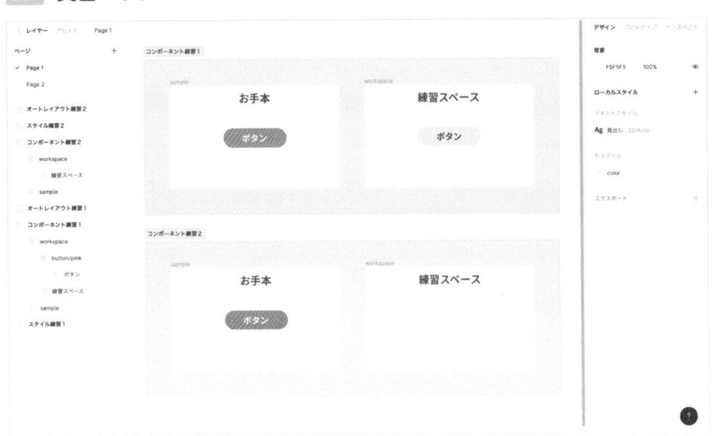

「練習スペース」にある「Frame 1」のフレームを選択し、⌘（Ctrl）+ option（Alt）+ K のショートカットキーでコンポーネントを作成します。また、フレーム名は「button/yellow」に変更しておきます。

POINT

フレーム名の変更は、レイヤーパネルのフレーム名をダブルクリックすることで変更できます。また、もっとも外側のフレームの場合、キャンバス内のフレーム名が表示されている箇所をダブルクリックすることでも変更可能です。

練習2：インスタンスを利用する

実際にインスタンスを利用してみましょう。「練習1：コンポーネントを作成する」で作成したボタンを、インスタンスとして配置してみます。

左サイドバーのアセットパネルを開くと、登録した「button/yellow」ボタンがあります。これを「練習スペース」にドラッグ＆ドロップします。インスタンスとして「button/yellow」ボタンが配置されました 図5。

memo

右サイドバーのデザインパネルの表示が、コンポーネントでは「button/yellow」ですが、インスタンスの場合は「yellow」の表示となります。これは、スタイルのときと同様（64ページ、Lesson2-02参照）、スラッシュで区切った名付けをすると、「button」という分類に属した「yellow」という扱いになるためです。インスタンスでは分類の名前は省略され、「yellow」のみが表示されています。

図5 ボタンをドラッグ＆ドロップで配置

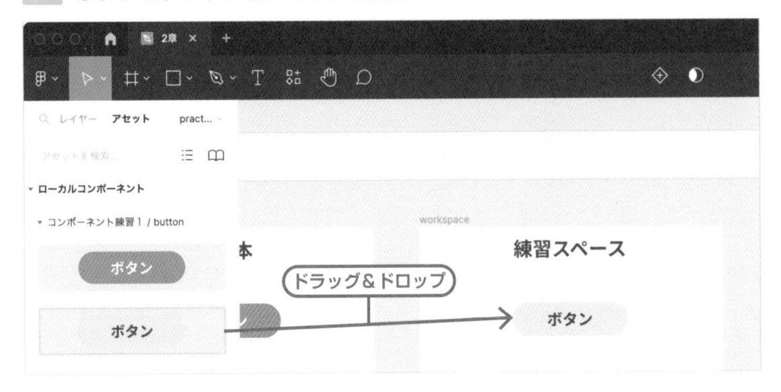

続いて、コンポーネントを変更することでインスタンスにも反映される様子を確認してみましょう。

「練習1：コンポーネントを作成する」で作成したコンポーネント側のボタンの色を、任意の色に変更してみます。すると、インスタンス側の色も連動して変わることがわかります 図6。

図6 **コンポーネント側の変更がインスタンスに反映される**

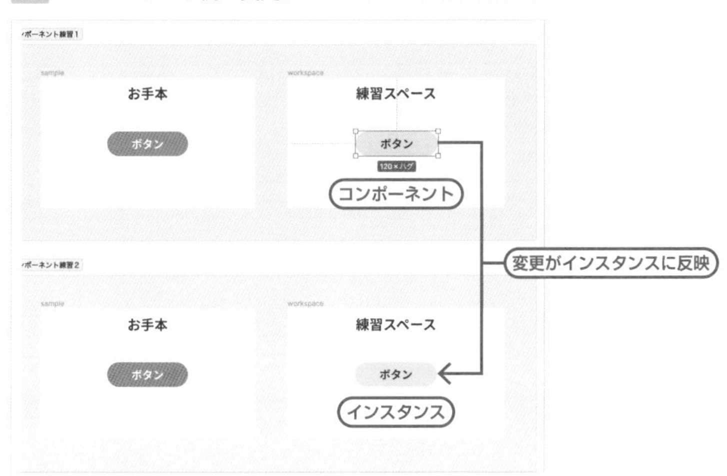

ボタンの場合、コンポーネントでは「ボタン」となっている文字列を「送信する」など、インスタンスごとに違う文字列にしたい場合も多くあります。これは、インスタンス側を変更することで実現可能です。

先ほど配置した「button/yellow」のテキスト箇所を「送信する」に変更します 図7。

図7 **インスタンス側の変更はコンポーネントには反映されない**

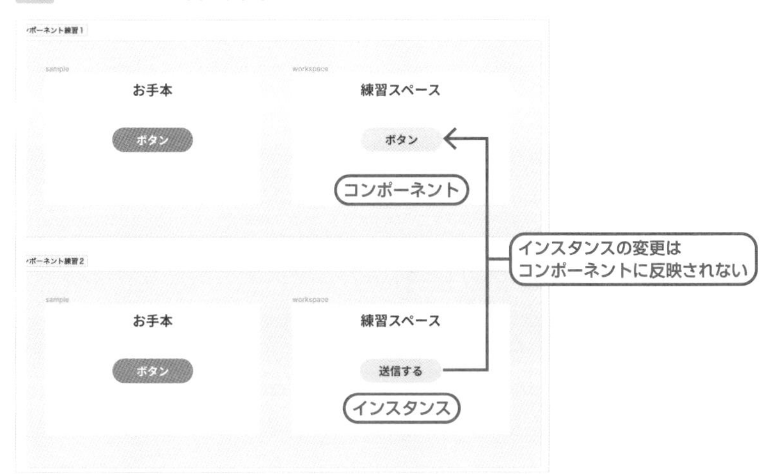

このとき、コンポーネント側は変更されませんし、例えばもう一つインスタンスとして配置した場合でも、新しいインスタンスの文字列はコンポーネントのままとなります。このように、メインコンポーネントとインスタンスの変更の適用は、一方通行の関係になっています。

インスタンスを活用する

インスタンスを編集しすぎて何が変わったのかが分からなくなったときは、インスタンスを選択した状態で右ツールバーからインスタンスオプションをクリックし、「すべての変更をリセット」を選ぶと、メインコンポーネントと同じ状態に戻せます図8。

図8 「すべての変更をリセット」を選ぶ

逆に、メインコンポーネントをインスタンスと同じ状態にしたいときは、同じくインスタンスオプションから「変更をメインコンポーネントにプッシュ」を選ぶと、インスタンスの状態をメインコンポーネントに反映できます図9。

図9 「変更をメインコンポーネントにプッシュ」を選ぶ

インスタンスからメインコンポーネントに移動したいときは、インスタンスを選択して右ツールバーから「メインコンポーネントに移動」ボタンをクリックします。メインコンポーネントが違うフレームやページに置いてある場合に便利です図10。

図10 「メインコンポーネントに移動」ボタンをクリック

memo

あるインスタンス（インスタンスAと呼びます）から「変更をメインコンポーネントにプッシュ」したとき、メインコンポーネントと同じ状態で配置されているほかのインスタンスは、インスタンスAと同じ状態になります。しかし、すでに状態を変更済みのインスタンス（インスタンスBと呼びます）は、その状態のままとなります。インスタンスBに対して「すべての変更をリセット」をすると、インスタンスAと同じ状態になります。

メインコンポーネントとインスタンスの関係を切り離したいときは、インスタンスオプションから「インスタンスの切り離し」を選びます。一度切り離すと、メインコンポーネントとインスタンスの関係はなくなり、メインコンポーネントの変更はインスタンスに反映されなくなります図11。

図11 「インスタンスの切り離し」を選ぶ

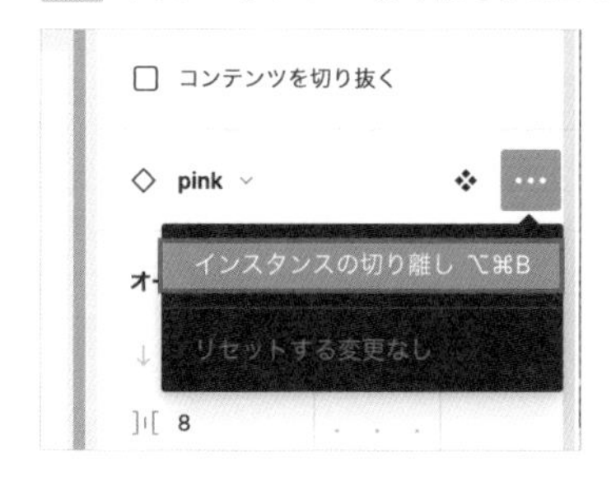

コンポーネントプロパティ

ここまで学んできた内容をもとに、さらにコンポーネントの深い機能について紹介していきます。コンポーネントは同じパーツをまとめて使い回せますが、見た目が少しだけ違うパーツや、状態が異なるパーツを作りたいときに、すべて別々のコンポーネントを作成すると管理が煩雑になってしまいます。そんなときに便利なのがコンポーネントプロパティです。

コンポーネントプロパティは、コンポーネントに対して独自のプロパティを付加できる機能です。プロパティとは簡単に言えば状態の違いのようなものだと思っておけばよいでしょう。例えば、ボタンの中にアイコンがある、ないといった違いや、ボタンの色が赤、青、緑といった違いなどです。あらかじめ必要なコンポーネントプロパティを設定しておけば、インスタンスごとに必要な値を選ぶだけで状態の違うコンポーネントを作れます。

コンポーネントにコンポーネントプロパティが設定されているかどうかは、コンポーネントを選択した状態で右サイドバーの「プロパティ」で確認できます図12。

図12 コンポーネントプロパティが未設定のコンポーネント

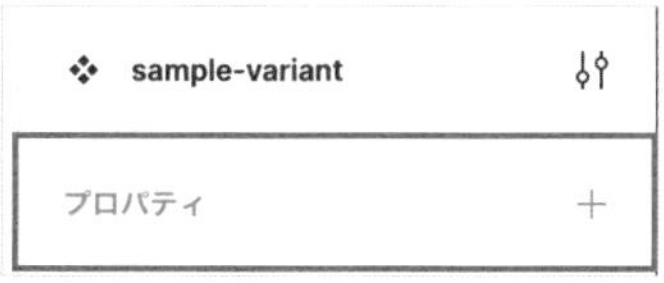

sample-variant

プロパティ

コンポーネントプロパティのタイプ(型)

コンポーネントプロパティにはいくつかのタイプ(型)があり、以下のような違いがあります図13。それぞれの機能の違いは後段で説明しますので、詳しくはそちらを参照してください。

> **memo**
> 過去、バリアントとコンポーネントプロパティはFigma上で別々の概念でしたが、アップデートを重ねるうちにバリアントはコンポーネントプロパティのタイプの1つになりました。

図13 コンポーネントプロパティのタイプ(型)

タイプ(型)	機能
バリアント	サイズ、色、レイアウトなど見た目の状態を切り替えます。
ブール値	真偽値(true または false)をトグルボタンで切り替えます。
インスタンスの入れ替え	コンポーネントに含まれるインスタンスを置き換えます。
テキスト	テキストの値を設定します。

バリアント

バリアントを使うと、サイズ、色、レイアウトといったコンポーネントの見た目の違いを切り替えられます。

練習3:バリアントに移動し、3種類のサイズ違いのボタンを作ってみましょう。すでに作成済みのコンポーネントを選択した状態で右サイドバーの「プロパティ」から+ボタンをクリックし、「バリアント」を選択します図14。

コンポーネントを選択した状態で、ツールバーの中央に表示される「バリアントの追加」ボタンをクリックすることでも追加できます。この方法では、バリアント追加前の状態と、新しい状態で合計2つの値が作成されます図15。

図14 コンポーネントを選択し、+ボタンをクリック、バリアントを選択

図15 ツールバー中央の「バリアントの追加」ボタン

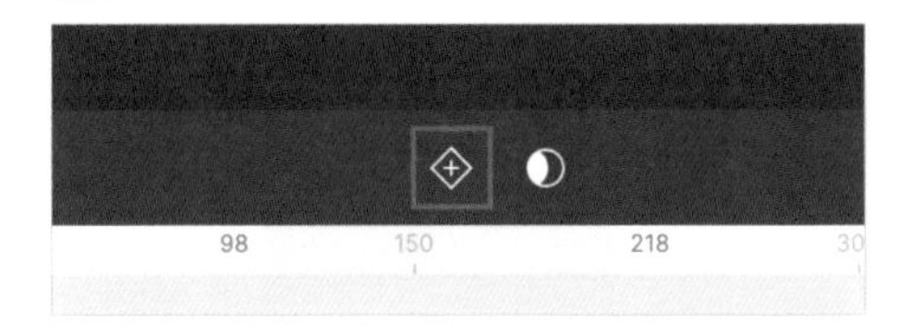

コンポーネントにバリアントが追加されました。バリアントを追加したコンポーネントを見ると、紫色の点線で囲まれていることがわかります。この紫色の点線で囲まれた状態を「コンポーネントセット」と呼びます。

また、右サイドバーのプロパティを見ると、新しいコンポーネントプロパティとして「プロパティ1」が、その値として「デフォルト」が追加されていることが分かります。このように、コンポーネントプロパティは「名前」と「値」で構成されています。ここでは「名前」が「プロパティ1」、「値」が「デフォルト」ということになります図16。

図16 紫色の点線で囲まれたコンポーネントと、コンポーネントプロパティの名前と値

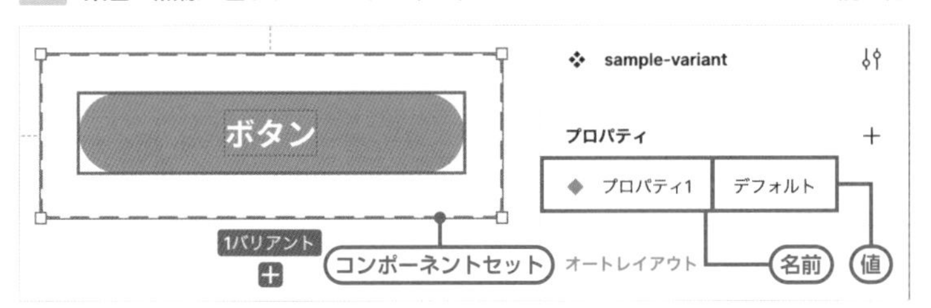

プロパティの右横に表示される「プロパティを編集」ボタンをクリックし、表示されたパネルで名前を「Size」、値を「Default」に変更します図17。

図17 「プロパティを編集」をクリックし、名前を「Size」、値を「Default」に変更

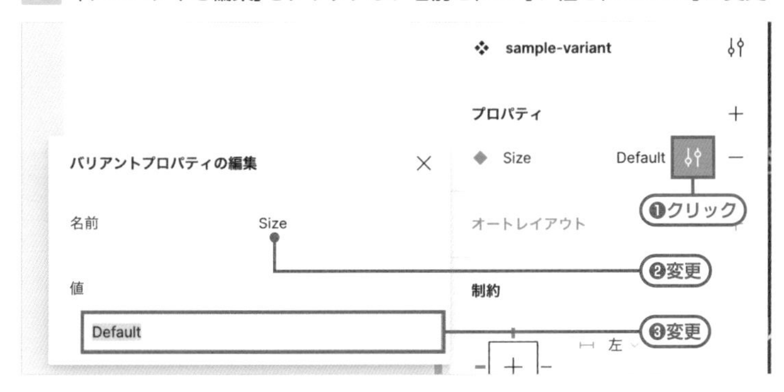

さらにバリアントを追加してみましょう。コンポーネントセットを選択した状態で、下部に表示される「バリアントを追加」ボタンをクリックします図18。

図18 「バリアントを追加」ボタン

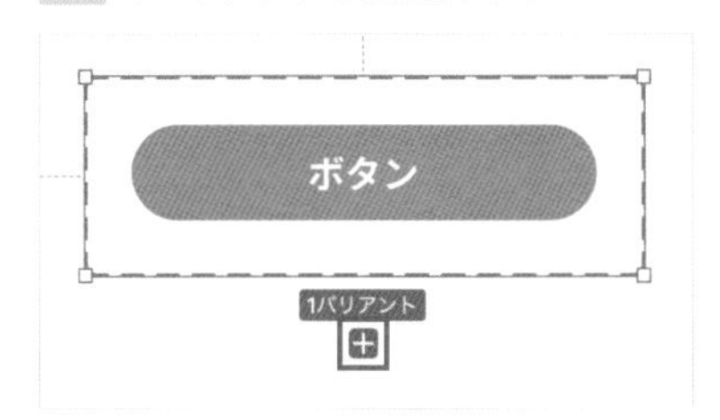

新しいバリアントが追加されました。このボタンはサイズを小さくしてみましょう。右サイドバーを見ると「現在のバリアント」が表示されていますので、「値」を「Small」に変更します。さらにコンポーネント自体の高さを「26」に変更します図19。

図19 「値」を「Small」に、高さを「26」に変更

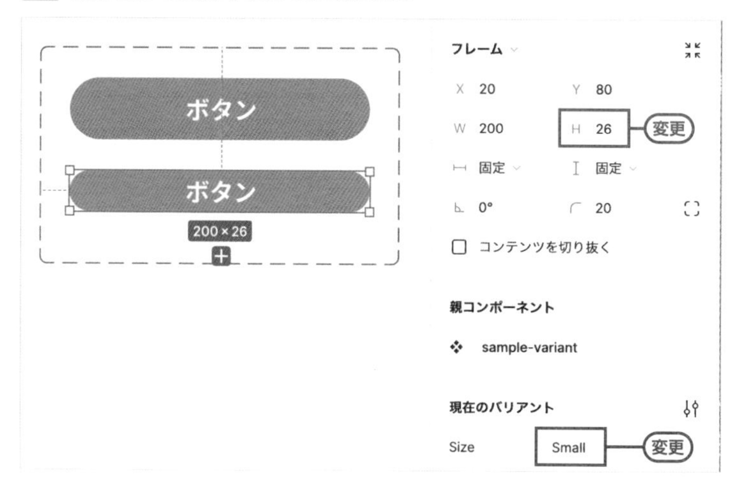

さらに3つめのバリアントを追加し、今度はボタンのサイズを大きくしてみます。バリアントの「値」を「Large」に変更し、コンポーネントの高さを「50」に変更します。また、角丸の半径の数値も「25」に変更します図20。

> memo
> コンポーネントの高さを「50」に変更した影響で、コンポーネントセット（紫色の破線）内に入り切らなくなるので、コンポーネントセットの下端を下に広げています。

図20 「値」を「Large」に、高さを「50」に変更

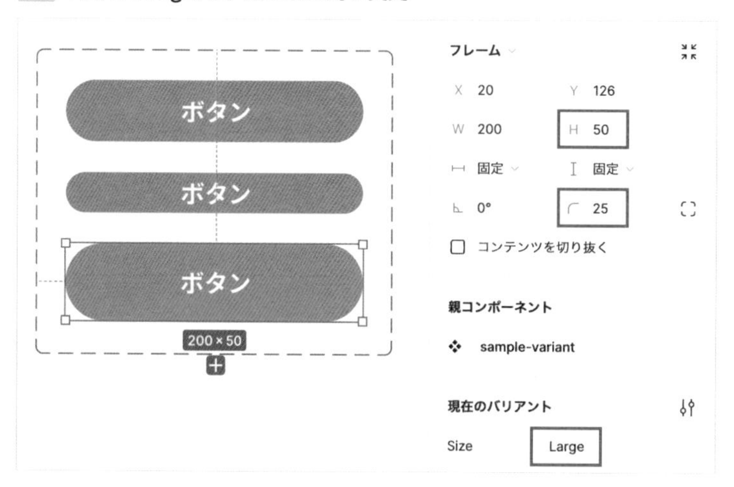

これで3つのバリアントを作成できました。作成したバリアントは、通常のコンポーネントと同じように利用します。インスタンスを配置後、右サイドバーを見ると追加したプロパティ「Size」が表示されていますので、値を変更することでボタンのサイズを切り替えられます図21。

図21 インスタンスのプロパティ「Size」の値を変更する

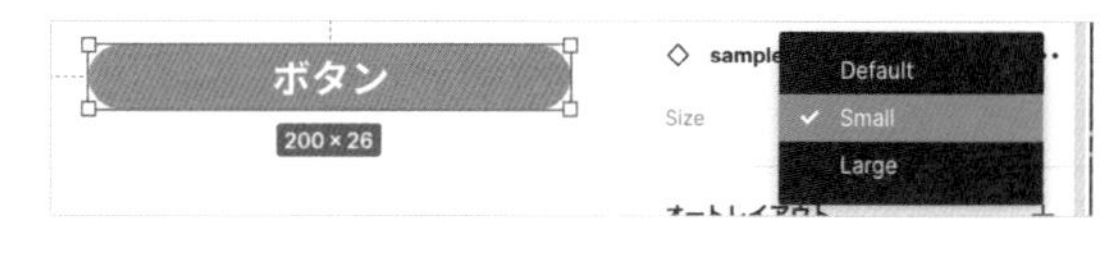

その他のコンポーネントプロパティ

バリアント以外のコンポーネントプロパティについて簡単に紹介します。

ブール値は、真偽値（trueまたはfalse）をトグルボタンで切り替えるコンポーネントプロパティです。コンポーネント内の要素の表示・非表示を切り替えるときに使います。例えば、ボタン内にアイコンを表示するかどうかを切り替えるときに適しています図22。

memo
Lesson2 練習用ファイルの「練習3：バリアント」の下に「コンポーネントプロパティ」としてサンプルのボタンを用意しています。

図22 「ブール値」で表示・非表示を切り替える

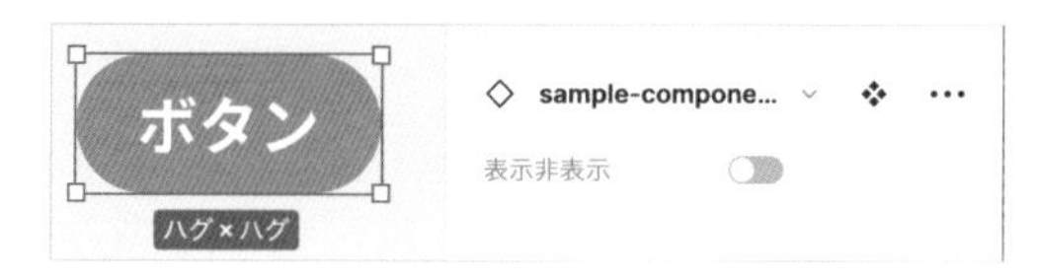

インスタンスの入れ替えは、コンポーネントに含まれるインスタンスを置き換えるコンポーネントプロパティです。コンポーネント内に配置された別のインスタンスを、さらに別のインスタンスに切り替えるときに使います。例えば、ボタン内に配置したアイコンを、別のアイコンに切り替えるときに適しています図23。

図23 「インスタンスの入れ替え」でアイコンを変更する

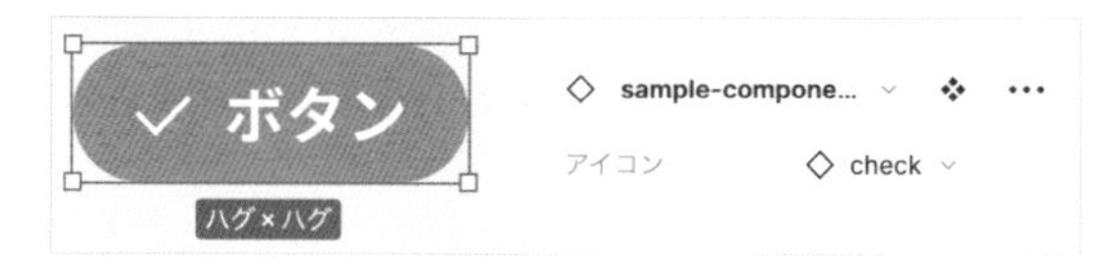

テキストは、コンポーネントに含まれるテキストの値を設定するコンポーネントプロパティです。通常のインスタンスでもテキストレイヤーを選択して値を書き換えることはできますが、コンポーネントプロパティを使うと右サイドバーから直接テキストを書き換えられます。また、コンポーネントのデフォルトのテキスト値から変更されているかどうかを明示できるというメリットもあります図24。

図24 「テキスト」でテキストを変更する

オートレイアウト機能を使う

THEME テーマ

オートレイアウトとはFigmaの独自の機能で、複数の要素の並べ方をコントロールできたり、パディング（余白）を調整できたりするなど、レイアウトする上での調整がしやすくなる機能です。

オートレイアウトとは

Figmaでのデザイン作業で欠かせない機能といえる、オートレイアウトを解説します。

オートレイアウトには複数の機能があり、1つ目は周囲のパディング（余白）を設定できる機能 図1 、2つ目は内側の要素間の余白や並び方などを調整できる機能 図2 です。

図1 周囲にパディング（余白）が適用されている

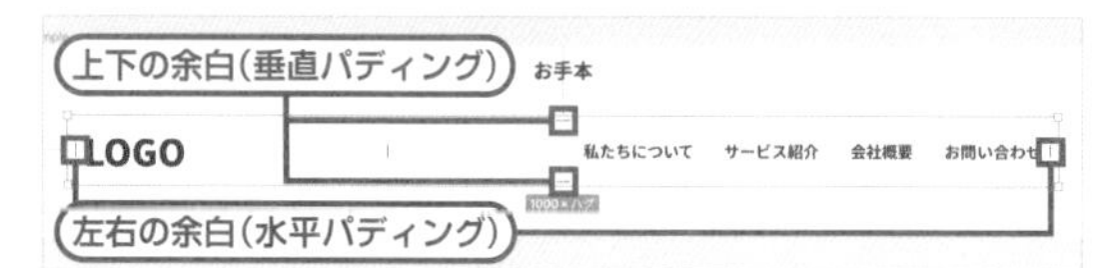

図2 要素間の余白が適用されている

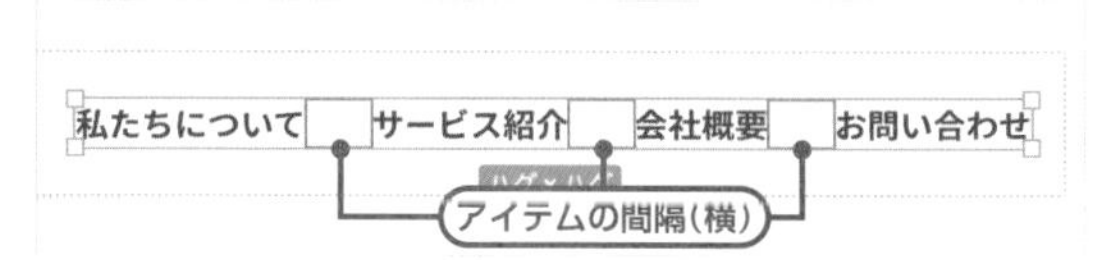

オートレイアウトの設定

オートレイアウトは、1つまたは複数の要素を選択しているときに shift + A のショートカットキーで適用できます。

要素がフレーム、グループまたはコンポーネントの場合は、右サイドバーに薄く「オートレイアウト」の項目が出現し、その箇所をクリックすることでオートレイアウトを適用できます。

並べる方向を「①横方向」、②アイテム間の間隔を「20」としたオートレイアウトが 図3 、並べる方向を「③縦方向」に変更したものが 図4 です。

memo

グループにオートレイアウトを適用した場合、フレームに変更されます。

図3 横方向にオートレイアウトが適用されている様子

図4 縦方向に変更した様子

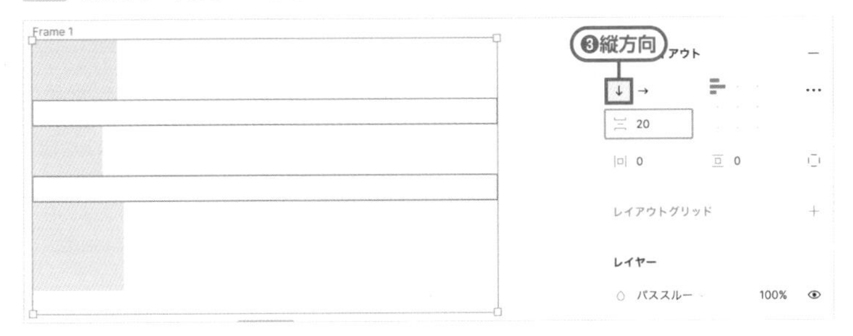

オートレイアウトは、内側の要素がどのように配置されるのかを調整できますが、これには9つのオプションがあります 図5 。これは「左上揃え」なら、フレームの左上に内側の要素が揃う設定となります。

図5 配置のオプション

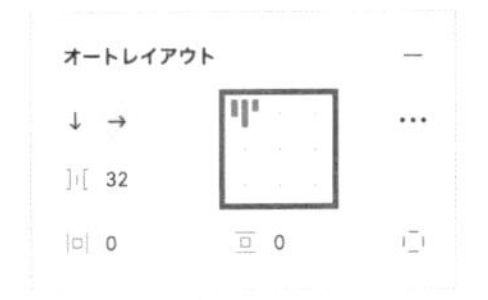

また、「…」の「詳細なレイアウト設定」をクリックすると表示されるパネルが 図6 です。

図6 詳細なレイアウト設定

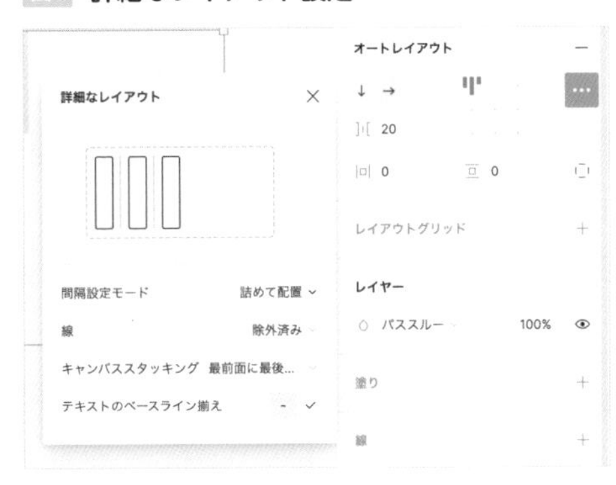

知っておきたいオートレイアウトの機能

オートレイアウトを扱う上で、知っておくことでより使いこなせる機能を紹介します。

サイズ調整

オートレイアウトが適用されている要素の場合、サイズ調整の設定として「固定」「コンテンツをハグ」「コンテナに合わせて拡大」の3つを選択することができます 図7。

図7 サイズ調整の設定

WORD 固定

「W」や「H」に数値を指定でき、それらの数値がそのまま幅や高さとなります。バウンディングボックスを変更した場合もこの設定になります。

WORD コンテンツをハグ

「W」や「H」に数値を指定することができません。テキストであればテキストの幅(高さ)と水平パディング(垂直パディング)を合わせた幅(高さ)になります。右サイドバーの表示上では「ハグ」の表記となります。

WORD コンテナに合わせて拡大

オートレイアウトが適用された要素を包んでいる要素がある場合に出現する設定です。「W」や「H」に数値を指定することができません。すぐ外側の要素をコンテナと呼び、このコンテナの幅(高さ)いっぱいまで広がります。右サイドバーの表示上では「拡大」の表記となります。

絶対配置

オートレイアウトの内側に配置された要素は「絶対配置」を設定することができます 図8。絶対配置を設定することで、この要素はオートレイアウトの内側にありながら自由な位置に配置することができます。

図8 「絶対配置」を設定できるアイコン

キャンバスでの余白調整

オートレイアウトの「パディング」や「間隔」は、キャンバス上に表示されるピンク色のハンドルをドラッグすることで、数値変更を直感的に操作することができます 図9。

memo

ハンドル部分をクリックすると入力欄が表示され、そこへ数値を入力しての変更も可能です。

図9 キャンバス上に表示されるハンドル

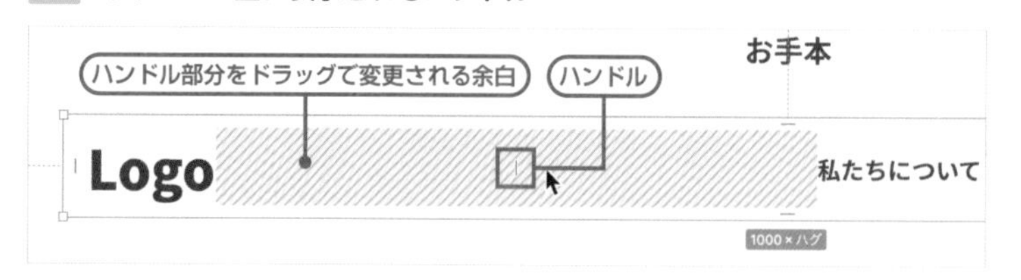

練習1：オートレイアウトで並べて配置する

ヘッダー部分によく見られるレイアウトとして、左側にロゴ、右側に複数のリンクのナビゲーションというデザインがありますが、このレイアウトを通してオートレイアウトを試してみましょう。

サンプルデザインの「練習1：オートレイアウトで並べて配置」セクションに移動します。「お手本」には完成形ヘッダーレイアウト、その下の「練習スペース」ではバラバラになっている要素が確認できます図10。

図10 練習1：オートレイアウトで並べて配置

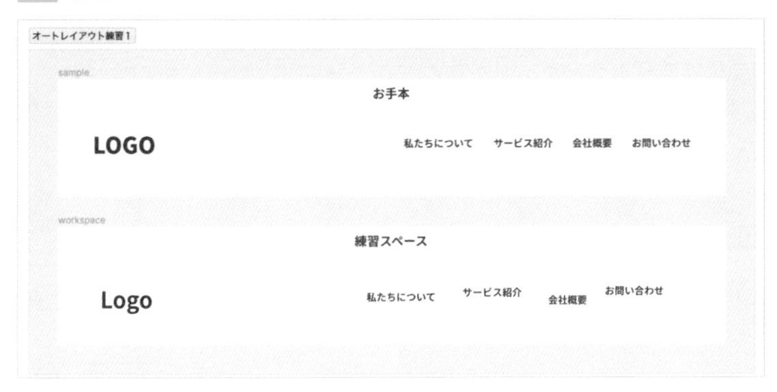

右側の「私たちについて」、「サービス紹介」、「会社概要」、「お問い合わせ」の4つのテキスト（以後、ナビゲーション）を選択し、このナビゲーションに shift ＋A キーでオートレイアウトを適用します図11。

図11 4つのテキストにオートレイアウトを適用した様子

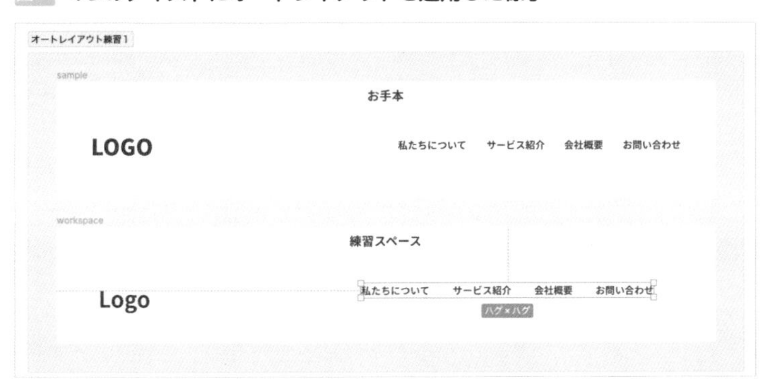

これでナビゲーションはそろいましたが、まだ左側の「Logo」（以後、ロゴ）とナビゲーションの縦方向位置がズレています。

これを直すため、今度はロゴとナビゲーションの2つを選択し、shift ＋A キーでオートレイアウトを適用します。右サイドバーのオートレイアウトの設定で「中央揃え」を選びます。これで、縦方向の配置も揃えることができました（次ページ図12）。

図12 ロゴとナビゲーションにオートレイアウトを適用した様子

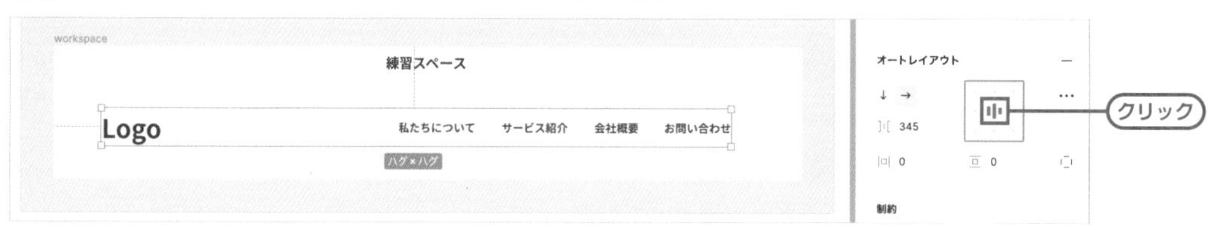

また、現状ではロゴとナビゲーション間のパディングが数値によって規定されていますが、これをフレームの幅に応じて広がる設定に変更することができます。

「詳細なレイアウト設定」を開き、間隔設定モードを「間隔を開けて配置」とします。この時点では見かけ上の変化はありませんが、お手本と同じ幅となるよう幅「1000」までフレームを広げてみます。すると、ロゴとナビゲーションが左右いっぱいに配置されるようになりました図13。

memo

ナビゲーションの4つの要素と、ロゴの1つの合計5つを同時にオートレイアウトの適用をしてしまうと、すべてが均一に配置されてしまうため、入れ子状にオートレイアウトを適用しています。

図13 「間隔を開けて配置」を適用し、幅を「1000」とした様子

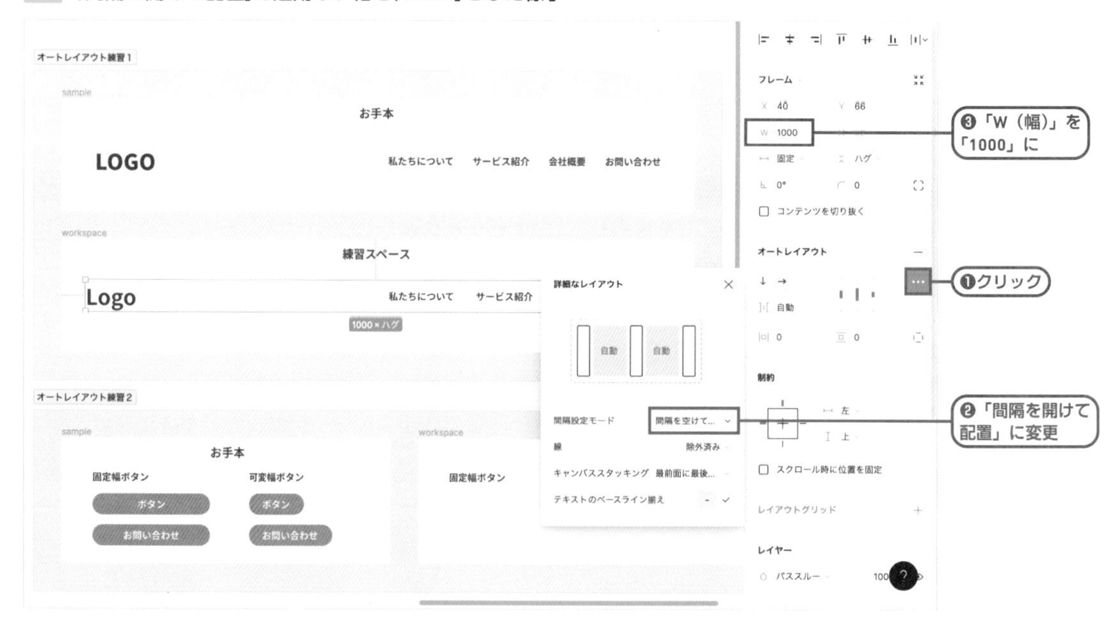

続いて、オートレイアウトが適用されているフレームに背景色とパディングを適用してみましょう。

背景色の適用は、フレームを選択中に右サイドバーの「塗り」の箇所で「+」アイコンをクリックし、任意の色を設定してください。お手本のほうの色をスポイトで取得してもよいでしょう図14。

memo

このように「幅に応じて伸縮させる」ことがオートレイアウトの利点です。活用することで、異なる画面サイズのレイアウトを、細かい調整をすることなく用意できます。

memo

お手本のカラーコードはFFFBF1です。

図14 スポイトで色を変更した様子

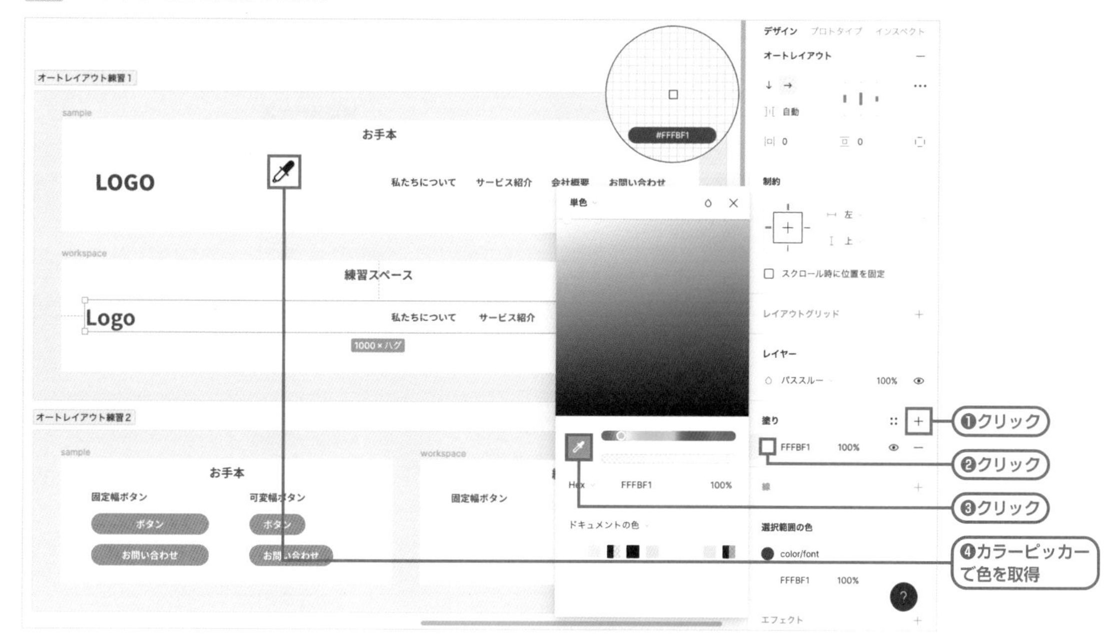

パディングの変更も適用していきましょう。右サイドバーのオートレイアウト設定で、左右の余白となる「水平パディング」を「16」に、上下の余白となる「垂直パディング」を「8」とします図15。

> **memo**
> オートレイアウト設定の右下にある「個別パディング」から、上下左右をそれぞれ個別に設定することもできます。

図15 余白を変更した様子

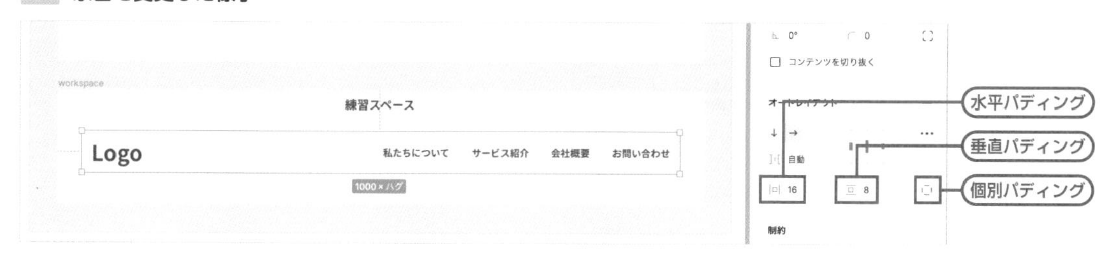

練習2：オートレイアウトを適用したボタン

リンクや決定などの目的で用いるボタンを、オートレイアウトを使って作成することで、「固定幅で内側の文字が中央配置になるボタン」と、「文字幅にあわせて可変するボタン」の両方を作成可能です。

ここでは、前者を固定幅ボタン、後者を可変幅ボタンと呼ぶことにし、これらを作成してみましょう。

「練習2：オートレイアウトを適用したボタン」セクションに移動します。お手本の左側に固定幅ボタン、右側に可変幅ボタンを用意しています（次ページ図16）。

図16 練習2：オートレイアウトを適用したボタン

可変幅ボタン

まずは可変幅ボタンを作成します。

文字列を「ボタン」としたテキストを用意し、要素を選択中に shift +A キーでオートレイアウトを追加します。水平パディング、垂直パディングともに「10」が設定されますので、水平パディングを広めの数値、垂直パディングを狭めの数値で設定します。

フレーム部分に「塗り」を追加し、任意の色に変更します。また、ボタンの両端の角を丸めたい場合、右サイドバーの「角の半径」から変更ができます 図17。

図17 角丸の半径を設定する

ボタンを ! 複製し、複製されたボタンのテキストの文字数を変更してみましょう。文字数によって幅が可変することがわかります。

固定幅ボタン

続いては、固定幅ボタンを作成します。

いったん、可変幅ボタンで作成したボタンを複製します。このとき、要素を選択すると、「水平方向のサイズ調整」が「ハグ」となっていますが、この状態だと「W」の欄が薄いグレーになっていて、幅の変更ができません 図18。

POINT

このようなテキストのみの場合など、フレームやグループではない要素にオートレイアウトを適用した場合、外側にオートレイアウトが適用されたフレームが生成されます。

memo

お手本のテキストは、「Noto Sans JP」、ウェイト（太さ）を「Bold」、サイズを「16」としています。また、水平パディングは「24」、垂直パディングは「6」としています。

memo

両端を半円状にしたい場合、角の半径を要素の高さの半分以上の数値とします。この場合、高さが「35」なので、角の半径が「18」以上の数値なら半円状となります。

POINT

要素を選択中に option （ Alt ）キーを押しながらマウスでドラッグすると、要素を複製できます。

図18 幅の変更ができない状態

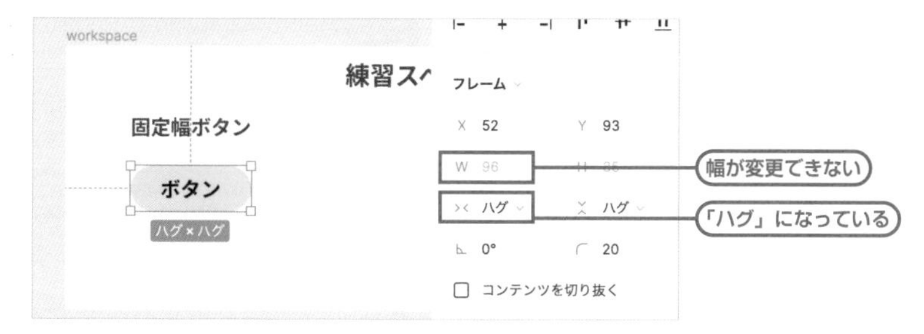

これを指定の数値に変更する場合、「水平方向のサイズ調整」を「固定」とすることで、幅の変更が可能になります図19。

図19 幅の変更が可能

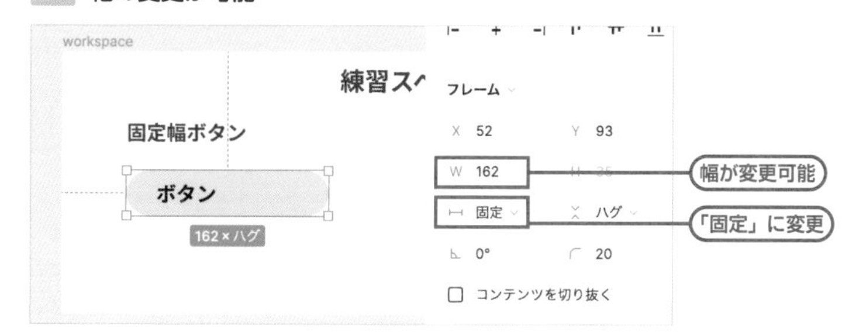

「W」を「200」などに変更しましょう。また、テキストが左に寄っているので、「配置」を「中央ぞろえ」にします。

これで固定幅ボタンができました図20。

図20 固定幅ボタンと可変幅ボタン

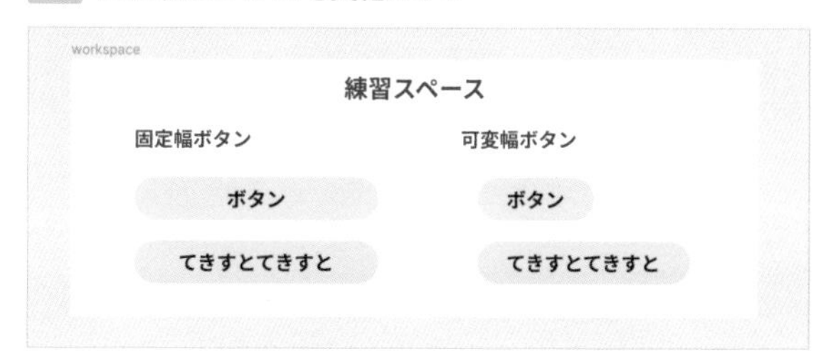

memo

移動ツールでボタンのフレーム幅を直接変更しても、「水平方向のサイズ調整」が「固定」となるので、この方法でもかまいません。

デザインシステムに触れてみよう

THEME テーマ

デザインシステムは、近年ではデジタル庁などでも構築に取り組んでいる仕組みで、複数人でデザインを進めていく際に参照や再利用ができるため、プロジェクトの効率化につながります。

デザインシステムとは

デザインシステムとは、色、タイポグラフィ、UIコンポーネントなどのパターンと、それらを反映する際のデザイン原則がまとめられたシステムです。

Figmaはチームでコミュニケーションを取りながらのデザイン制作に適していますが、デザインシステムが整理されているとコラボレーションがしやすくなりますし、1人でデザインを進めるときにも有効です。

小規模なプロジェクトではデザインシステムの有効度は低いのですが、大規模になればなるほど重要性が増していくので、必要に応じてデザインシステムを準備することをおすすめします。

memo

Figmaでは、色や文字を「スタイル」として登録できますし、パーツのまとまりを「コンポーネント」として登録できます。また、作成したデータを1つのファイルにまとめて共有できる点や、データが常に最新版になる点など、Figmaはデザインシステムを整備するのにちょうどよいプラットフォームといえます。

memo

デザインシステムそのものを作ろうとするとかなり時間がかかるので、まずはパターンとしてのスタイルやコンポーネントを用意していくなど、できるところからはじめるとよいでしょう。

デザインシステム関連の用語

デザインシステム関連は、似たような用語が複数存在していてわかりにくいので、本書では図1のように定義し、まとめました。

図1 デザインシステム関連用語

用語	解説
デザインシステム	色、タイポグラフィ、UI コンポーネントなどのパターンと、それらを反映する際のデザイン原則がまとめられた仕組み。コードなどを含む場合も
デザインガイドライン	色、タイポグラフィ、UI コンポーネントなどをまとめたものと、その使い方ガイド。「デザインシステム」の一部の場合も
UI キット	UI コンポーネントなどをまとめて再利用できるようにしたもの
デザイントークン	色、タイポグラフィ、UI コンポーネントなどのうちのパターンの一つを取り出したもの

デザインシステムの事例

デザインシステムは自分たちのプロジェクトのための仕組みですが、自社のデザインシステムを公開している会社・組織もあります。それらのうちFigmaのコミュニティ上でファイルとして公開されているものもあるので、日本の会社・組織が作成のものを中心に、いくつか紹介します。

デジタル庁

行政サービスを 1. 誰もが利用できる（アクセシビリティ）2. 使いやすい（ユーザビリティ）というものにするため、デジタル庁サービスデザインユニットが構築に取り組んでいるデザインシステムです 図2。

図2 Design System 1.2.1

https://www.figma.com/community/file/1172530831489802410

SmartHR UI

SmartHRのアプリケーションを作るためのコンポーネント集で、SmartHRに関わる人なら誰でも利用・参加できます 図3。

図3 SmartHR UI

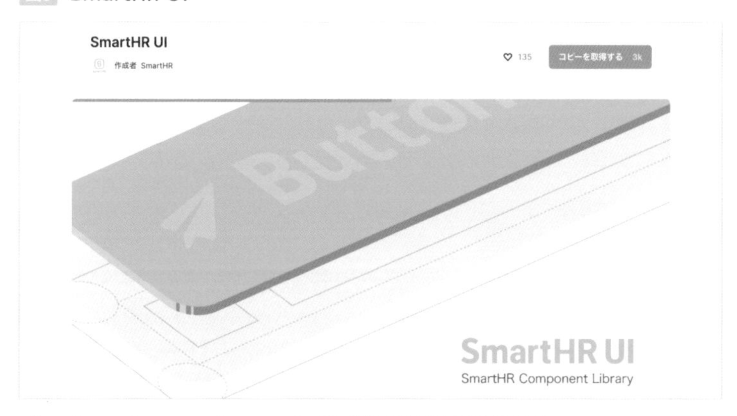

https://www.figma.com/community/file/978607227374353992

Material 3

Material 3とは、Googleが開発したオープンソースのデザインシステム「Material Design」のバージョンの1つで、2023年時点での最新バージョンとなります。図4は、Material 3をまとめたデザインキットです。

図4 Material 3 Design Kit

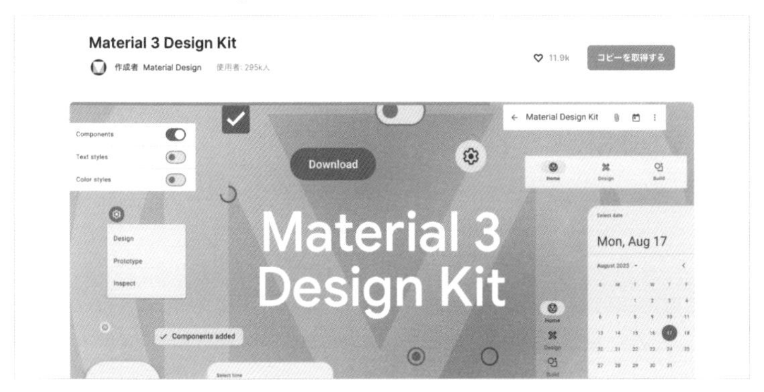

https://www.figma.com/community/file/1035203688168086460

公開されているデータを複製する

Figmaコミュニティのファイルとして公開されているデータは、自分のアカウントの「下書き」に複製保存することができます。

54ページ　**Lesson2-01**参照。

先ほど紹介した、デジタル庁のデザインシステムを複製してみましょう。該当のページに移動し、「Figmaで開く」をクリックします。

自分のアカウントの「下書き」内に、デザインファイルが編集可能な状態で保存されました図5。

memo

現時点ではFigmaコミュニティ内の検索ではたどり着きにくいので、Google検索などで「デジタル庁 Figma」と検索して、WebブラウザでFigmaコミュニティのファイルに移動するとよいでしょう。

図5 下書きにデジタル庁のデザインシステムが保存された

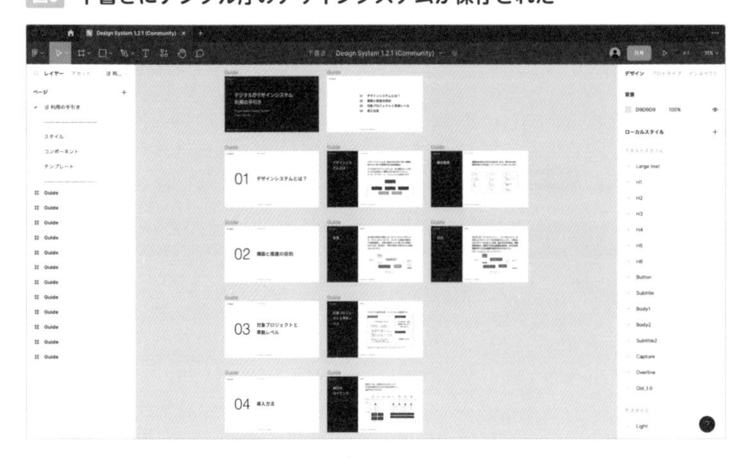

レイヤーやコンポーネントがそのまま触れる状態として複製できるので、学習素材としても優秀です。どのようにデータが作られているのかなどを確認して、参考にしてみるとよいでしょう。

memo

公開されているファイルでも、「利用規約」で定められていない利用方法となる場合、著作権侵害などになる恐れがあるため、利用の際は十分な注意が必要です。

Lesson 3

Figmaの プロトタイピング機能

ここでは、プロトタイプの作成方法を学びます。プロトタイプを用意することで、実際のWebサイトやスマートフォンアプリの完成形に近い状態での操作テストができます。

基本解説 機能解説 実践・制作

このLessonのサンプルデータ

https://www.figma.com/community/file/1227846788973611511

（サンプルデータの複製・保存方法は、62ページを参照）

プロトタイピングの画面

Figmaのプロトタイピング機能を使うにあたっての画面の紹介と、プロトタイピング関連用語、共有の方法を解説します。

Figmaのプロトタイプ機能

プロトタイプとは試作機・試作品のことで、ソフトウェア開発の分野では本格的なコーディングやプログラミングの前段階にて問題点を洗い出すための試作のことです。

12ページ **Lesson1-01**参照。

また、プロトタイプを作成することを、プロトタイピングと呼びます。Figmaでプロトタイピングをする際には、右サイドバーの「プロトタイプタブ」に切り替えます。**プロトタイプタブの表示**を確認しておきましょう 図1。

図1 プロトタイプタブ

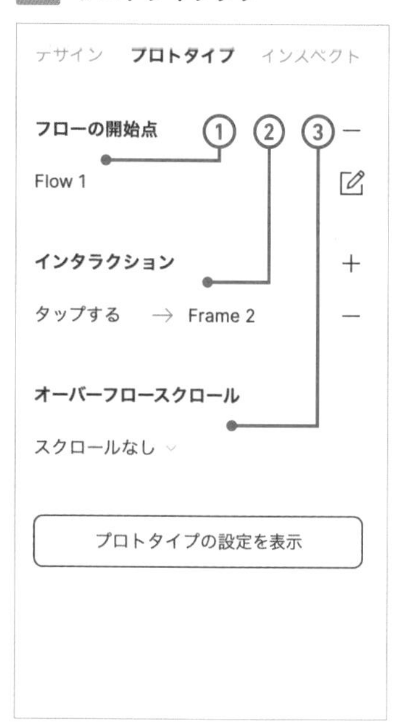

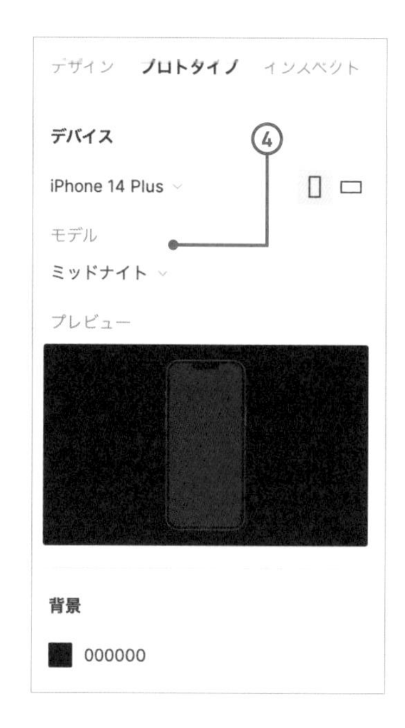

①フローの開始点

フレームを選択時に表示される項目で、フローの開始点を追加することができます。

②インタラクション

「クリック」などのトリガーの設定、どのフレームに遷移するのかの設定、その際のアニメーションの設定ができます。

③オーバーフロースクロール

意図的にフレームからはみ出すレイアウトのプロトタイプを作成したい際に、フレームにこの設定を適用することで、はみ出した場合の挙動を制御できます。

④デバイス

プロトタイプの再生時にプロトタイプの周囲に表示させられる、iPhoneやAndroidのスマートフォンやiPadなどの端末イメージのことです。

プロトタイプの実行と共有

右上のツールバーの「▷」図2を押すと、プレゼンテーションが再生され、プロトタイプを実行できます。

図2 プロトタイプを実行する

WORD フロー

直訳すると「流れ」のことですが、プロトタイピングでは動かす際の開始画面と、その開始点から繋がっている一連の画面のことを指します。

POINT

任意でフローを追加していない場合、ファイル内で最初にインタラクションを作成したフレームに「Flow 1」というフローが設定されます。

WORD インタラクション

直訳すると「相互作用」で、ユーザー側の「マウスクリック」「スワイプ」などの操作とその結果のことです。例えば「マウスクリックでページが移動する」といった行為と結果がインタラクションにあたります。

memo

「デバイス」の項目はキャンバス内の要素を選択していないときに表示されます。

クライアントや、チーム内のディレクターなどの決裁権者に共有する場合は、プレゼンテーション画面の右上に表示される「プロトタイプを共有」を利用するとよいでしょう。

memo

共有についてはLesson4で詳しく解説しています。

スマートフォンアプリ

iOS、Androidで利用可能なFigmaのスマートフォンアプリが提供されていて、デザインとプロトタイプの共有、閲覧、表示ができるアプリとなっています図3。

memo

ダウンロードページのモバイルアプリ、またはApp Store、Google Playでアプリを検索してダウンロードします。iOS版は英語での提供となっています。https://www.figma.com/ja/downloads/

memo

ミラー機能を使うことで、デスクトップアプリやブラウザで作成中のデザインを即座に端末で確認することができます。なお、デザインをスマートフォン上で編集できるような機能はありません。

図3 iOS版スマートフォンアプリ

プロトタイピング設定

Figmaのプロトタイピングの各種設定の、インタラクション、アニメーションの種類について紹介します。

インタラクションのトリガー

インタラクションのきっかけのことを「トリガー」とFigmaでは呼び、クリックやドラッグなど操作のことを指します。それらのインタラクションのトリガーについて見ていきましょう 図1。

図1 インタラクションのトリガーの種類

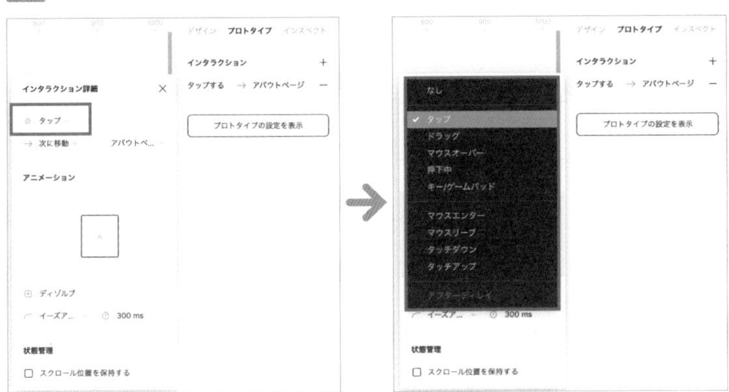

クリック

要素をクリックした際にインタラクションが発生します。

ドラッグ

要素を長押ししてつかむ、ドラッグをした際にインタラクションが発生します。

マウスオーバー

範囲内にマウスカーソルが入っている状態で発生します。モバイル端末にはマウスがないため、モバイル端末用のWebサイトやアプリを実装する際には、この機能は避けましょう。

> **memo**
> デバイスとして、スマートフォンやタブレットなどモバイル端末を選択している際は、「クリック」が「タップ」になります。

> **memo**
> ドラッグ時は、アニメーションで「即時」「ディゾルブ」の値を選ぶことはできません。また、ドラッグの方向は設定したアニメーションに応じた方向になります。

押下中

押下（おうか）中とは押している状態のことなので、クリックまたはタップし続けている状態でインタラクションが発生します。

キー／ゲームパッド

キーボードの特定のキーや、ゲームパッドの特定のボタンを押した際にインタラクションが発生します。このとき、どのキーで発生するのかを指定できます。

マウスエンター、マウスリーブ

マウスカーソルが範囲内に入った際にインタラクションが発生するのが「マウスエンター」、範囲外から出た際に発生するのが「マウスリーブ」となります。また、「アフターディレイ」図2を設定することができ、アフターディレイを設定した場合は、マウスエンターまたはマウスリーブの状態を設定時間だけ続けた際に発生します。

memo
例えば「マウスリーブ」のアフターディレイを1000msとした場合、範囲内に1秒間一度もマウスが入らない場合に、インタラクションが発生します。0.7秒経過した時点でマウスが入り、そこから再びマウスが出た場合は0から数え直しとなります。

図2 アフターディレイ

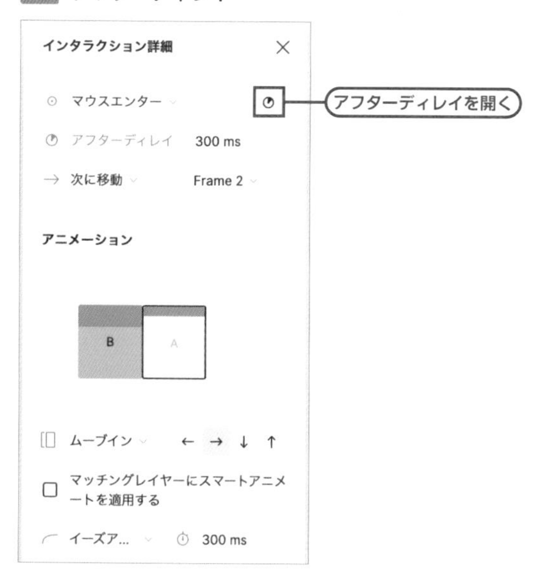

タッチダウン、タッチアップ

マウスクリックやタップをした瞬間にインタラクションが発生するのが「タッチダウン」、マウスクリック・タップの指を離した瞬間に発生するのが「タッチアップ」です。「アフターディレイ」を設定することができます。

アフターディレイ

操作をしない状態でも、指定した秒数が経過することでインタラクションが発生します。

インタラクションのアクション

続いては、実行されるアクションを見ていきます図3。

図3 インタラクションのアクションの種類

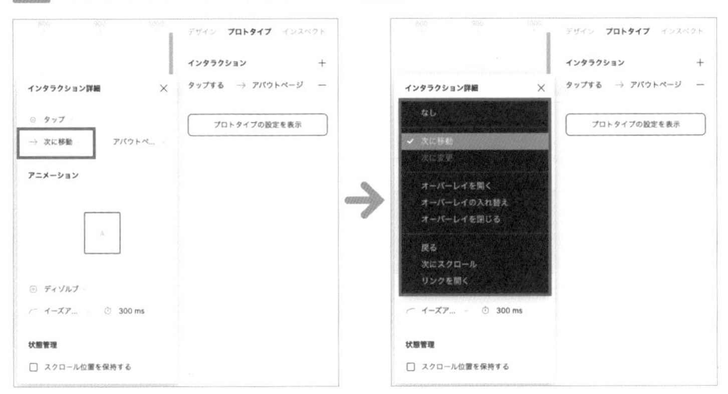

次に移動

遷移先のフレームに移動します。

次に変更

コンポーネントの設定であるバリアントでのプロトタイプ作成時にのみ利用可能な項目で、別のバリアントに切り替わります。

オーバーレイを開く

現在のフレームの上に重なる形でフレームを表示させることができます。ログイン画面をモーダルで表示させる場合などに使います。また、オーバーレイの位置、外部をクリックしたときに閉じるかどうか、オーバーレイの周囲に背景色を設定するかどうかを設定できます図4。

図4 オーバーレイの設定

オーバーレイの入れ替え

「次に移動」と似たようなアクションですが、オーバーレイを開いている状態から、別のオーバーレイを開きたい際に用います。オーバーレイの中にトリガーを設置することで、遷移先のオーバーレイに入れ替えることができます。

> memo
> オーバーレイを開いている状態の中のトリガーに「オーバーレイを開く」を設定すると、オーバーレイが重なって表示されてしまう現象が発生します。これを避けるために「オーバーレイの入れ替え」を使用します。

オーバーレイを閉じる

開いた状態のオーバーレイを閉じることができます。オーバーレイの中にトリガーを設置することで、閉じるボタンのような使い方になります。

戻る

プロトタイプで行った動作のうち、1つ前の状態に戻ります。

次にスクロール

同じフレーム内の指定した要素に遷移することができます。

リンクを開く

URLを指定することで、ブラウザでWebページを開きます。

アニメーションの種類

Figmaのプロトタイプで扱えるアニメーションの種類を見ていきます 図5。

図5 アニメーションの種類

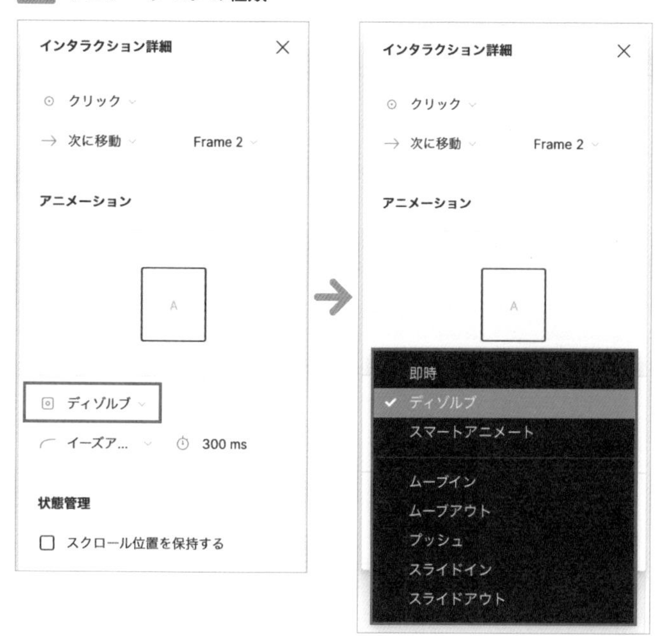

即時

アニメーションが発生せず、即時に遷移先に切り替わります。

ディゾルブ

遷移元のフレームが徐々にフェードアウトしていき、もう片方の遷移先のフレームが徐々にフェードインしてくるアニメーションです。また、上記の「即時」以外は時間を設定でき、単位は「**ms**」です。

スマートアニメート

遷移元と遷移先のフレーム内で、同じ名前や階層の要素を検知し、それらに合わせたアニメーションを自動で実施してくれるものがスマートアニメートです。

ムーブイン、ムーブアウト

「ムーブイン」は遷移先のフレームが入ってくるような挙動になり、「ムーブアウト」は遷移元のフレームが出ていくような挙動になります。

プッシュ

遷移元のフレームが、遷移先のフレームに押し出されるような挙動になります。

スライドイン、スライドアウト

遷移元、遷移先の両方のフレームがズレて入ってくるような挙動となるのが「スライドイン」、両方のフレームが出ていくような挙動が「スライドアウト」です。

WORD ディゾルブ

クロスディゾルブ、フェードイン・フェードアウトともいいます。

WORD ms

milli seconds（ミリ秒）の略で、1000msで1秒、100msで0.1秒です。

プロトタイプを作る

実際にプロトタイプを作ってみましょう。練習用として「2点間をつなぐプロトタイプ」、「ハンバーガーメニューの開閉」、「スクロールを制御する」の3つのサンプルを用意しています。

Lesson3で扱うプロトタイピング練習用サンプル

サンプルとして「2点間をつなぐプロトタイプ」、「ハンバーガーメニューの開閉」、「スクロールを制御する」の3つのプロトタイプを用意しました。これらを実際に作成することでプロトタイピングを学んでいきましょう 図1。

memo

Lesson3でサンプルデータとして使用するFigmaファイルのURLは、8ページと本章の扉に記載しています。取得方法は62ページ「サンプルデータの複製・保存」を参照してください。

図1 プロトタイピング練習用のサンプル

練習1：2点間をつなぐプロトタイプを作成

最初に作るプロトタイプとして、基本的な機能となる「クリックで別のフレームに移動するプロトタイプ」を作成しましょう。「練習1：2点間をつなぐプロトタイプ」のセクションに移動し、右サイドバーは「プロトタイプタブ」に切り替えておきます図2。

図2 「練習1：2点間をつなぐプロトタイプ」のセクション

プロトタイプとして、トップページ内の「アバウトページへ」のテキストをクリックするとアバウトページへ遷移し、アバウトページの「Logo」をクリックするとトップページへ遷移するインタラクションを設定したものを作成します。

Figmaでプロトタイプを作成した場合、インタラクションの開始点とその遷移先とを矢印の曲線でつないでいく表示になります。お手本の「アバウトページへ」のすぐ右から伸びている曲線をクリックすると、設定済みのインタラクションを確認できます図3。

memo

右サイドバーがプロトタイプタブでないと、インタラクションが設定されている様子は表示されません。

図3 「アバウトページへ」に設定済みのインタラクション

「お手本」から「練習スペース」に移動して、プロトタイプを作っていきましょう。

右サイドバーをプロトタイプタブに変更します。「アバウトページへ」のテキストを選択し、マウスカーソルを載せると、上下左右に「+」アイコンが表示されます 図4。

> **memo**
> 練習スペースでは、プロトタイプをプレビューした際にお手本と練習スペースのどちらを再生中なのかわかりやすくするため、長方形の色をお手本と違う色に設定しています。

図4 「+」アイコンが表示されている様子

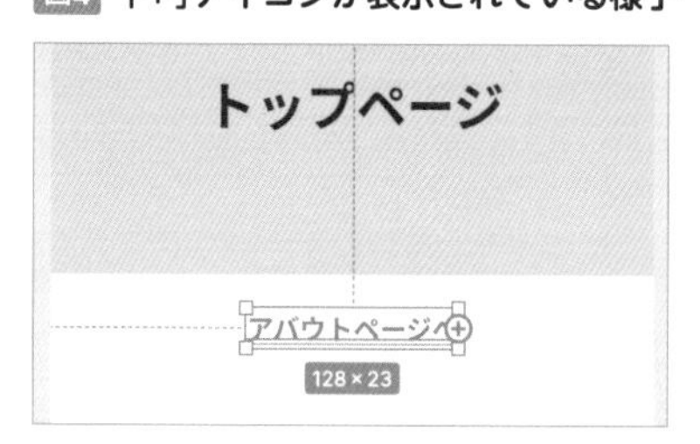

これによって「アバウトページへ」のテキストがインタラクションの開始点となるのですが、「+」をドラッグし、「アバウトページ」のフレームの上でドロップすることで2点がつながります。トリガーは「タップ(クリック)」、アクションは「次に移動」で移動先を「アバウトページ」、アニメーションは「即時」または「ディゾルブ」としておきます 図5。

図5 インタラクションを設定する

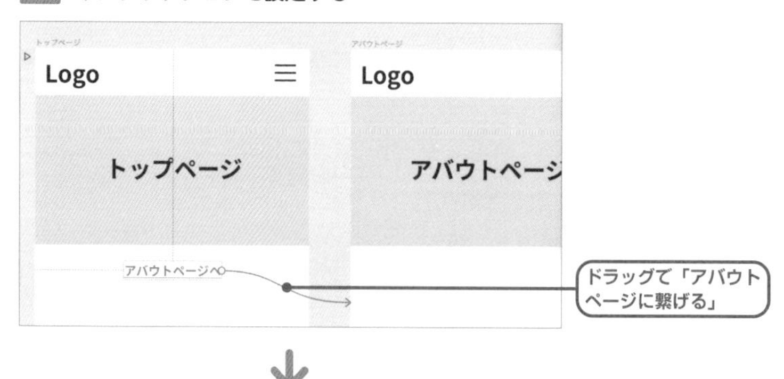

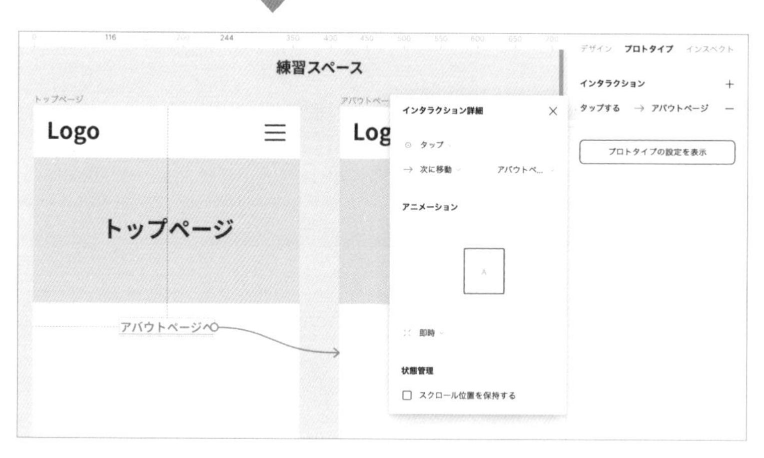

アバウトページへの移動ができるようになりましたが、アバウトページからトップページへの移動も設定しましょう。ヘッダーナビゲーション左上の「Logo」を開始点、トップページが遷移先となるインタラクションを作成します。

練習スペースの「トップページ」フレームに「フローの開始点」を設定しておくとよいでしょう 図6。

図6 フローの開始点を設定する

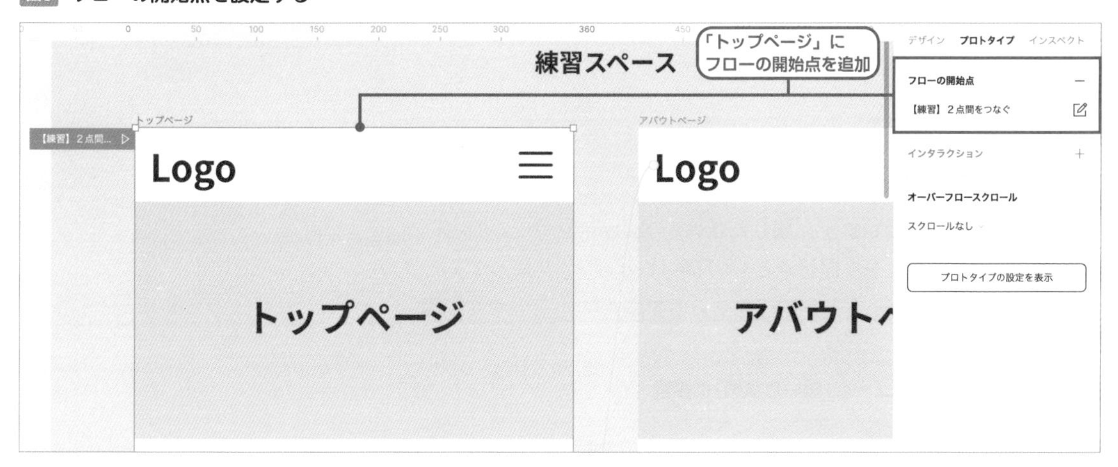

プロトタイプを確認します。「▷」をクリックして「プレゼンテーションで表示」を立ち上げ、2つのページに遷移できることを確認しましょう。

memo

プレゼンテーションでトリガーの要素以外をクリックした場合、トリガーの箇所が青く表示されます。トリガーがどの要素かわからない場合に有効な機能です。

練習2：ハンバーガーメニューの開閉

次に、クリックでナビゲーションメニューがスライド式に開閉するプロトタイプを作成します。「練習2：ハンバーガーメニューの開閉」のセクションに移動します。

ここでは「開いた状態」と「閉じた状態」のそれぞれのフレームを用意していて、「閉じた状態」でハンバーガーメニューがある箇所を「開いた状態」では「×」のアイコンとして作成しています。また、「開いた状態」には「私たちについて」「サービス紹介」など5つのナビゲーションメニューを縦並びで配置しています(次ページ 図7)。

図7 「練習2：ハンバーガーメニューの開閉」のセクション

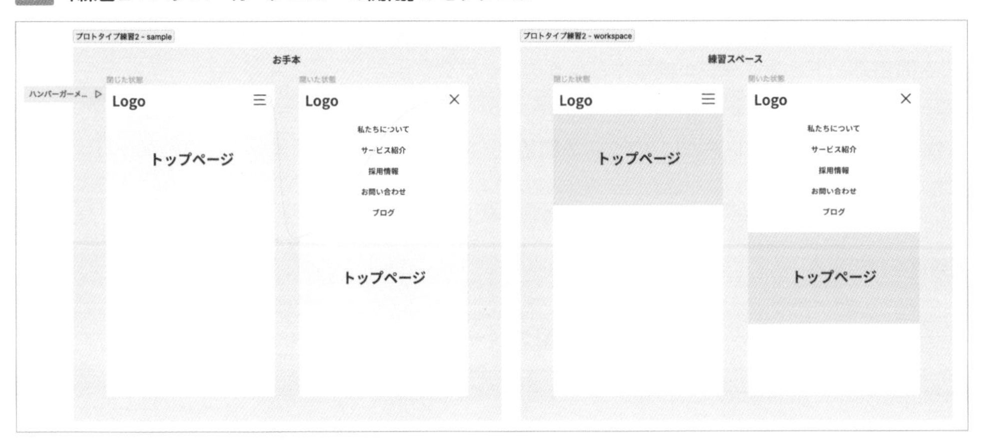

練習スペースに移動します。「閉じた状態」のheaderフレーム内右にあるハンバーガーメニューを開始点とし、「開いた状態」に接続してください。このとき、「アニメーション」を「スマートアニメート」とします 図8。

図8 ハンバーガーメニューを「開いた状態」に接続

「閉じた状態」から「開いた状態」への一方通行なので、次は「開いた状態」の「×」アイコンから、「閉じた状態」に接続します。こちらも、「アニメーション」を「スマートアニメート」とします。

接続ができたら、プロトタイプを実行してみましょう。ナビゲーションメニューがスライド式に開閉する表現になっていれば完成です。

memo

複雑な設定をすることなくプロトタイプのアニメーションが実現できたのは、「スマートアニメート」を利用しているためです。スマートアニメートは、遷移元と遷移先のフレームの名前や階層を比較して、一致するフレーム間に自動でアニメーションを適用する機能となります。

練習3：スクロールを制御する

最後は、Figmaのプロトタイプで実現できる、スクロール関連の機能を盛り込んだプロトタイプを作成しましょう。「練習3：スクロールを制御する」のセクションに移動します図9。

図9 「練習3：スクロールを制御する」のセクション

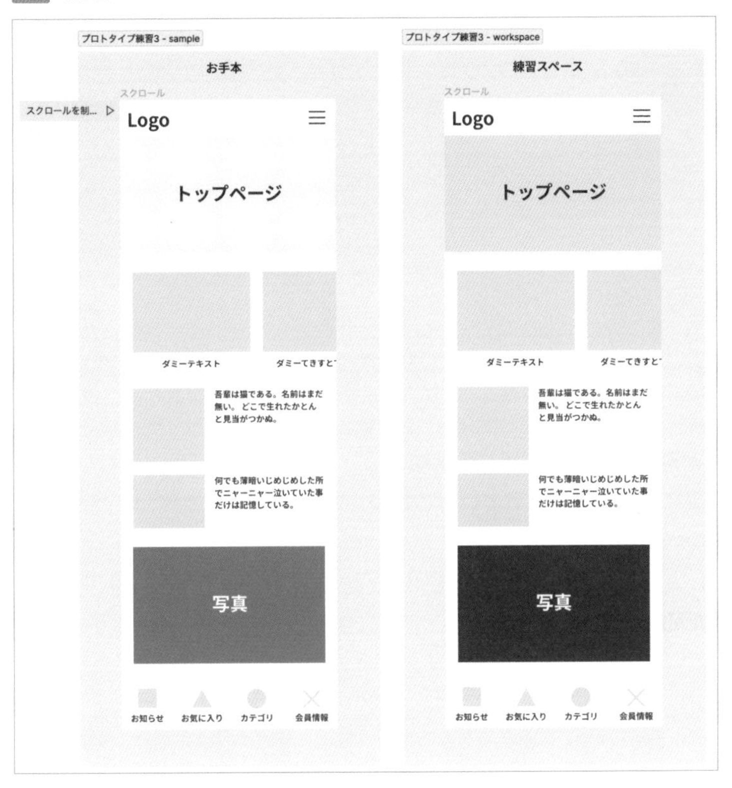

プロトタイプを作成する前に、お手本のプロトタイプを確認してみます。

画面をスクロールさせたときに、上部のヘッダーと下部のヘッダーが追従してくるようになっています(次ページ図10)。

図10 ヘッダーとフッターが追従する様子

また、横方向にスクロールさせることが可能なフレームと、縦方向にスクロールさせることが可能なフレームがそれぞれ配置されていることがわかります図11。

図11 横方向・縦方向にそれぞれスクロールが可能

それでは、練習スペースに移動してプロトタイプを作成していきましょう。

上下のナビゲーションの固定は、プロトタイプタブの「スクロールの動作」で可能です。ヘッダーを選択中に「スクロールの動作」の「位置」を「固定(同じ場所にとどまる)」に変更します図12。

図12 「スクロールの動作」の「位置」を「固定」に変更

フッターも同様に「位置」を「固定」に変更しますが、それだけでなく「制約」の設定を「下」に指定する必要があります図13。これによって、スクロール時の固定位置が画面の下部になります。

POINT

「制約」はデザインタブに切り替えて設定します。

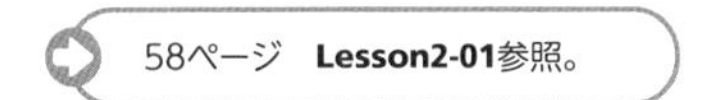

58ページ Lesson2-01参照。

図13 制約の設定を「下」に指定する様子

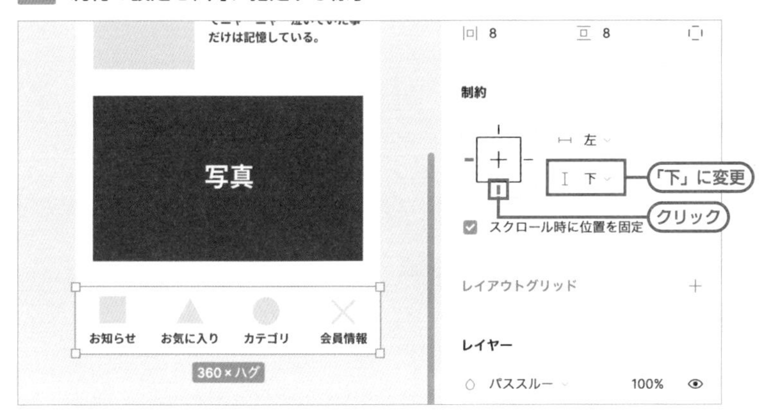

続いて、フレーム内でスクロールさせられる設定を適用します。

内側の要素が横方向に並んでいる「list-horizonal」フレームを選択し、「オーバーフロースクロール」を「水平」に設定します(次ページ図14)。

図14 「オーバーフロースクロール」を「横スクロール」に設定

同様に、「list-vertical」フレームは、「オーバーフロースクロール」を「垂直」に設定します図15。

図15 「オーバーフロースクロール」を「垂直」に設定

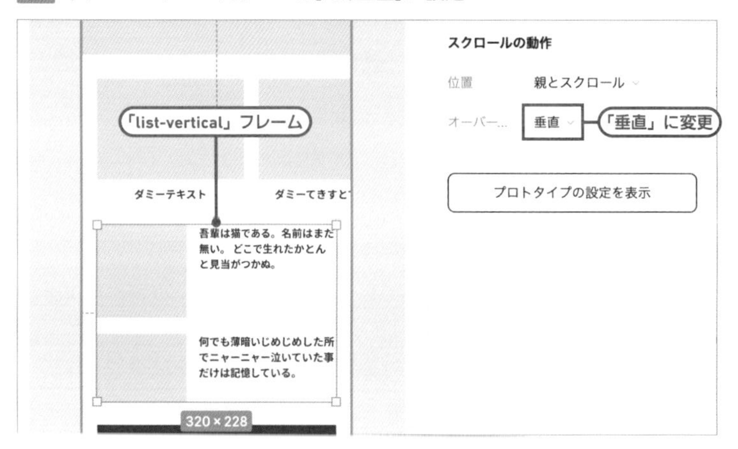

プロトタイプを実行し、スクロールした際に上下のメニューが追従し、スクロール可能なフレームがスクロールできる状態になっていれば完成です。

Lesson 4

コミュニケーションのための機能

デザインファイルのすばやい共有や、ほかのメンバーとの共同編集をする方法など、チームでFigmaを使うときに便利な機能について解説します。

基本解説 機能解説 実践・制作

デザインファイルを共有する

THEME テーマ Figmaはブラウザベースで動作するため、普段Figmaを使っていない人でもブラウザでデザインファイルを閲覧・編集できます。本節ではデザインファイルをほかの人に共有する方法、共有されたデザインファイルを閲覧する方法について解説します。

基本的な共有方法

デザインのワークフローでは、チーム内だけでなくクライアントや社内決裁者など、直接デザインに携わらないステークホルダーに確認を取ることがよくあります。Figmaでは、デザインファイルやプロトタイプを簡単に共有でき、ブラウザだけで閲覧・編集も可能です。一度共有したファイルは、誰かが編集しても常に最新の状態が表示に反映されます。

デザインファイルやプロトタイプを共有するには、ツールバー右上の「共有」ボタンをクリックします。表示された招待モーダルで、次に説明する共有範囲と権限を設定します 図1。

WORD ステークホルダー

利害関係者。ビジネスの文脈では、デザインを含めた企業活動を行う上で関わるすべての人々を指します。狭義では金銭的な利害関係や影響が発生する範囲に限定して言及する場合もあります。

図1 **「共有」ボタン**

共有範囲を設定する

共有範囲は、誰がデザインファイル、プロトタイプにアクセスできるかを設定します 図2 。

> **memo**
> デザインファイルやプロトタイプを共有されたユーザーは、Figmaデスクトップアプリを含め、新たなソフトウェアやツールのインストールは不要です。

図2 共有範囲の設定

共有範囲は以下から選べます 図3 。

図3 共有範囲

共有範囲	説明
リンクを知っているユーザー全員	チームや組織の内外に関わらず、リンクを知っていれば誰でもアクセスできます。
リンクとパスワードを知っているユーザー全員	上記に加え、パスワードを知っていればアクセスできます。
このファイルに招待されたユーザーのみ	ファイルが存在するチームのメンバー、もしくは明示的に招待された人（要Figmaアカウント）だけがアクセスできます。

「リンクを知っているユーザー全員」、または「リンクとパスワードを知っているユーザー全員」を選んだときは、左下の「リンクをコピーする」をクリックしてコピーできるURLを開くことで、共有されたデザインファイル、プロトタイプにアクセスできます。❗「リンクとパスワードを知っているユーザー全員」の場合のみ、合わせてパスワードも設定できます 図4 。

> **memo**
> ビジネスプラン、エンタープライズプランでは、組織に所属しているか、リンクを知っているかどうかなどでも共有範囲を設定できます。

> **POINT**
> 普段Figmaを使っていないステークホルダーに共有するときは、この方法で共有するとよいでしょう。

> **POINT**
> スタータープランでは、パスワードの設定は利用できません。

図4 「リンクをコピーする」と、パスワードの設定

「このファイルに招待されたユーザーのみ」を選んだときは、入力フィールドに招待したいメンバーのメールアドレスを入力します。このときのメールアドレスは、招待したいメンバーがすでにFigmaアカウントを持っている場合は、そのFigmaアカウントのメールアドレスである必要があります。招待したいメンバーがFigmaアカウントを持っていない場合は、そのメンバーが普段使っているメールアドレスでかまいません。

「招待を送信」ボタンをクリックすると、入力されたメールアドレス宛てに招待メールが送信されます。招待メールを受け取ったメンバーが「Figmaで開く」ボタンをクリックすると、デザインファイルやプロトタイプが共有されます図5。

POINT

チーム外のメンバーでも、普段Figmaを使っているディレクター、デザイナー、エンジニアに共有するときは、この方法で共有するとよいでしょう。

memo

メールアドレスを「,」(カンマ)で区切って入力すると、複数のメンバーを一度に招待できます。

図5 招待メールの例

Figma

NARA Aoiからファイル「DIST デザイン」の
閲覧者として招待されました

Figma で開く

memo

メンバーの招待はチームに所属しているメンバーであれば誰でも行えます。ただし、自分自身の権限以下の権限しか与えることができません。例えば閲覧権限を持つメンバーは、新たに閲覧権限を持つメンバーを招待できますが、編集権限を持つメンバーの招待はできません。

権限を設定する

共有範囲の右横、メールアドレス入力欄の右横、共有済みユーザーの右横に表示されている権限をクリックすると、共有するメンバーに与える権限を変更できます。権限の詳細は以下のとおりです図6。

図6 権限の一覧

権限	説明
編集可	ファイルの編集権限を与えます。編集のみならず、ファイルの移動、名前の変更、削除も可能です。
閲覧のみ	ファイルの表示権限を与えます。
プロトタイプの閲覧のみ	プロトタイプは表示できますが、デザインファイル自体は表示できません。

プランによる共有範囲と権限の違い

利用しているプランによって、設定できる共有範囲と権限に違いがあります。具体的な違いは以下のとおりです 図7。

図7 プランごとの違い

公開範囲／プラン	スターター	プロフェッショナル	ビジネス
リンクを知っているユーザー全員	編集可、閲覧のみ	編集可、閲覧のみ、プロトタイプの閲覧のみ	閲覧のみ、プロトタイプの閲覧のみ
リンクとパスワードを知っているユーザー全員	×	編集可、閲覧のみ、プロトタイプの閲覧のみ	閲覧のみ、プロトタイプの閲覧のみ
このファイルに招待されたユーザーのみ	○	○	○

共有されたファイルの閲覧

閲覧の仕組み

Figmaで共有されたデザインファイルまたはプロトタイプをブラウザで開くと、以下の流れで挙動が異なります 図8。

図8 開いた場合の流れ

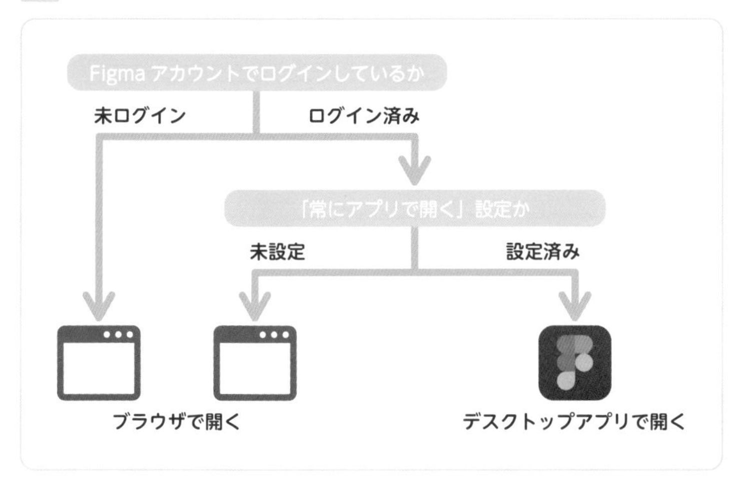

デザインファイルを見るだけでよければ、Figmaアカウントは不要です。ただし、アカウント作成を促すバナーが常時表示される上（次ページ 図9）、権限があったとしても編集やコメントができません。必要に応じてそれぞれの共有ユーザー側でFigmaアカウントの作成、ログインを行ってください。

memo

ビジネスプラン、エンタープライズプランでは、組織に所属しているか、リンクを知っているかどうかなどでも共有範囲、権限を設定できます。

memo

デスクトップアプリがインストールされている環境でFigmaから共有されたファイルをブラウザで開くと、デスクトップアプリで開くかどうかを尋ねるダイアログが表示されます。このとき、「常にアプリで開く」にチェックを入れてから「アプリで開く」を選ぶと、次回以降は常にデスクトップアプリで開かれるようになります。

14ページ Lesson1-02参照。

図9 アカウント作成を促すバナー

デザインファイルの閲覧

ここからは、図10のような前提で操作方法を説明していきます。

図10 各種前提

概要	状態
Figma アカウント	作成、ログイン済み
デスクトップアプリ	未インストール
共有対象	デザインファイル
権限	閲覧のみ

memo
デザインファイルの閲覧・編集には、共有されたユーザーが必要な権限を持っている必要があります。

memo
ブラウザでデザインファイルを開いたとき、デフォルトでは英語のUIが表示されます。デスクトップアプリと同じ方法で日本語に切り替えられます。詳しくは16ページ、Lesson1-02のmemoを参照してください。

共有されたURLをブラウザで開くと、図11のような画面が表示されます。

図11 共有されたデザインファイルをブラウザで開いたところ

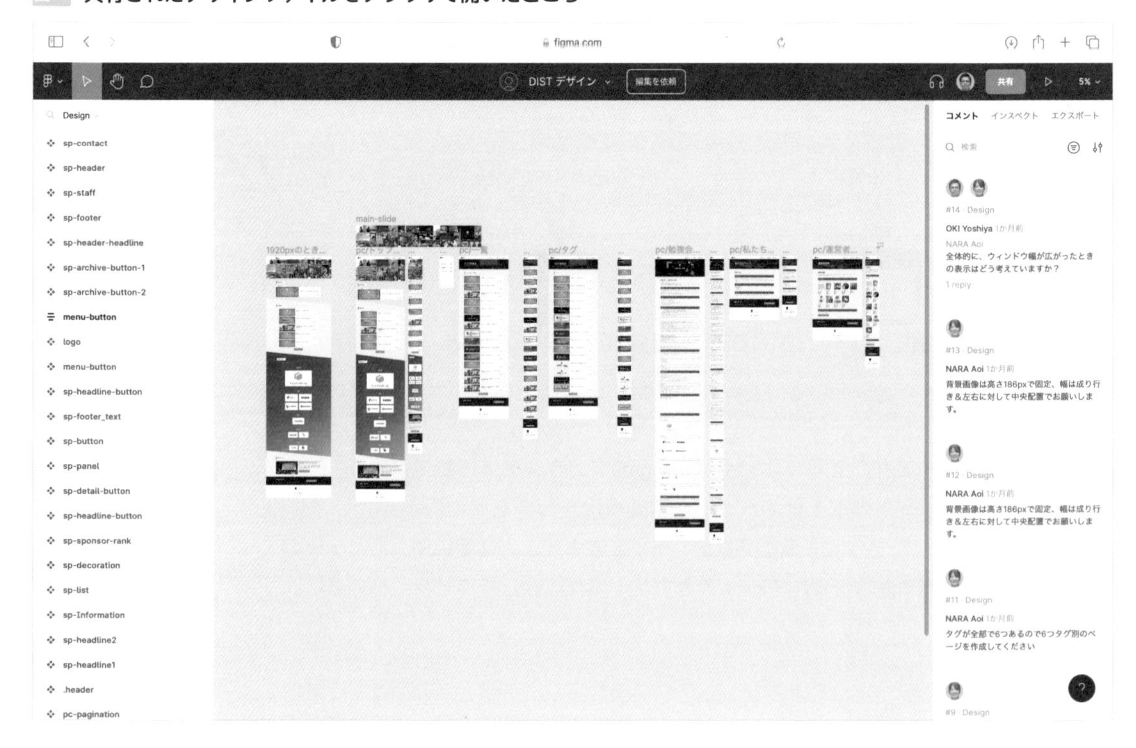

閲覧権限を持っている状態では、図12のような操作ができます。

図12 閲覧権限で行える操作

操作	方法
画面の移動	ドラッグ&ドロップ
画面のズームイン／アウト	⌘（Ctrl）＋マウスホイール、または画面右上の拡大率から変更
ページの切り替え	左上の Figma ロゴから変更
プロトタイプへの切り替え	右上の「Present」ボタン（再生ボタン）をクリック

デザインファイルの編集

デザインファイルの編集をするためには、Figmaアカウントと編集権限の両方が必要です。Figmaアカウントでログインした状態で、該当のデザインファイルの編集権限を持っていれば、ブラウザもしくはデスクトップアプリで通常通り編集が可能です。

デザインファイルとプロトタイプのURLの違い

デザインファイルもしくはプロトタイプを共有したときのURLには、以下のような違いがあります。同じファイルであれば、ランダムな英数字部分は同じ文字列が入ります。

◎デザインファイル

https://www.figma.com/file/ランダムな英数字/ファイル名

◎プロトタイプ

https://www.figma.com/proto/ランダムな英数字/ファイル名

さまざまな方法で共有リンクを取得する

招待モーダルにある「リンクをコピーする」以外にも、さまざまな方法で共有リンクを取得できます。

ファイルブラウザを使う

ファイルブラウザで該当のデザインファイル、またはプロトタイプを右クリックし、表示されたメニューから「リンクのコピー」を選びます(次ページ図13)。

図13 ファイルブラウザから「リンクのコピー」

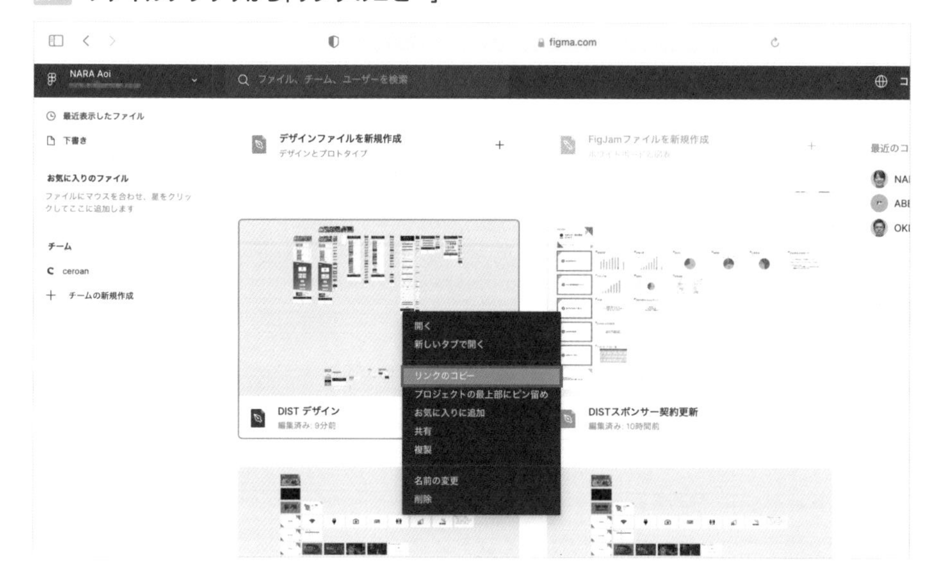

ショートカットキーを使う

デザインファイル、またはプロトタイプを開いた状態で、⌘（Ctrl）+Lキーを押します。

> memo
> このショートカットキーが使えるのはデスクトップアプリのみです。ブラウザでは動作しません。

特定のフレームにリンクする

キャンバス内に配置された最上位のフレームには、直接リンクできます。共有したいフレームを選択した状態で右クリックし、表示されたメニューから「コピー/貼り付けオプション」→「リンクをコピー」を選びます 図14。

> memo
> デスクトップアプリであれば、共有したいフレームを選択した状態で前述のショートカットキーを使うことでも、特定のフレームへの共有リンクを取得できます。

図14 特定のフレームを選んだ状態で「リンクをコピー」

通常、共有リンクを開くとキャンバス全体に配置されたフレームがすべて表示されますが図15、特定のフレームの共有リンクでは該当フレームが真ん中に表示されるよう移動した状態で表示されます図16。

図15 通常の共有リンクではキャンバス全体が表示される

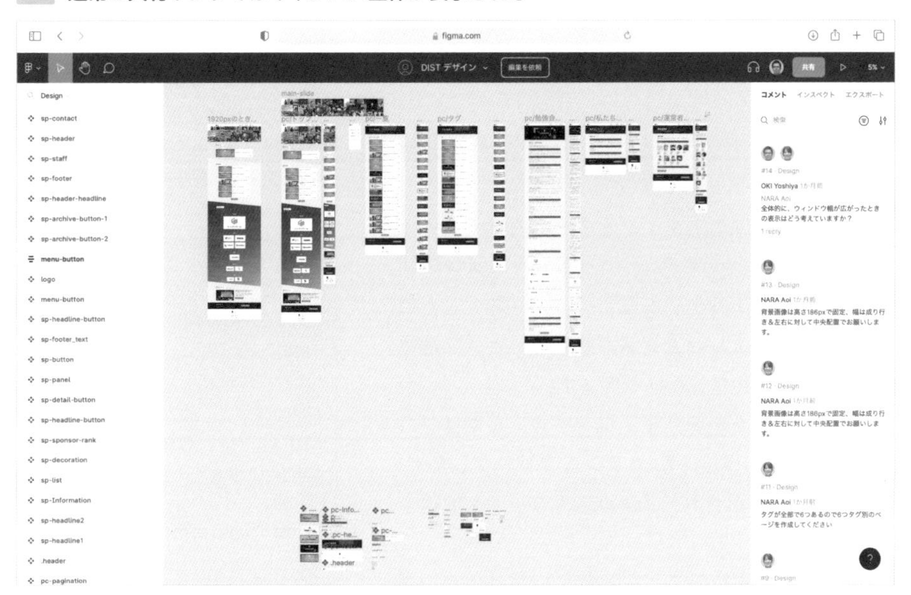

図16 特定フレームの共有リンクでは、該当のフレームが中央に表示される

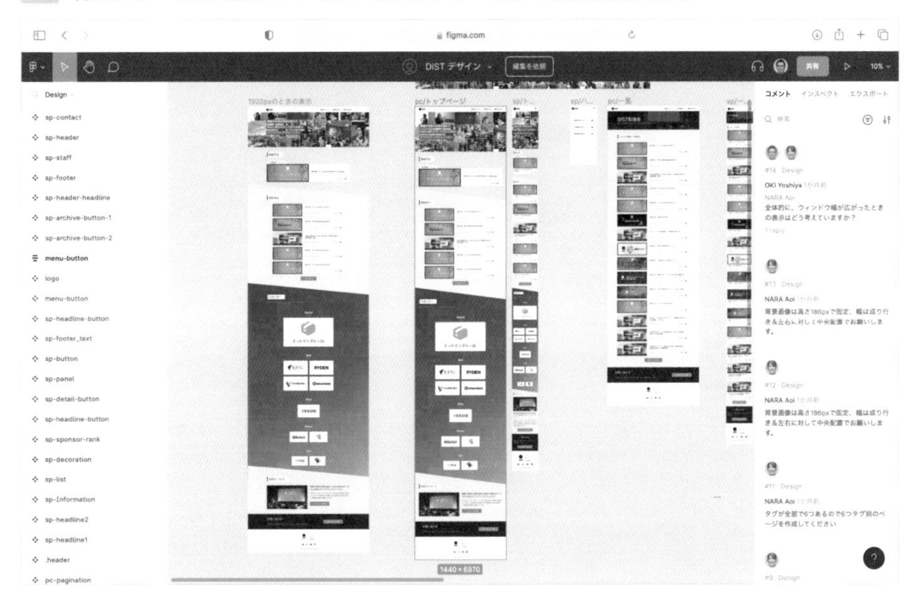

画像での共有

Figmaで作られたデザインは、画像としてコピーすることもできます。画像として他のデザインツールに貼り付けたり、メールやチャットで共

有したりするときに便利です。

画像としてコピーするには、まずコピーしたいオブジェクトを選択します。右クリックから「コピー/貼り付けオプション」→「PNGとしてコピー」を選びます。ショートカットは ⌘ （Ctrl）+ shift + C キーです。コピーした画像はクリップボードに保存されていますので、そのままほかのアプリに貼り付けられます。もちろん、そのままFigmaに貼り付けることも可能です。

memo
選択するオブジェクトはフレーム、コンポーネント、グループ、テキストなど何でもかまいません。

memo
複数のフレームを共有するときは、PDFとして書き出す方法もあります。PDFへのエクスポートについては42ページ、Lesson1-05を参照してください。

埋め込みでの共有

Figmaでは、デザインファイルやプロトタイプそのものをほかのWebページに埋め込めます。例えば、Notionやesaといったドキュメント共有サービスに埋め込んでドキュメントやデータなどのリソースとともにデザインを確認したり、JiraやTrelloといったタスク管理サービスに埋め込んでタスクと関連するデザインを共有したりできます。

埋め込みを行うには、まず共有したいデザインファイル、またはプロトタイプを開きます。ツールバー右上の「共有」ボタンをクリックします。招待モーダルが開いたら、下部に表示された「埋め込みコードを取得する」をクリックします 図17。

すると埋め込みコードが表示されますので、右下の「コピー」ボタンをクリックします 図18。埋め込み用のコードがクリップボードにコピーされるので、そのままWebページやWebサービスに貼り付けられます。

memo
・Notion
https://www.notion.so/
・esa
https://esa.io/
・Jira
https://www.atlassian.com/ja/software/jira
・Trello
https://trello.com/

図17 「埋め込みコードを取得する」をクリック

図18 公開埋め込みコードをコピー

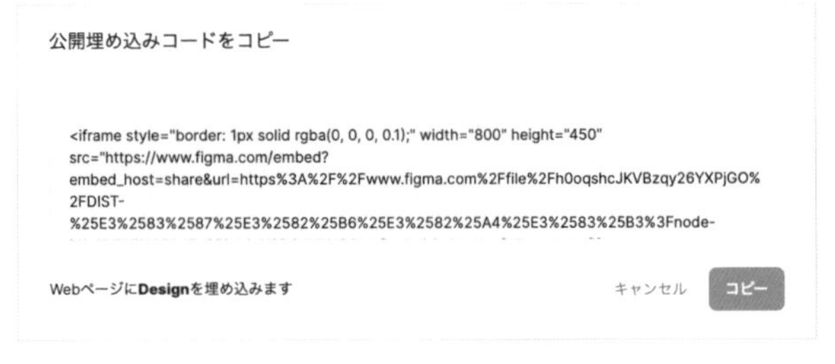

memo
ほかのサービスに埋め込む詳しい方法については、Figmaのヘルプを参照してください。
https://help.figma.com/hc/en-us/articles/360039827134-Embed-files-and-prototypes#applications

共同編集で便利な機能を活用する

THEME テーマ

共有されたデザインファイルを複数人で同時に編集するとき、コミュニケーションを円滑にするための便利な機能が用意されています。本節では、それぞれの機能の使い方について解説します。

フォロー（他ユーザーの画面を見る）

ツールバーの右上では、現在開いているデザインファイルやプロトタイプを同時に誰が見ているか、あるいは編集しているかを確認できます 図1 。

memo
Figmaアカウントでログインしていないユーザーが同時にデザインファイルを開くと、Aマークのアイコンと「Anonymous」（匿名）という名前が表示されます。

図1 1人で開いた場合と複数人で開いた場合

複数人が同時に同じデザインファイルを開いているとき、自分以外のアバターをクリックすると、該当のユーザーを「!フォロー」できます。フォロー中は、キャンバスの周辺に枠線と、キャンバス上部に特定のユーザーをフォロー中である旨が表示され、同ユーザーが現在表示しているキャンバスの領域や拡大率、選択しているページやオブジェクトなど、Figma上での操作を見ることができます。複数人でデザインをレビューしたり、プレゼンテーションしたりするときに便利です 図2 。

POINT
ここでのフォローとは、該当のユーザーが見ている画面をリアルタイムに見ることを意味します。

図2 フォロー中の表示

memo
ツールバーやサイドバーなど、キャンバスの外での動作は見ることができません。

フォロー中に以下の操作をすると、フォロー状態が解除されます。

◎キャンバス内のオブジェクトを選択する
◎キャンバスを移動する
◎ズームインまたはズームアウトする

自分自身のアバターにロールオーバーすると、「自分にスポットライトを当てる」ボタンが表示されます。クリックすると、フォローのように同時編集しているほかのユーザーに自分の画面を見ることを促せます 図3 。

図3 「自分にスポットライトを当てる」ボタン

カーソルチャット

ほかのユーザーと短くカジュアルなコミュニケーションを取りたいときは、カーソルチャットが便利です。キーボードの[/]キーを押すと、カーソルチャットに入れます。カーソルチャットに入ると、マウスポインターの横に空の吹き出しが表示されます。そのままキーボードで文字を入力すると、ほかのユーザーに入力した内容を見せられます 図4 。

memo
キャンバスで右クリックし、表示されるメニューから「カーソルチャット」を選ぶことでもカーソルチャットに入れます。

図4 カーソルチャットの様子

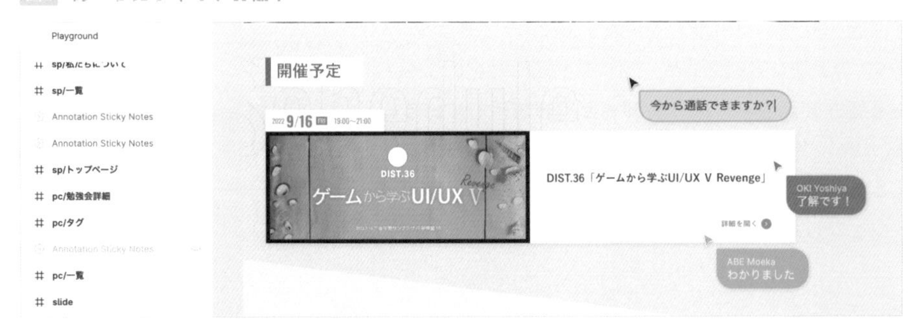

カーソルチャットは入力中の様子も含めてリアルタイムに送信されるため、送信ボタンを押したりする必要はありません。入力終了後、5秒間はメッセージが表示されます。

カーソルチャットを終了するには、以下のいずれかの操作を行います。

memo
Figmaはカーソルチャットのログを保存しません。もし、永続的にメッセージを残しておきたい場合は、コメント機能を利用するとよいでしょう。コメント機能についてはLesson4-03で解説します。

◎[esc]キーを押す
◎ファイル内の任意の場所をクリックする
◎別のツールに切り替える
◎メニューを開く

会話(音声通話)

デザイン中に、「どの色がいいか？」や「こんな表現はどうか？」と議論をすることはよくあることです。Figmaの画面を見ながら、ほかのユーザーと同期的により深くコミュニケーションを取るときは、会話（音声通話)を使うとよいでしょう。

会話を始めるには、ツールバーの右上に表示された「会話を開始」ボタンをクリックします。

macOSの場合、マイクまたは入力デバイスを使用する許可を求めるダイアログが表示されます。「OK」ボタンをクリックします 図5。

memo
会話機能を使えるのは、プロフェッショナル以上のプランです。スタータープランでは使えません。また、モバイルアプリでは会話機能は利用できません。

memo
マイクの使用許可を求めるダイアログが表示されるのは初回のみです。一度許可すれば、以降は自動的に会話が開始されます。

図5 会話の開始

許可をするとオーディオコントロールが表示され、マイクを使用中であることが確認できます。会話に参加すると、参加中のユーザーアイコンがオーディオコントロール内に表示されます 図6。

図6 オーディオコントロール

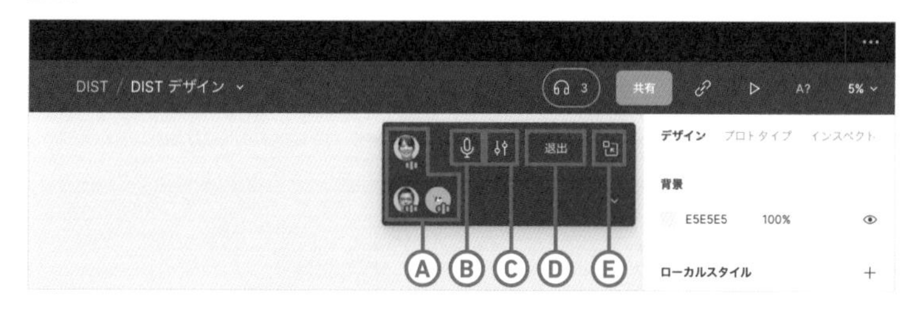

オーディオコントロールの機能

Ⓐ アイコンをクリックすると共同編集者をフォローします。
Ⓑ ミュート／ミュート解除を切り替えます。
Ⓒ マイクとスピーカーの設定を開きます。
Ⓓ 会話を終了します。
Ⓔ オーディオコントロールを最小化し、ツールバーに格納します。

コメントを利用する

コメントを利用すると、デザインファイルやプロトタイプへのフィードバックを円滑に進められます。閲覧権限があれば誰でもコメントできるため、クライアントや社外のチームメンバーにも利用してもらいやすい機能です。

コメントを追加する

ツールバーから「コメントの追加」を選び、「コメントモード」に切り替えます。ショートカットはCキーです 図1。

図1 「コメントの追加」ボタン

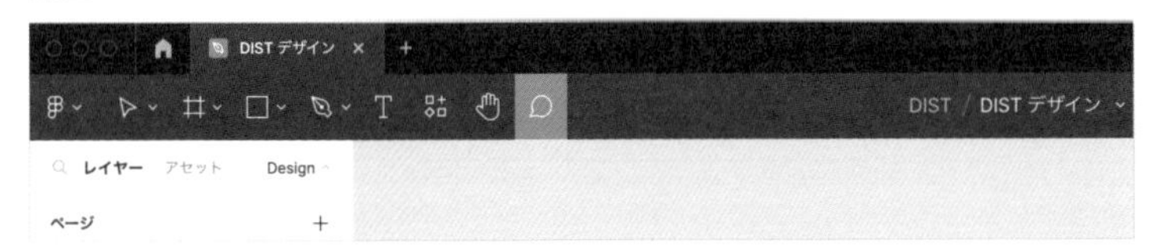

「コメントモード」になると、マウスポインターがコメントのアイコンに変わります。コメントモードでコメントを追加したいキャンバスの任意の位置でクリックすると、コメントの入力欄が表示されます。クリックではなく、ドラッグでコメントを追加したい領域を指定することもできます 図2。

図2 コメントモード

入力欄にコメントを入力してEnterキー、または右下に表示された「送信」ボタンをクリックすると、コメントを追加できます。「絵文字を追加」ボタンから絵文字も入力できます図3。

図3 コメントの入力

メンションを追加する

コメントの入力欄に「@」を入力すると、メンションの候補が表示されます。メンションの候補には、該当のデザインファイルが共有されているユーザーが自動的に表示されます。メンションを追加すると、メンション先のユーザーに通知が送られます図4。

図4 コメント入力欄に「@」を入力すると、メンション候補が表示される

通知は、Figmaアカウントに登録されているメールアドレスにメールで届くほか、ファイルブラウザやデスクトップアプリにも通知されます（次ページ図5）。

memo
コメントは、コメントモードかそうでないかに関わらず、常に表示されます。一時的に非表示にしたいときは、shift+Cキーを押します。再度押すと、コメントが表示されます。

WORD メンション
言及、話題に挙げる、といった意味を持ちます。Figmaではコメントを通知したいユーザーを指定することで通知を送信し、コメントへの返信を促すことができます。

memo
コメントを入力中に表示される「メンションを追加」ボタンをクリックすることでも、メンションの候補を表示できます。

図5 通知メールの例

コメントに返信する

ほかのユーザーからコメントで指摘や相談があった場合、そのコメントに返信をするとやり取りをスムーズに進められます。コメントに返信をするには、返信したいコメントをクリックします。コメントボックスが表示されたら、下部に表示された「返信」フィールドにコメントを入力します 図6。

> **memo**
> コメントの返信でも、絵文字やメンションを使えます。

図6 コメントへの返信

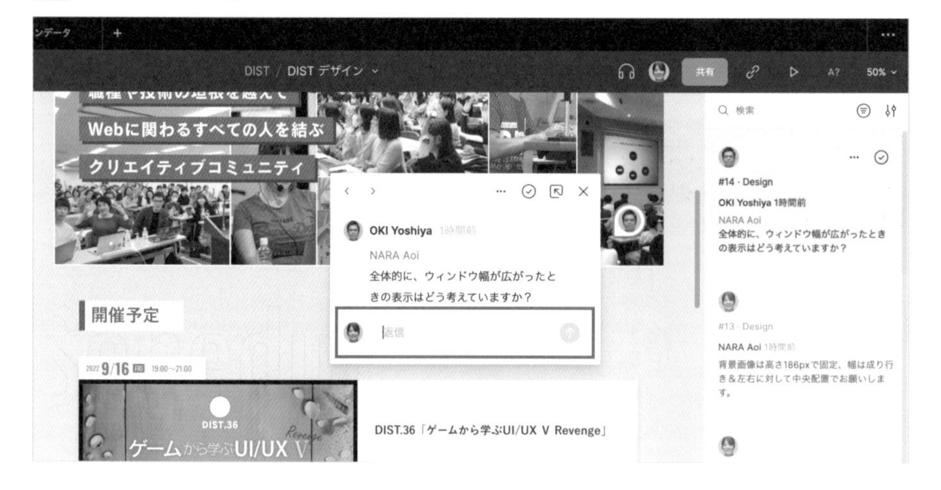

コメントを入力後、Enterキーまたは右下に表示される「送信」ボタンをクリックすると、コメントに対して返信を追加できます。返信を利用するとコメントをスレッド状で表示できるため、話題の流れを追いやすくなるメリットがあります。

コメントを解決する

コメントによるフィードバックへの対応が完了し、解決に至ったときはコメントを「解決」できます。解決したいコメントをクリックし、右上にある「解決」ボタンをクリックすると、該当のコメントが解決状態になります 図7 。

図7 コメントの「解決」

コメントが解決されると非表示扱いになり、一覧からも非表示になります。解決したコメントを表示したい場合は、コメント一覧の右上にある「解決済みを表示」ボタンをクリックします。

コメントを見る

「コメントの追加」をクリックしてコメントモードに切り替えると、右サイドバーでファイル内のすべてのコメントを閲覧できます。ここから、コメントの表示、検索、並べ替え、絞り込みができます 図8 。

図8 コメントの表示、検索、並べ替え、絞り込み

インスペクトを利用する

THEME テーマ

Figmaでのデザインを実際にWebサイトやアプリケーションとして実装するには、コーディングが必要になります。インスペクトを使うことで、必要なコードをデザインから自動出力してコーディングに役立てられます。

インスペクトでコードを表示する

インスペクトを使うには、右サイドバーからインスペクトタブをクリックします。インスペクトでは、Figma上で選択したあらゆるもののコードで表現したときにどうなるか、を確認できます。例えばテキストを選択すると、テキストの幅、高さ、フォントサイズ、行間など、テキストに関するコードが表示されます。表示されたコードは選択、コピーができます 図1。

図1 選択中のオブジェクトに関するコードがインスペクトパネルに表示される

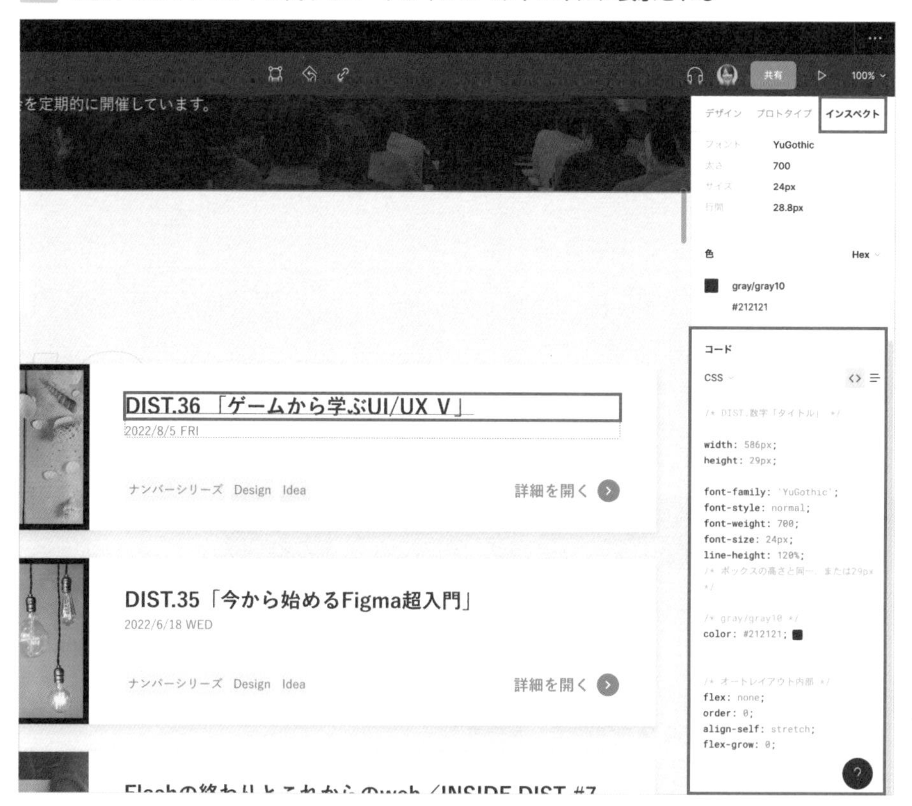

コードはCSS、iOS（Swift）、Android（XML）の3つの言語に対応しています。コードを切り替えるには、コードの上部にある言語のボタンをクリックします 図2。

図2 コードの言語切り替え

さまざまなコードを表示する

インスペクトでは、選択するオブジェクトによってさまざまなコードを表示、コピーできます。以下ではその一例をご紹介します。

- プロパティ：オブジェクトの幅、高さ、位置、角丸、ブレンドモード
- 色：オブジェクトの塗り
- ボーダー：オブジェクトの線
- シャドウ：オブジェクトの影

（テキストのみ）

- コンテンツ：テキストの中身
- タイポグラフィ：フォント、ウェイト、サイズ、行間

これらの値は、コピーしたい値の行をクリック、もしくは「コピー」ボタンをクリックすることでコピーできます（次ページ 図3）。コピーしたコードは、コーディングに役立てることができます。

memo

単一行をクリックするとその項目のみが、コピーボタンをクリックするとそのセクション内のすべての項目がコピーされます。

図3 「コピー」ボタン

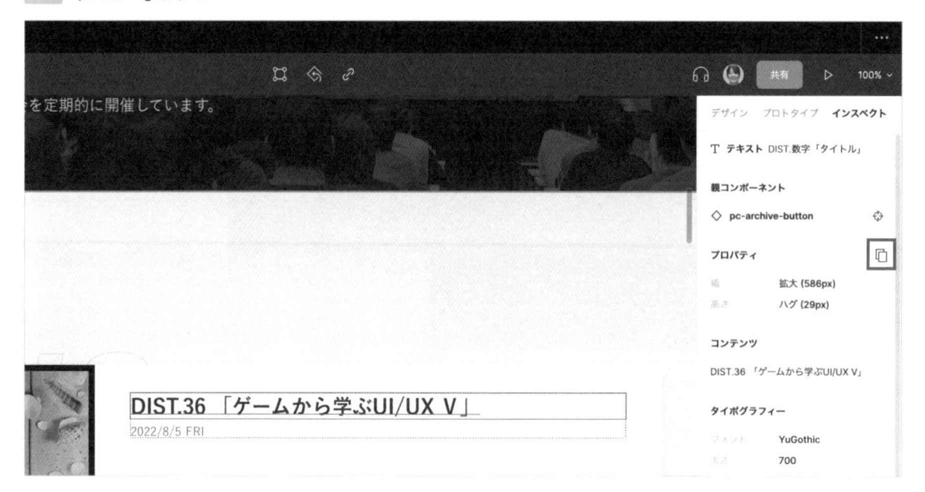

キャンバス上で何も選択していない状態では、定義済みのすべてのスタイルのコードを個別に表示、コピーできます 図4 。

図4 スタイルのコードを個別に表示したところ

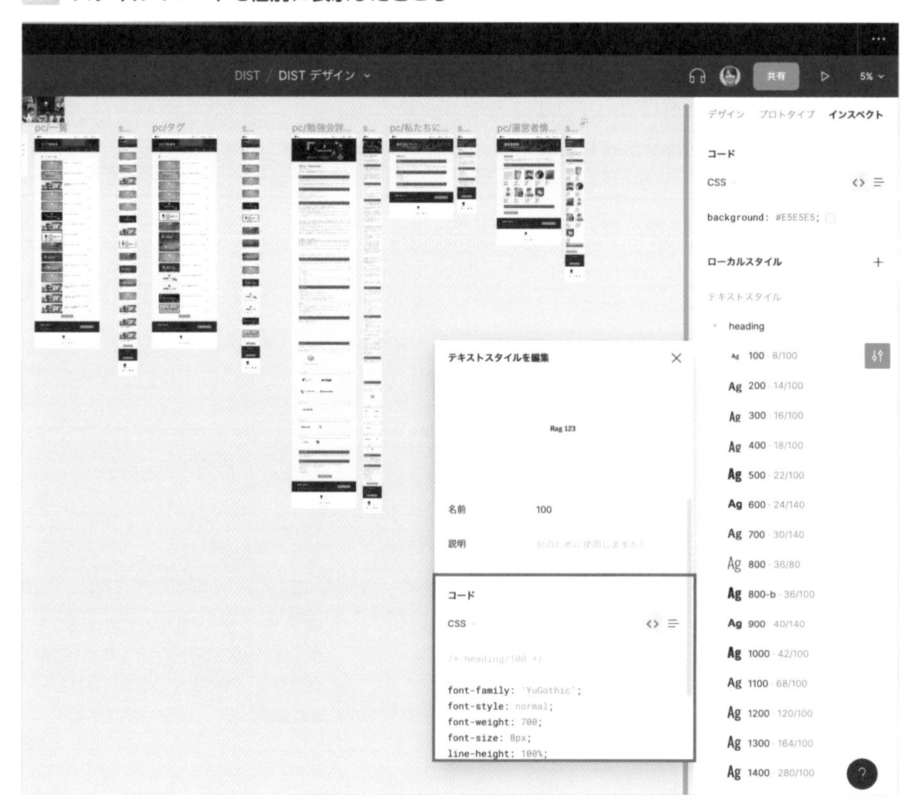

ライブラリを利用する

ライブラリを使うと、複数のデザインファイル間でコンポーネントやスタイルを共有して再利用したり、一度に更新内容を反映したりできます。

ライブラリとは

複数のメンバーでデザインをするとき、同じコンポーネントやスタイルを使い回したり、修正したコンポーネントやスタイルを一度に複数のデザインファイルに反映したり、といったことを実現したくなります。そんなときに便利なのが、ライブラリです。

あらかじめコンポーネント、スタイルをまとめてライブラリとして公開しておくと、チーム内のほかのデザインファイルから利用できます。また、ライブラリに含まれるコンポーネントやスタイルを修正すると、ライブラリを利用しているほかのデザインファイルにも反映されます 図1。

memo

スタータープランでは、ライブラリの機能に一部制限があります。具体的には、下書きからスタイルのみ公開可能となっており、コンポーネントは公開できません。

図1 ライブラリの仕組み

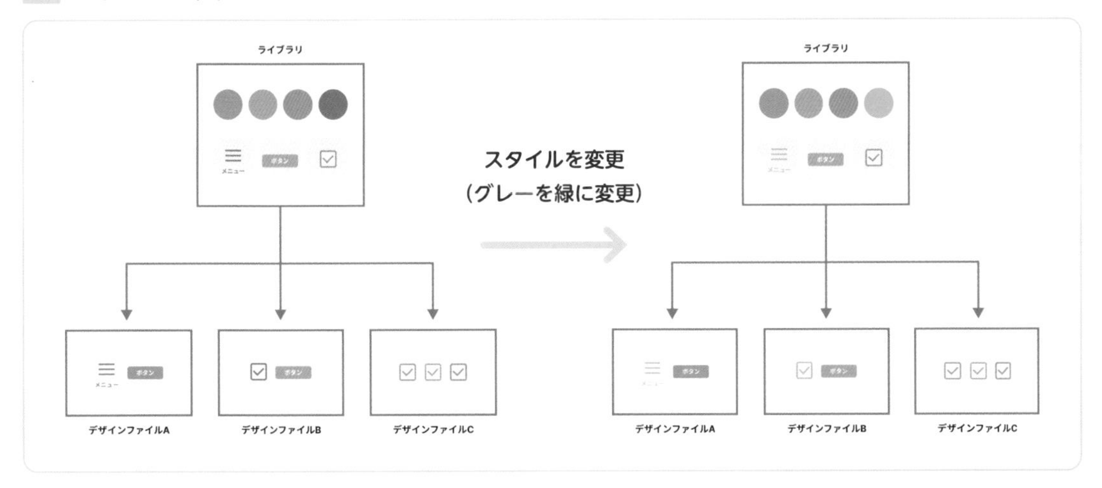

ライブラリの公開

ライブラリの公開は、ライブラリモーダルから行います。ライブラリとして公開したいデザインファイルを開き、左サイドバーからアセットタブをクリックします。アセットパネルの右上に表示された「チームライブラリ」アイコンをクリックすると、ライブラリモーダルを開けます 図2。

POINT

ここでいう「公開」とは、デザインファイルが共有されているチーム内に公開する、という意味で、一般に広く公開するという意味ではありません。

memo

ライブラリモーダルは、ツールバーのファイル名右横に表示されている下向き矢印をクリックし、「ライブラリを公開」を選ぶことでも開けます。または、キーボードショートカットのoption（Alt）+3キーでも可能です。

図2 ライブラリモーダル

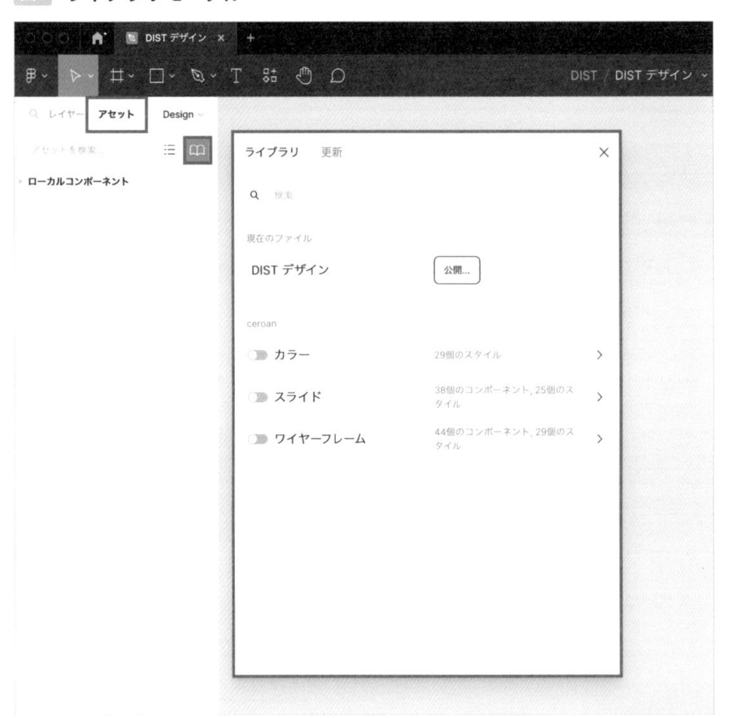

「現在のファイル」にある「公開」ボタンをクリックすると、現在開いているデザインファイルのコンポーネントやスタイルをライブラリとして公開できます。どのコンポーネントやスタイルを公開するかは、個別に選択できます。最後に「公開」ボタンをクリックすると、ライブラリの公開は完了です 図3。

memo

ライブラリを公開するには、まずデザインファイル内にコンポーネントやスタイルを定義する必要があります。また、編集者の権限も必要です。

図3　ライブラリを公開モーダル

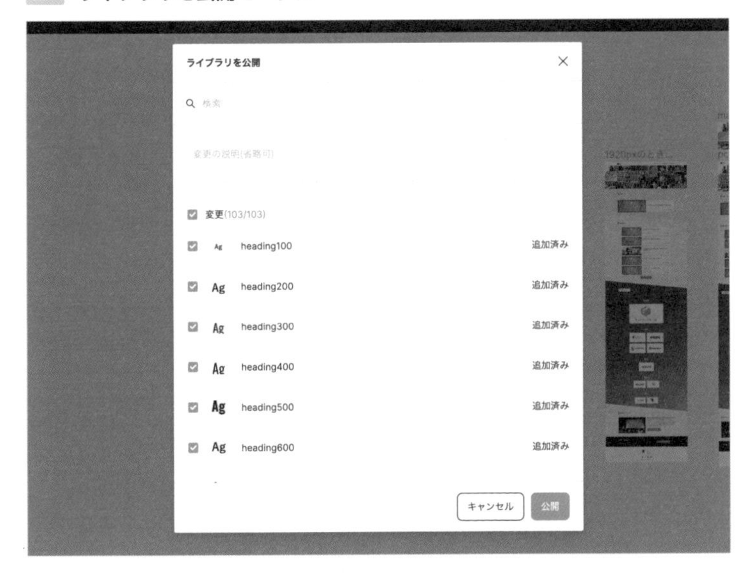

公開したライブラリは、タブやファイルブラウザで表示されるアイコンが水色から灰色に変わります図4。

図4　公開したライブラリのアイコンが水色から灰色に変わっている

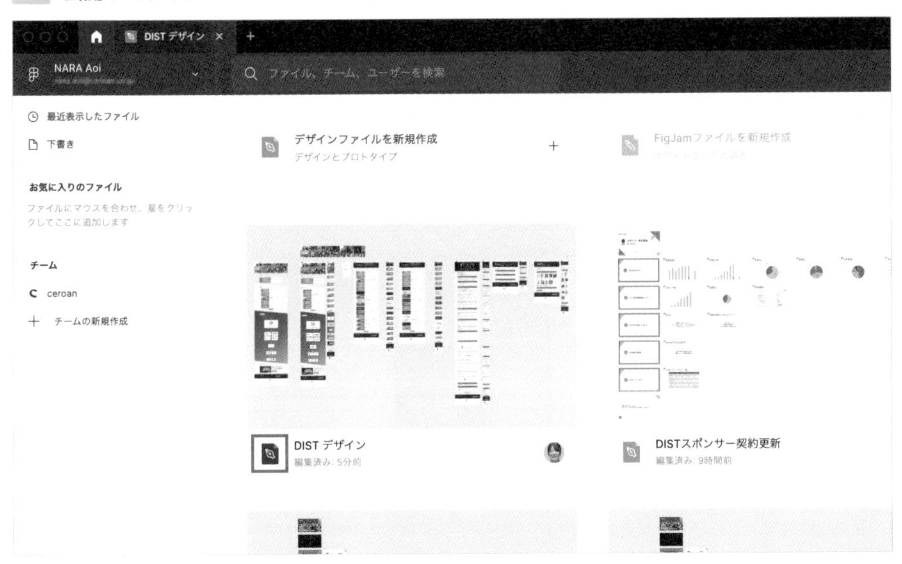

ライブラリ内だけで使っている、または作業中である、などの理由から公開したくないコンポーネントやスタイルがある場合、一部だけを公開しないようにできます。公開したくないコンポーネント、またはスタイルの名前の頭に「.」（ピリオド）または「_」（アンダースコア）を追加します。これらの文字ではじまるコンポーネントやスタイルは、ライブラリとして公開されません（次ページ図5）。

図5 名前が「.」や「_」ではじまるコンポーネントやスタイルは非公開になる

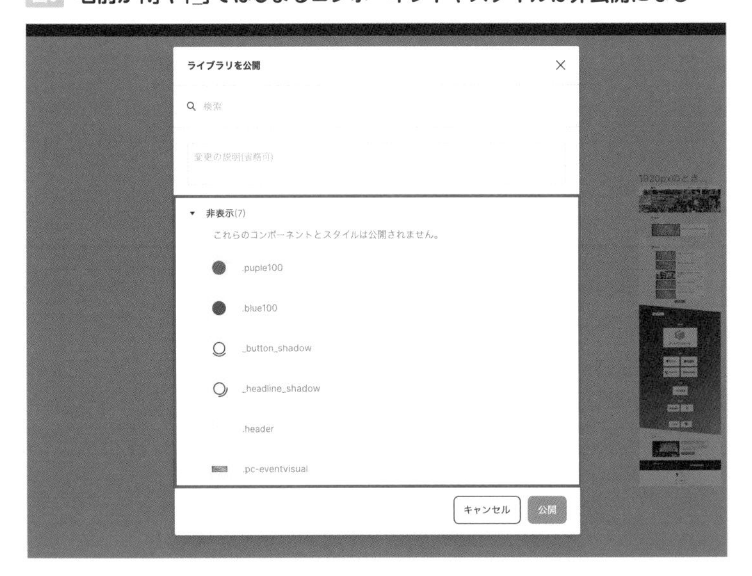

公開中のライブラリを利用する

公開したフイブラリは、チーム内のほかのデザインファイルから利用できます。新しいデザインファイルを作成し、アセットパネルからライブラリモーダルを開くと、公開中のすべてのライブラリが表示されます 図6 。

図6 公開中のチームライブラリ

ライブラリ名をクリックすると、ライブラリで公開されているコンポーネントやスタイルの中身を確認できます 図7 。

図7 ライブラリの中身を表示しているところ

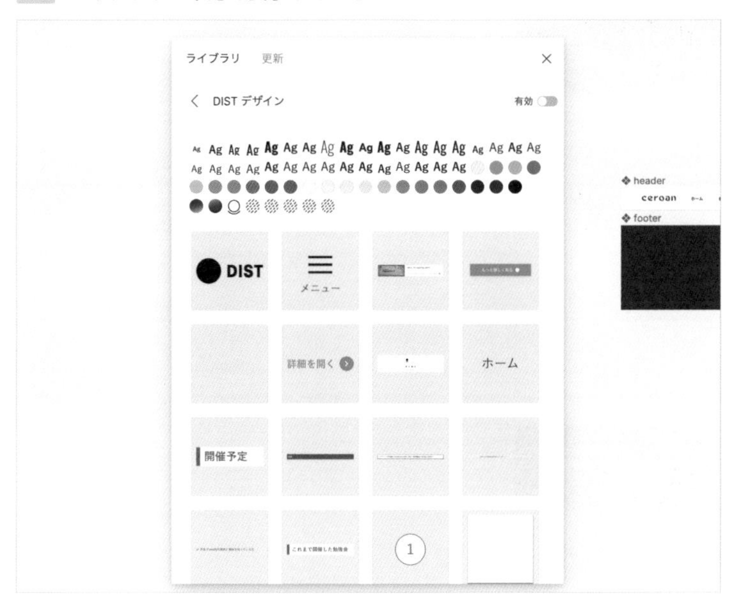

ライブラリ名の左横にあるトグルスイッチをクリックしてONにすると、該当のライブラリを利用できます図8。

図8 トグルスイッチをONにするとライブラリを利用できる

ライブラリを有効にすると、サイドバーから該当のライブラリ内のコンポーネントやスタイルにアクセスできます。左サイドバーのアセットパネルではライブラリに含まれるコンポーネントを選べます（次ページ図9）。同様に、右サイドバーの各種スタイル（色、テキスト、エフェクトなど）ではライブラリに含まれるスタイルを選べます（次ページ図10）。

図9 アセットパネルに表示されたライブラリ

図10 色スタイルに表示されたライブラリ

ライブラリを更新する

ライブラリの公開後、コンポーネントやスタイルを追加・削除・変更したとき、そのライブラリを用いているデザインファイルに更新を反映するためには、再度ライブラリを公開する必要があります。ライブラリの更新をしたのち、公開時と同様にライブラリモーダルを開くと、「*件の変更を公開」ボタンが表示されます図11。

図11 ライブラリに更新があるときのライブラリモーダルの表示

同ボタンをクリックすると、ライブラリの変更内容が一覧されます。必要に応じて、ライブラリの変更内容について説明を加えたり、チェックボックスによって変更の有無を選んだりできます。「公開」ボタンをクリックすると、ライブラリの更新が公開されます図12。

図12 ライブラリの変更を公開

ライブラリを更新すると、そのライブラリが使われているデザインファイルを開いたとき、ライブラリの更新通知が表示されます(次ページ図13)。

図13 ライブラリの更新通知

通知自体もしくは「確認」ボタンをクリックすると、ライブラリの更新内容を一覧できます。「無視」ボタンをクリックすると、更新を実施せずに無視します。更新を無視すると、次回デザインファイルを開いたときに再度更新通知が表示されます。

更新内容の一覧では、各コンポーネントやスタイルをクリックすることで、それぞれの更新内容を詳しく確認できます。「すべて更新」ボタンをクリックすると、ライブラリのすべての更新内容がデザインファイルに反映されます図14。

memo
ライブラリの更新を受け入れるかどうかは、編集権限のあるユーザーであれば誰でも操作できます。

図14 ライブラリ更新内容の一覧

memo
複数の更新がある場合、コンポーネントやスタイルを個別に更新することもできます。

チームを管理する

チームを作ると、複数のメンバーでプロジェクトやデザインファイルの共有が簡単になります。ここではチームの作成方法、メンバーの管理方法など、チームの基本的な使い方について学びます。

チームの作成

チームの作成は、ファイルブラウザから行います。左下の「チームの新規作成」をクリックします 図1 。

図1 チームの新規作成

チーム名を入力します。チーム名には日本語も利用できます（次ページ 図2 ）。

memo

チームの管理設定、請求を操作するには、チーム管理者の権限が必要です。なお、ビジネスプランでは、チームよりも上位に組織という単位が適用されます。

memo

スタータープランでは、1つのチームにつき作成できるプロジェクトは1つまでという制限があります。

図2 チーム名を入力

① チーム名の指定　② チームメンバーを追加　③ セットアップの完了

チームを作成しましょう

チーム名　名前を追加

チームを作成したら、他のユーザーをチームに招待できます。

チームを作成

「チームを作成」ボタンをクリックすると、チームメンバーを招待する画面が表示されます。必要に応じて招待したいメンバーのメールアドレスを入力し、「続行」ボタンをクリックします。「今は行わない」をクリックすると、メンバーを招待せずにチームを作成できます 図3 。

図3 コラボレーター（チームメンバー）の追加

最後に、チームに適用するプランを選びます 図4 。

memo
プランによる違いは16ページ、Lesson1-02を参照してください。

図4 プラン選択

チーム内に作られたプロジェクトやデザインファイルは、自動的に同じチームのメンバーにすべて共有されます。個別に編集・閲覧権限を制御したい場合は、プロフェッショナルプラン以上が必要になります。

メンバーの管理

チームに所属するメンバーは、チームページで追加・削除・権限の変更ができます。ファイルブラウザの左サイドバーに表示されているチーム名をクリックすると、チームページが表示されます 図5。

図5 チーム名をクリック

メンバーの招待

チームに新しくメンバーを招待するには、「メンバー」タブをクリックし、右上に表示されている「招待」ボタンをクリックします 図6。

図6 メンバーの招待

「メールで招待」の入力フィールドに、招待したいメンバーのメールアドレスを入力します。このときのメールアドレスは、招待したいメンバーがすでにFigmaアカウントを持っている場合は、そのFigmaアカウントのメールアドレスである必要があります。招待したいメンバーがFigmaアカウントを持っていない場合は、そのメンバーが普段使っているメールアドレスでかまいません 図7 。

> **memo**
> メールアドレスを「,」(カンマ) で区切って入力すると、複数のメンバーを一度に招待できます。

> **memo**
> スターター、エデュケーション、プロフェッショナルプランでは、メールによる招待のほかに、リンクによる招待も利用できます。リンクによる招待では、用意されたURLを招待したいメンバーに開いてもらうことで、そのメンバーを招待できます。

図7 チームメンバーを招待モーダル

メールアドレスの右横に表示されている権限をクリックすると、招待するメンバーに与える権限を変更できます。「招待を送信」ボタンをクリックすると、入力されたメールアドレス宛てに招待メールが送信されます。

招待メールを受け取ったメンバーが「招待を承諾する」ボタンをクリックすると、チームにメンバーとして追加されます 図8 。

> **memo**
> 権限の詳細は110ページ、Lesson4-01を参照してください。

図8 招待メールの例

メンバーの権限変更

必要に応じてチームメンバーの権限を変更できます。チームの権限は4段階に分かれています 図9 。

> **memo**
> メンバーの招待はチームに所属しているメンバーであれば誰でも行えます。ただし、自分自身の権限以下の権限しか与えることができません。例えば閲覧権限を持つメンバーは、新たに閲覧権限を持つメンバーを招待できますが、編集権限を持つメンバーの招待はできません。

図9 4段階の権限

権限	役割
オーナー	チームに１人だけの特別な権限です。
管理者	編集権限に加え、チームの設定を変更できます。
編集可	チームのプロジェクト、ファイルを編集できます。
閲覧のみ	チームのプロジェクト、ファイルを閲覧できます。

管理者以上の権限があれば、全メンバーの権限を変更できます。編集可、閲覧のみの場合、自分の権限以下の権限を持つメンバーの権限しか変更できません。また、自分自身の権限をより高く変更することはできません。

メンバーの権限を変更するには、メンバーページの権限部分をクリックし、表示されたリストから変更したい権限を選びます図10。

図10 メンバーの権限変更

プロフェッショナルプランでは、チームの権限のほかにデザインの役割、FigJamの役割を設定できます。前者はFigmaのデザインファイルにおける権限、後者はFigJamファイルにおける権限にあたります。プロフェッショナルプランであれば、例えば社内のメンバーにはすべてのプロジェクト、デザインファイルを共有したいが、一部のプロジェクト、デザインファイルだけは外部のメンバーに共有したい、といったことも可能です図11。

図11 プロフェッショナルプランのチームページ例

メンバーの削除

退職やプロジェクトの終了などでチームからメンバーを削除する場合は、メンバーページのメンバーの右横にある「…」ボタンをクリックします。表示されたメニューから「削除」を選ぶと、メンバーを削除できます 図12。

図12 メンバーの削除

チーム間でのファイルの移動

Figmaで作成したデザインファイルは、.figファイルとしてローカルに保存できます。保存した.figファイルは、別のFigmaアカウントやチームで読み込めるため、ファイルを移動するときに便利です。ただし.figファイルには、もとのファイルのコメント、バージョン履歴、権限は含まれませんので注意しましょう。

.figファイルとして保存するには、メインメニューを開き、ファイル→ローカルコピーの保存をクリックします。保存先のフォルダを選択し、「保存」ボタンをクリックすると.figファイルが保存されます。

Figmaで.figファイルを読み込むにはドラッグ＆ドロップします。

memo
.figファイルはFigmaでのみ開くことができます。ほかのソフトウェアで開くことはできません。

Lesson 5

Webサイトを デザインする

Lesson1～4で扱ったFigmaの基本操作や機能をもとに、実際にWebサイトをデザインしてみましょう。コーポレートサイトを題材に、ワイヤーフレームを作る手順を見ていきます。

基本解説　機能解説　実践・制作

このLessonのサンプルデータ

https://www.figma.com/community/file/1227847561269469690

（サンプルデータの複製・保存方法は、62ページを参照）

画像ファイルのダウンロード

https://books.mdn.co.jp/down/3222303055/

Webサイト制作の流れを確認する

THEME テーマ

Lesson5では、Figmaを使ってコーポレートサイトのデザインを作ります。実際に手を動かす前に、Lesson5全体の構成を見ていきましょう。

制作の流れを確認する

本Lessonでは、**コーポレートサイト**のデザインを作っていきます。

Lesson5で制作するコーポレートサイトのサンプルデザインは以下のとおりです 図1。全部で2ページの構成となります 図2。

図1 制作するサイトの画像

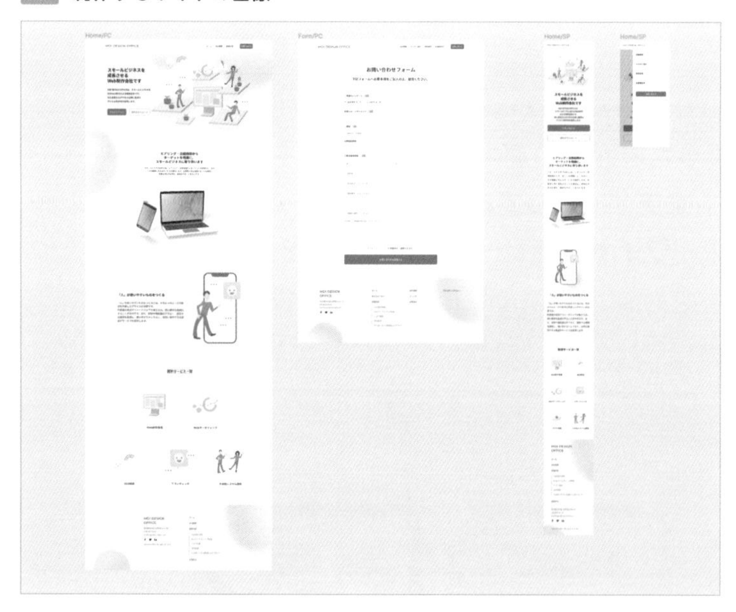

図2 サンプルのページ構成

ページ名	内容
ホーム	Web サイト全体の象徴となるメインページ。印象を与えるページのため、ある程度デザインを作り込む必要がある
お問い合わせ	メールフォームを使ってユーザーがお問い合わせメールを送るためのページ

memo

Lesson5で作成していくFigmaファイルの完成形は、学習用のサンプルデータとしてFigmaのWebサイトで配布しています。URLは8ページと本章の扉に記載しています。取得方法は62ページ「サンプルデータの複製・保存」を参照してください。

WORD コーポレートサイト

「コーポレートサイト」とは、企業の情報を掲載するWebサイトのことです。会社概要やサービス、採用といった情報を発信するために作られます。また、お問い合わせフォームや資料のダウンロードフォームなどを設置し、会社と顧客のコミュニケーションを図ることができます。これらのフォームは会社の活動と顧客の接点となります。

memo

制作手順については、**Lesson5**全体を通して読み進めながら、実際に手を動かして確認していきます。細かな部分についてはサンプルのFigmaファイルで確認できます。

次節以降、以下のような流れで制作していきます。

ファイルの準備をする

Lesson5-02「ファイルの準備をする」、デザイン作業を始める前に、ファイルの準備を行います。ファイルを作成し、ページを分けます。さらに、全体で共通する設定（画面の幅や余白の統一）をすることで、一貫性のあるデザインを作るための下準備を行います。

ワイヤーフレームを整理する

Lesson5-03「**ワイヤーフレーム**を整理する」では、デザインの設計図となるワイヤーフレームを作成します。ターゲットや目的を明確にし、デザインが何のためにあるのかを設定します。

WORD ワイヤーフレーム

ワイヤーフレームとは、ディレクターとデザイナーでコミュニケーションを取り、デザイン制作の前提をすり合わせるためのものです。

デザインルールの整理と準備

Lesson5-04「スタイルを定義する」および **Lesson5-05**「コンポーネントの作成と活用」ではデザインカンプの制作に入る前に、よく使われるスタイルやルールを定義しておきます。これにより、デザインの方向性を明確にし、制作プロセスをスムーズに進めることができます。

デザインカンプを作る

Lesson5-06「『ホーム』のページを作る」では、デザインカンプの制作に入ります。Webサイトを訪れた際に最初に表示される画面は、ユーザー訪問時にコンテンツの印象を残す効果があります。そのため、デザインを作り込んでいくことが重要です。

Lesson5-07「下層ページを作る」では、下層ページもトップページと同じデザインルールで制作を進め、デザインに一貫性を持たせます。Figmaの画像調整および描画機能を一部使い、デザインの細部を作り込んでいきます。

Lesson5-08「スマートフォン版のデザインを作る」では、スマートフォン版のデザインを制作し、小さなサイズの画面でも問題なく表示されるようなデザインとして調整します。

デザインを共有する

Lesson5-09「プロトタイプを活用する」では、プロトタイプを作成します。「プレビュー」機能を利用して、デザインの最終的なイメージを確認し、プロトタイプを関係者と共有してフィードバックを得ます。そのフィードバックを元に、テキストやデザインの修正を行い、完成度を高めます。

ファイルを準備する

THEME テーマ　Figmaでデザインファイルを作成し、ページを分けて整理します。また、デザインカンプの幅に合わせたレイアウトグリッドを適用してコンテンツ幅を統一することで、一貫性のあるデザインを作るための下準備を行います。

デザインファイルを作成する

デザインファイルを作成します。ファイルブラウザより「デザインファイルを新規作成」を選択してください 図1。

図1 デザインファイルを新規作成する

「無題」という名前でデザインファイルが作成されます。「無題」の文字にマウスポインターを合わせて右クリックを行うと、「名前を変更」ができます。今回の制作では「コーポレートサイト」という名前をつけます。

新規ファイルの作成時、デザインファイルは「下書き」フォルダーに入っています。必要に応じて、使用するチームやプロジェクトに移動してください。

memo

下書きの状態でデザインファイルを使うこともできます。下書きに入っているファイルは、チーム内に作成したデザインファイルとは独立しているファイルとなります。

54ページ **Lesson2-01**参照。

ページの設定をする

ページを作成します。左サイドバーにある「Page 1」という名前の部分をクリックします。デザインファイルに含まれるページ一覧が表示されます。右上の＋ボタンをクリックすると、新しくページを追加できます 図2。

本Lessonでは制作を便利にするために、3つのページに分けてファイルを運用します。

- ワイヤーフレーム
- デザインデータ
- デザインガイドライン

各ページの役割について解説します。

> **memo**
> Lesson5で作成しているサンプルでは、幅・高さ・フォントサイズについてはピクセル(px)を基準の単位としています。

図2 ページ

ワイヤーフレーム

ワイヤーフレームはデザインよりも前の工程で作成、活用するため、デザインとは別のページに分けておくことで管理しやすくします。

149ページ Lesson5-03参照。

デザインデータ

実際にデザインを作っていくページです。レイアウトや装飾といったデザインの実作業をここで行います。

デザインガイドライン

色、タイポグラフィ、UIコンポーネントおよびそれらの使い方ガイドを置いておくページです。Figmaに登録したスタイルの内容を一覧で整理し、確認できるようにします。

86ページ Lesson2-05参照。

フレームを作成する

「ワイヤーフレーム」ページの中にデザインの枠となる❗フレームを作成します。本Lessonでは幅1440のPCサイズのフレームと、幅375のスマートフォンサイズのフレームを作成します。これらのサイズを基準として本Lessonではデザインを作っていきます。

フレーム作成時、右サイドバーより選択できるサイズに「デスクトップ」というものがあります。こちらのフレームは幅1440×高さ1024です。これをデスクトップサイズ＝PCサイズとして使います。

スマートフォン版のサイズは右サイドバーより選択できるサイズに「スマホ」があります。「iPhone 8」を選択します。こちらのフレームは幅375×高さ667です。これをスマートフォン版のサイズとして使います。

幅375サイズはiPhone 8を基準としたサイズ感であり、日本における2022年12月の画面シェアとしてはもっとも使用者が多いスマートフォンの画面サイズにあたります。

❗ POINT

Figmaでデザインをするための枠がフレームです。56ページ、Lesson2-01で解説しています。

memo

出 典：https://gs.statcounter.com/screen-resolution-stats/mobile/japan

memo

スマートフォンサイズのデザインは縦に長くなる傾向があるため、本Lessonでは幅を基準とします。高さはコンテンツに合わせて可変します。

レイアウトグリッドを設定する

PCサイズ・SPサイズともにレイアウトグリッドを設定します。グリッドを設定することでフレーム内にレイアウトの基準を作り、一貫性のあるデザインを作成しやすくなります。

レイアウトグリッドの設定は、**コンテンツ幅**を基準にします。

memo

「スマートフォン」を省略して「SP」と表記します。
例:「スマートフォンサイズ」→「SPサイズ」

WORD コンテンツ幅

コンテンツ幅とは、テキスト・画像といったコンテンツを表示する幅のことです。本章ではコンテンツ幅の中でテキスト・画像などのコンテンツをレイアウトすることにより、見やすく実装しやすいデザインを作成します。

PCのグリッドサイズ

PCのグリッドサイズを設定するにあたり、レイアウトグリッドを使ってコンテンツ幅を設定します。本Lessonにおいては、PCのコンテンツ幅は横幅1140に設定しています 図3。

memo

レイアウトグリッドの表示/非表示はショートカットキーでの切り替えを行うと便利です。shift+Gまたは⌘(Ctrl)+Gで表示／非表示の切り替えができます。

図3 PCのコンテンツ幅

PCのコンテンツ幅に合わせて、グリッドを適用します。レイアウトグリッドは右サイドバーで設定します。今回の例で使うのは「列」です。

画面を分割したレイアウトを作るには、グリッドを使うと便利です。幅の広いPCサイズの場合には、12分割のグリッドを基準にレイアウトを作ることで、自由度が高くなります 図4。

図4 PCのグリッド

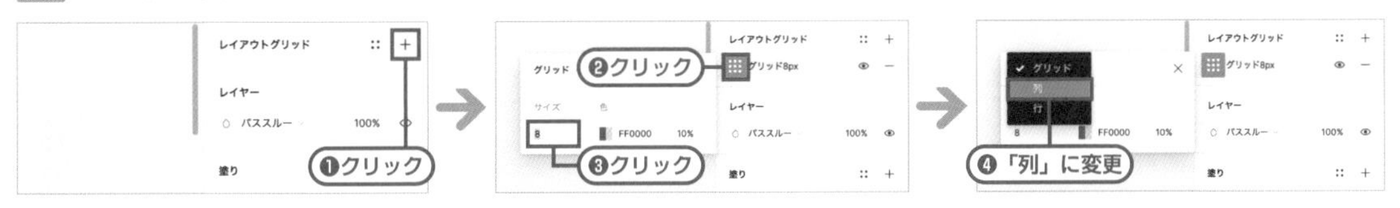

レイアウトグリッド：列　数：12　幅：73　ガター：24　種類：中央揃え

この12分割のグリッドを基準にすることで、2分割、3分割、4分割、6分割など、様々な分割に合わせてレイアウトを作ることができます。また、グリッドを使うことで、デバイスのサイズに合わせて自動的に調整されるレスポンシブデザインを作ることも容易になります。

memo
レイアウトグリッドの幅を全て足すと、コンテンツ幅の1140と等しくなります。

SPのグリッドサイズ

SPサイズのフレームを作成します。幅が狭くなるためPC版ほど細かく分割する必要はありません。今回は2分割の列を適用したグリッドを使います。幅が狭いと文字が読みづらくなるので、SPサイズのデザインを作るときは左右に余白を開けておくとよいでしょう。

本LessonにおいてはSPのコンテンツ幅は横幅335に設定しています。左右の余白は20に設定します（次ページ 図5）。

図5 SPのグリッド

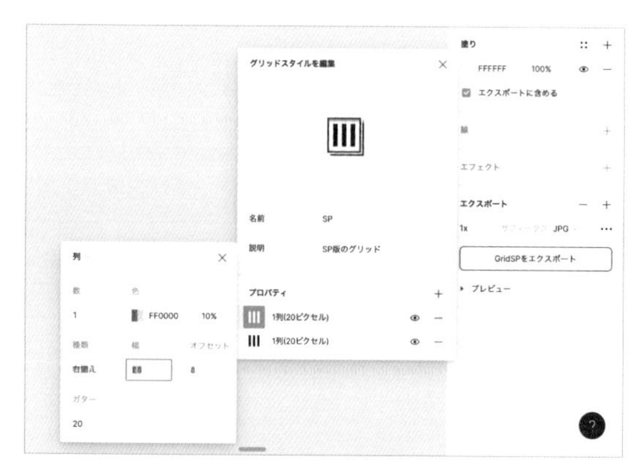

レイアウトグリッド：列　数：2　幅：自動　余白：20　ガター：20　種類：ストレッチ

レイアウトグリッドの設定が完了しました。

ワイヤーフレームを整理する

「ワイヤーフレーム」とは、Webサイトを制作する際の設計図のことです。デザインに入る前に、サイトに必要な情報を整理しておくことで制作がスムーズになります。本節では、Figmaを使用してワイヤーフレームを整理する方法を紹介します。

ワイヤーフレームについて

一般的に、デザイナーは与えられたワイヤーフレームをもとにデザインカンプを作成することが多くあります。ワイヤーフレームは、どのページにどんな要素を表示するかを決めるための重要な役割を担っていますが、その形式に決まりはありません。クライアントやディレクターから手描きで提供されることもあれば、ExcelやPDFなど様々な形式で提供されます。

また、ワイヤーフレームの精度についてもさまざまで、情報が十分に整理されている場合は問題ありませんが、整理が不十分な場合もあります。デザイン作成前に情報を十分に整理しないと、デザインの手戻りや作り直しが発生する可能性が高まります。

本節では、手描きで制作されたワイヤーフレームの例をもとに、Figmaを用いてワイヤーフレームを作り込んでいきます。

ワイヤーフレームを作る際に必要なターゲットユーザー、サイトを作る目的などの情報、お互いの認識に間違いがないかをステークホルダー➡と確認しながらワイヤーフレームを整理します。デザイン工程に進む前段階として準備しましょう。

➡ 108ページ Lesson4-01参照。

ワイヤーフレームを作る前に

Lesson5で作成するサイトは、小規模のWeb制作会社のコーポレートサイトを想定したものです。

ワイヤーフレームの作成に着手する前に、Webサイトのターゲットユーザーやサイトを制作する目的を明確にしておきましょう。なぜなら、ターゲットとするユーザーやサイトの目的によって、サイトに載せるべき情報やデザイン(情報の配置や文字の大きさ、カラー計画など)が変わるからです。

ターゲットユーザーやサイトの目的は根幹に関わるものですので、ワイヤーフレームを作る前に明確にし、制作に関わるメンバー全員に共有するようにします。

memo
サイトの規模や掛けられる費用が大きければ、ターゲットユーザーの設定する上で、ペルソナ設計という手法を用いたり、ユーザー調査を行ったりなど、専門的な方法を用いる場合もあります。

ワイヤーフレームを清書する

ワイヤーフレームを清書します。清書とは、手書きや下書きから正式な文書や図面を作り上げる作業のことです。清書を行うことでワイヤーフレームの完成度を高め、正確かつ明確な情報を伝えることができます。これによって、プロジェクトの進行をスムーズにし、コミュニケーションのミスを減らすことができます。

Webサイトを制作する際は、ユーザーが必要な情報にスムーズにアクセスできるよう、目的となる情報や機能を効率的に見つけるための手段や方法を設計することが重要です。具体的には、サイト内を移動するための動線を考えます。まずは大まかな動線を考えることから始めます。今回のような手描きのワイヤーフレームを使うことで、全体的な情報を整理することができます図1。

しかし、手描きのワイヤーフレームは紙に書かれたものであるため、デジタルでの編集や共有が困難という問題があります。Figmaを用いて清書することで、デジタルファイルとして管理することができます。

ワイヤーフレームは、白・黒・グレーの3色で作成します。ワイヤーフレームは、計画する役割を持つものです。色や画像を過剰に追加すると、デザインが完成していないにも関わらず、印象が固定されてしまうことがあります。また、コミュニケーションや情報の整理を妨げることにもなります。この段階では、色や画像については優先順位を下げ、「どこに何を配置するのか」を優先的に考えましょう。色や装飾などは、デザイン工程に進んでから追加することをおすすめします。

フレームを作成する

ワイヤーフレームを清書するために手描きの画像を配置します。

Lesson5-02で設定したPC版、幅1440のフレームを使用し、清書を進めます。一度作ったフレームは、一貫した設定を使用するためコピー&ペーストをして使うとよいでしょう。コンテンツ幅およびカンプサイズを統一できます。フレーム内に手描きワイヤーフレームの画像を配置します。フレームの塗りに画像を設定すると、効率的な作業を行うことができます。

配置が完了したら、手描きワイヤーフレームの画像は不透明度を下げ、20%に調整します。画像を下敷きにした上にパーツを置く方法でワイヤーフレームを清書していきます。必ずしも画像を下に敷く必要はありませんが、今回はこの方法を用いて説明します。

図1 手描きワイヤーフレーム

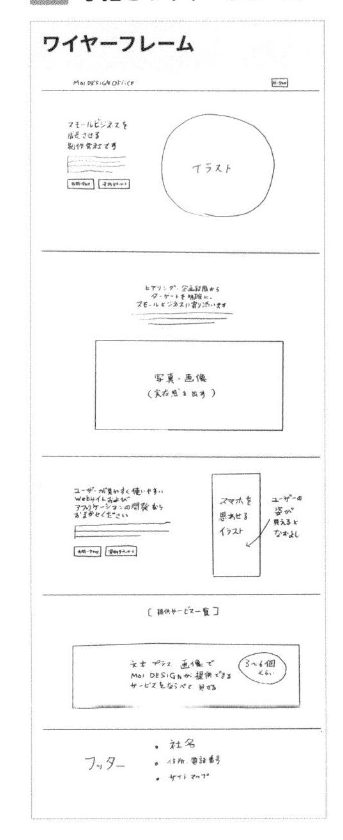

memo

必ずしもワイヤーフレームを清書する工程が発生するわけではありませんが、ワイヤーフレーム自体を理解する目的のもと、今回の学習では清書をして学習しましょう。

文字情報をフレームに置いていく

文字情報の部分からワイヤーフレームの清書を行います。特に、見出しはWebデザインにおいて重要な要素です。見出しの大きさで情報の重要度を判断することができますし、コーディングにおいても見出しを中心とした考え方をすることが多いです。また、見出し以外の文字にも役割があります。そのため、文字の役割を「見出し」「本文」「キャプション」に分類し、それぞれに適切なスタイルを適用します 図2。

memo
本節では見やすさを優先するため、Lesson5-02で作成したレイアウトグリッドを非表示にしています。

memo
長方形と同様にフレームにも背景を読み込むことができます。長方形の背景画像として画像を設定する方法については30ページ、Lesson1-05参照。

図2 文字情報の役割

名称	内容
見出し	大きい見出し、中くらいの見出し、小さい見出しと大きさに大小をつけておくとよい。
本文	見出しとセットになる補足的な情報で、見出しのみでは伝えきれない概要の部分。文字サイズは中くらいで、文字情報全体の基準サイズになる。
キャプション	写真あるいは画像の説明文、小さい文字で補足的に書くことが多い。

主に使用するのは「見出し」と「本文」のセットになります 図3。

図3 見出しと本文のセットを配置していく

背景に敷いた画像を参考にして、見出しと本文のセットをフレーム内に配置します。

画像が入る部分はグレーの長方形を置いて表現する

画像を配置する場所には、仮の目印としてグレーの長方形を使用します。グレーの長方形を使って仮の位置を示し、デザインカンプの作成時に画像を再度配置することを前提に整理するとよいでしょう図4。画像を配置する場所には、仮の目印としてグレーの長方形を使用します。グレーの長方形を使って仮の位置を示し、デザインカンプの作成時に画像を再度配置することを前提に整理するとよいでしょう。

図4 画像が入る部分はグレーの長方形を置いて表現する例

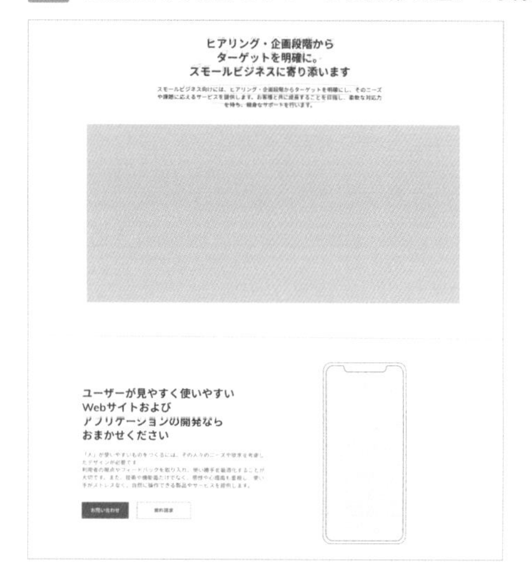

画像を入れる箇所を設定しておくことで、どんな画像が必要か事前に確認ができます。

曖昧な情報を具体的に表現する

手描きのワイヤーフレームの中には、レイアウトが詳細に定まっていない箇所があります図5。

図5 レイアウトの詳細が定まっておらず、個数のみ記載されている

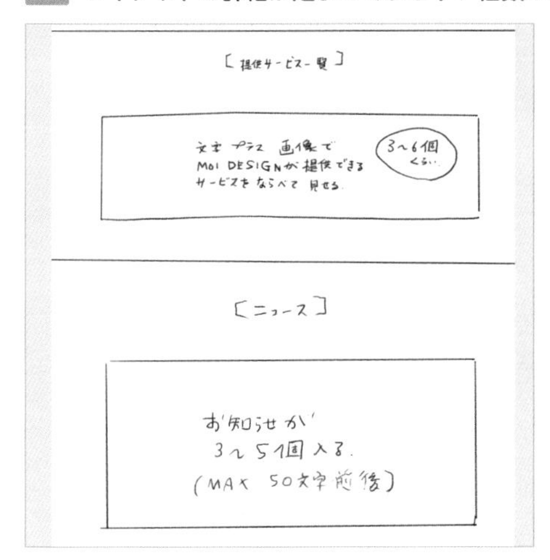

情報が曖昧な箇所も、この段階でパーツの個数を洗い出してレイアウトします 図6。

> **memo**
> 本節では、Serviceの区切りが個数が曖昧で「3〜6個くらい」という指示がある想定です。最小3つ、最大6つの想定で「3列×2段」の個数として作成します。

> **memo**
> 清書したワイヤーフレームは、サンプルファイル内「ワイヤーフレーム」のページにあります。

図6 清書の段階で個数を変更した

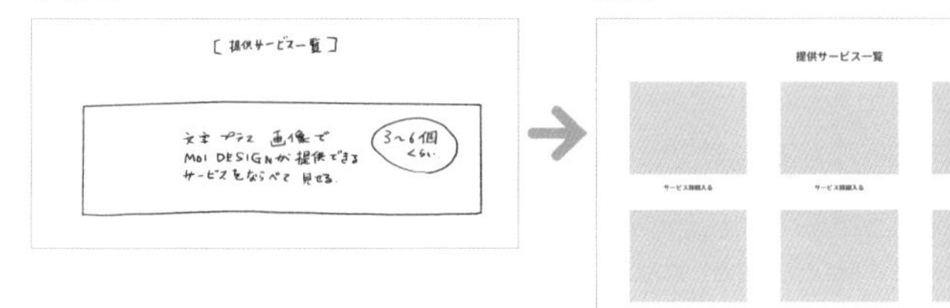

デザインに着手する前段階のコミュニケーション

ワイヤーフレームでのコンテンツ設計がいったん完了したのち、ディレクターまたはワイヤーフレームの作成者と、コンセプトの共有と確認を行った上でデザイン制作を進めていくとよいでしょう。デザイン工程に入る前にあらためて確認を行う時間を取ると、以降の工程がスムーズになります。

コミュニケーションを図る際にはFigmaの機能を活用します。Figmaに同時接続をする、会話（音声通話）ですり合わせを行う、コメントを利用するなどの機能が利用できます。

> **memo**
> 着手前だけでなく、ワイヤーフレームをどこまで作り込むかなど、確認を含めて制作チーム間で細かく意思確認をしていきましょう。

119ページ **Lesson4-02**参照。

120ページ **Lesson4-03**参照。

スタイルを定義する

スタイルを利用して、「デザインに関するルール」である文字の大きさ、フォント、色などを定義します。これにより一定ルールの元でデザイン制作と運用ができます。スタイルを使った制作の流れを確認し、スタイル定義について学びましょう。

繰り返し使うスタイルの定義

繰り返し使うスタイルを定義します。スタイル機能では「色」「テキスト」「効果」を設定できます。スタイルは「塗り」「テキスト」などの右上にある「::」アイコンから設定できます。

63ページ Lesson2-02参照。

スタイル自体はあとで変更することも可能ですが、大切なのは「何らかのスタイルが適用されている」状態を作ることです。スタイルはあとから変更できるため、スタイルが適用されている箇所は一括で変更が可能です。

例えばテーマカラーが赤から青に変更することになったとして、スタイルが設定されていない場合は1つずつ変更していく必要がありますが、色スタイルを適用している場合「赤のスタイル」をそのまま「青のスタイル」として変更でき、そのスタイルが適用されている箇所はすべて青色に変わります。

テキストスタイル(文字のスタイル)

本文用、見出し用など大きさにメリハリがつくようにいくつかのサイズを指定します。本文は16px、H1は32……というように、ある程度サイズを統一できるようにルール化します。本Lessonで使用するテキストスタイルを一覧にしました。サンプルファイル「Figma_Web」内の「デザインガイドライン」ページ、「テキストスタイル」セクション内に実際のテキストスタイルに使用したデータがあります図1。

図1 テキストスタイル一覧

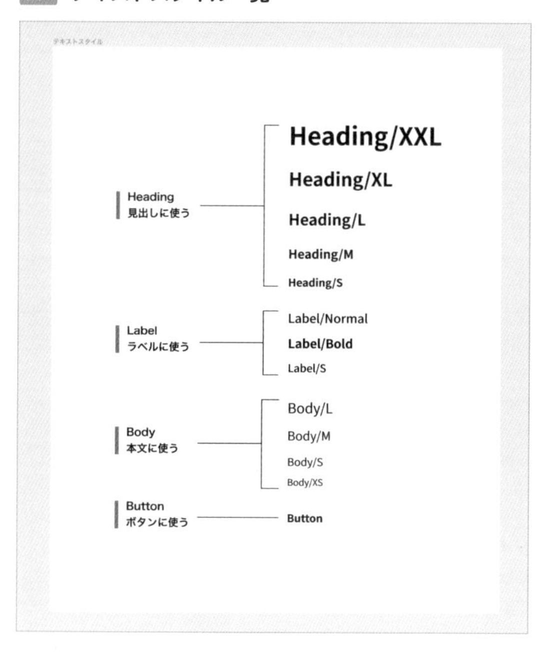

テキストスタイルで登録できる情報のうち、本Lessonで使う項目を下記にまとめました 図2。

> **memo**
> 本Lessonで使うフォントファミリーはすべて「Noto Sans JP」を使います。Google FontsとしてFigma上で初期状態から使えるフォントのため、インストールは不要です。

図2 テキストスタイルで登録できる情報

項目	解説
フォントファミリー	フォントの種類を設定します。
ウエイト	フォントの種類を設定します。
サイズ	文字のサイズを設定します。
行間	文章の行について、高さを設定します。
文字間隔	文字の間をどれくらいあけるかを設定します。

例として本文のテキストスタイルを設定します。テキストツールで「Body/M」と入力し、入力したテキストに下記の設定を行います（次ページ 図3）。

- フォントファミリー：Noto Sans JP
- ウエイト：Medium
- 文字のサイズ：16
- 行間：180%
- 文字間隔：0px

図3 本文のテキストスタイル設定

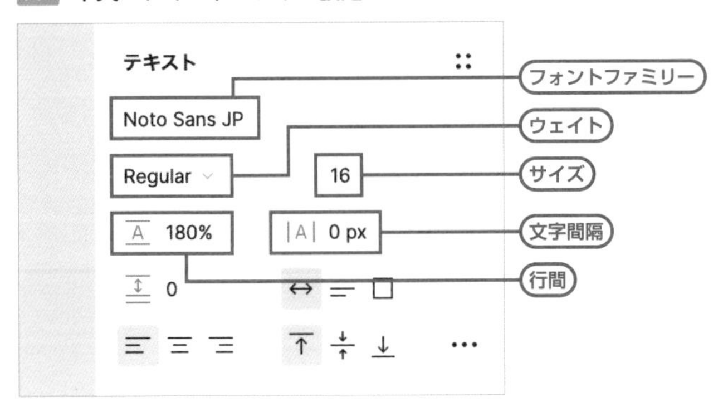

「テキスト」右上にある「∷」アイコンから「スタイル」を開き、「テキストスタイル」から「スタイルを作成」します 図4 図5。

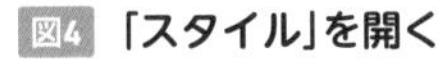
図4 「スタイル」を開く

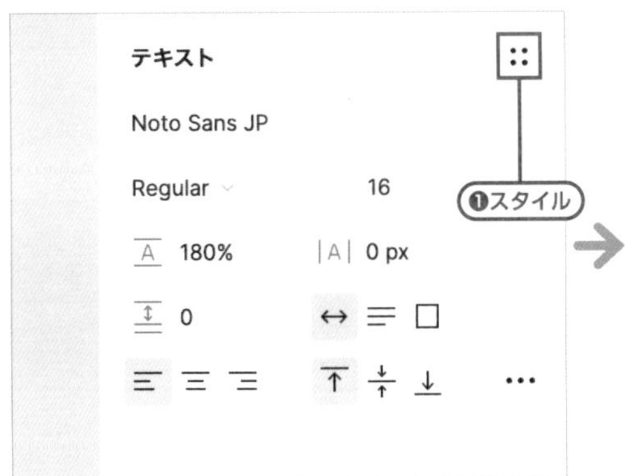

図5 「スタイルを作成」からテキストスタイルを追加

名前に「Body/M」と入力し、「スタイルの作成」ボタンを押します 図6。

memo
「説明」欄にどのような用途でテキストスタイルを使うかの説明を記載できます。

図6 名前欄に入力する

本文以外の文字についても、サンプルファイルを参考にテキストスタイルを登録しましょう。テキストスタイルの一覧は右サイドバーで確認できます 図7 。

memo
スタイル名右側の「スタイルを解除」アイコンを押すと、テキストスタイルを解除できます。

図7 サンプルファイルのテキストスタイル一覧

色スタイル

色スタイルを定義します。
色スタイルでよく使う項目は次のとおりです 図8 。

63ページ **Lesson2-02**参照。

図8 項目の見方

項目	解説
名前	色の名前です。使う目的によって名前を変えます。
説明	この色をどのように使うかの説明を書きます。
プロパティ	使用するカラーコードと透明度を設定します。

色スタイルの「名前」と「説明」は使い方をイメージしづらい部分です。あらかじめ使う色をデザインルールとして決めておくことで管理が楽になります。本Lessonで使われている色の「名前」と「説明」は次のとおりです（次ページ 図9 ）。

図9 **本Lessonの色の名前と説明**

名前	説明
Primary	ベースになる色です。メインカラーとも呼びます。
Secondary	2番手の色です。サブカラーとも呼びます。
Tertiary	3番手の色です。アクセントカラーとも呼びます。
White	白の基準となる色です。純白（#ffffff）である必要はありません。
Black	黒の基準となる色です。真っ黒（#000000）である必要はありません。
Error	エラーが出た際に注意を促すためのテキストなどに適用する赤色です。
TextBlack	テキストに適用する黒色です。
TextGray	テキストに適用するグレーの色です。
TextLink	テキストリンクの色です。
TextDisabled	存在はしているが一時的に押すことができないボタンなどで使うテキストに適用する色です。
Background	背景色に適用します。
Background+1	背景色よりほんの少し濃い色です。
SurfaceVariant	その他のオブジェクト（線やアイコンなど）を表す色です。

色スタイルを事前に作成しておくと、整理がしやすくなります。本Lessonで使用する色スタイルはサンプルファイル「Figma_Web」内の「デザインガイドライン」ページ、「色スタイル」セクション内に実際の色スタイルに使用したデータがあります図10。

図10 **サンプルファイルの色スタイル**

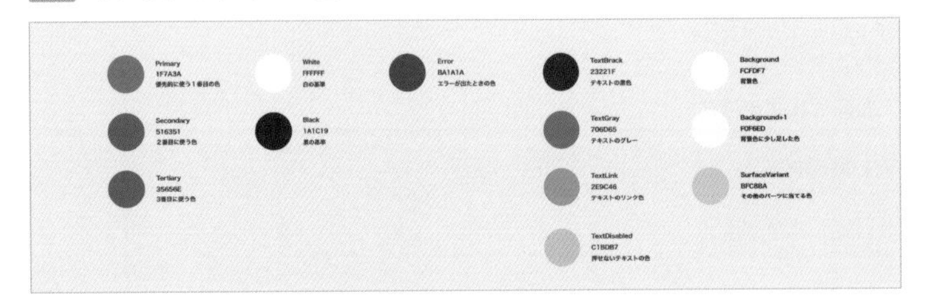

グリッドスタイルを登録する

Lesson5-02で設定したレイアウトグリッドを、スタイルとして登録できます。一貫性を保つため、PC・SPの両サイズでスタイルを登録しておきましょう図11。

図11 PC・SPの両サイズのグリッドスタイル

プラグインを利用したスタイルの読み込み

スタイルの登録は慣れないうちは時間がかかるものです。時間短縮をしたい場合、これらのプラグイン➡を活用するのもよいでしょう。

➡ 43ページ Lesson1-06参照。

「Text Styles Generator」は、Figmaファイル内で設定されているテキストスタイルを書き出し、自分のFigmaファイルへと読み込むことができるプラグインです図12。

「Chroma Colors」は、カラースタイルの読み込みに便利なプラグインです図13。

図12 Text Styles Generator

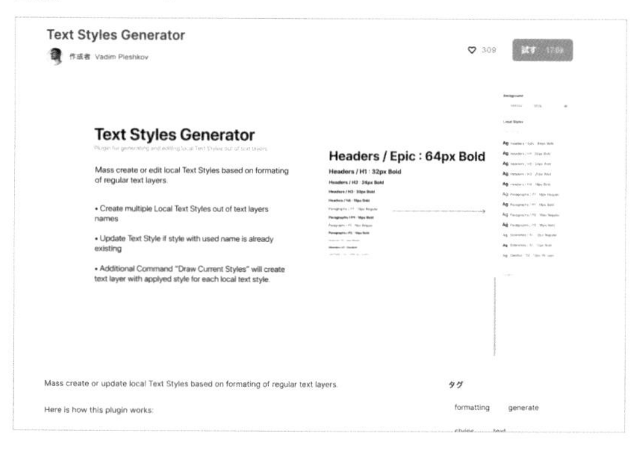

https://www.figma.com/community/plugin/759472336242530542/Text-Styles-Generator

図13 Chroma Colors

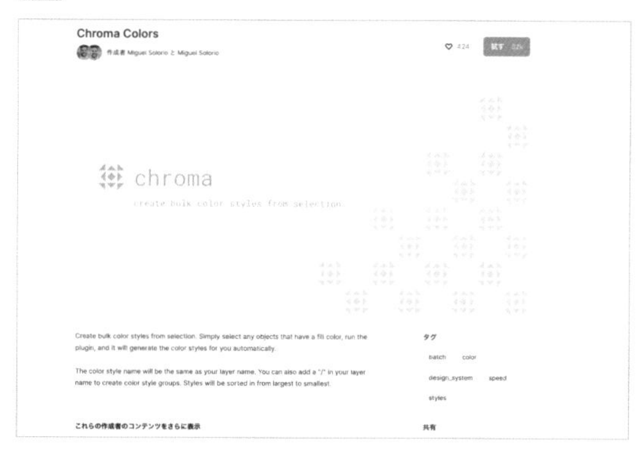

https://www.figma.com/community/plugin/739237058450529919/Chroma-Colors

コンポーネントの作成と活用

THEME テーマ

コンポーネントを作ります。デザインの中で繰り返して使う要素はコンポーネント機能を使うと柔軟に編集できます。ここまでで登録しているスタイルを活用し、ボタンやヘッダーといった要素をコンポーネントとして作成・活用していきます。

よく使う要素を整理する

コンポーネントを作る前に、よく使う要素を整理する必要があります。以下の3つの要素を用いてコンポーネントを作成します。

ボタン

「ボタン」は、ユーザーが「何かをする」という目的のために押す重要な要素です。そのためサイト内でも目立たせるようにデザインする必要があります。しかし目立たせるための工夫をすると、形や大きさにバリエーションが多くなりがちです。ボタンのデザインはコンポーネント機能を使って、デザインの差分を整理します。

本節では最も重要なボタンと、二番目に重要なボタンなど「基準となるボタンのデザイン」について、コンポーネント機能を使って整理します。

memo

ボタンの目的の例

- Webサイト内で次のページへ移動する
- 欲しい商品をカートに入れる
- お問い合わせメールを送信する

ヘッダー

ヘッダー部分には一般的に、ナビゲーションメニュー、検索バー、ロゴなどが含まれます。

本節では、ヘッダーにはロゴとナビゲーションを配置します。これらの要素をデザインした後、グループ化してコンポーネントに変換します。デザインカンプのヘッダー部分に、ヘッダーコンポーネントをインスタンスとして配置することで、サイト全体の印象を一貫性のあるものにすることができます。

また、サイトの構成を変更する場合にも、ヘッダーのコンポーネントに含まれるナビゲーション部分を変更するだけで全体に変更が反映されるため、効率的に作業ができます。

フッター

フッターは、通常各ページへのリンクを一覧として載せることが多く、ユーザーに向けたサイトマップとしての役割を持ちます。

フッターとヘッダーは、サイト内の全ページに表示されるため、それらのデザインが異なると、ユーザーは違和感を覚えることがあります。ヘッダーやフッターを統一してデザインすることで、ユーザーが快適にサイト内を移動できるようにすることが重要です図1。

本LessonではPCサイズのコンポーネントから作成します。

図1 ヘッダーとフッターの位置関係

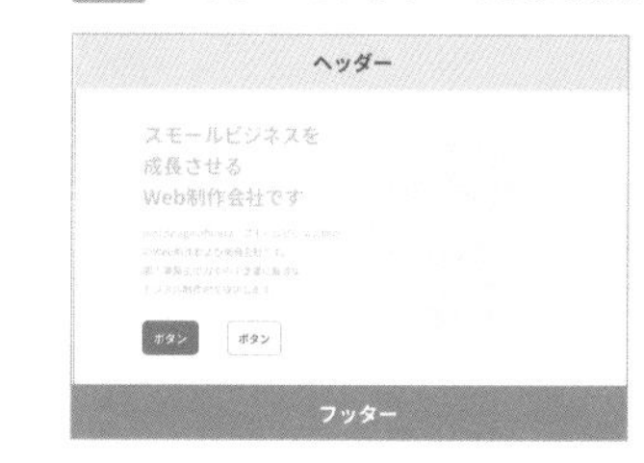

memo
フッターとヘッダーのデザインに一貫性があると、各ページのデザインにも統一感が生まれます。

ボタンのコンポーネントを作る

本章のコーポレートサイトで使う、可変幅ボタンのコンポーネントを作成します。

83ページ Lesson2-04参照。

まず、テキストツールを使って「テキストラベル」と入力します。次に、このテキストを右クリックしてメニューを呼び出します図2。

図2 ボタンのためのオートレイアウトを作成

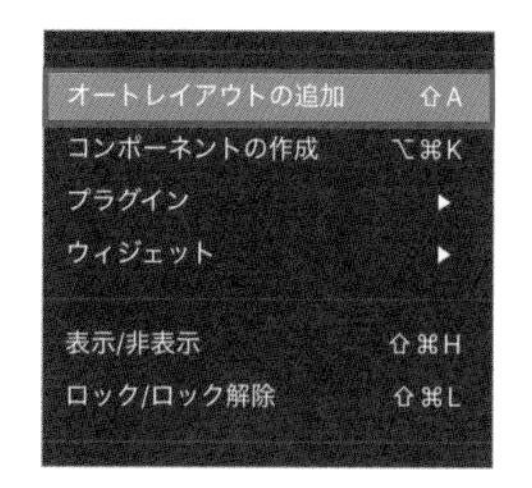

「オートレイアウトの追加」で、テキストにオートレイアウトを作成できます。オートレイアウトを追加することで、新規のフレームが追加されました。追加された透明なフレームを調整します。フレームに「Button」と命名します。

フレームの塗りに**Lesson5-04**で設定した色スタイル「Primary」を適用します図3。

memo
命名についてはいくつか方法がありますが、本Lessonでは主にアッパーキャメルケースを使用します。アッパーキャメルケースはパスカルケースとも呼びます。「NavigationBar」のように単語ごとの頭文字を大文字にする命名方法で、「Navigation」と「Bar」の頭文字を大文字にしています。

図3 色スタイルをフレームに適用

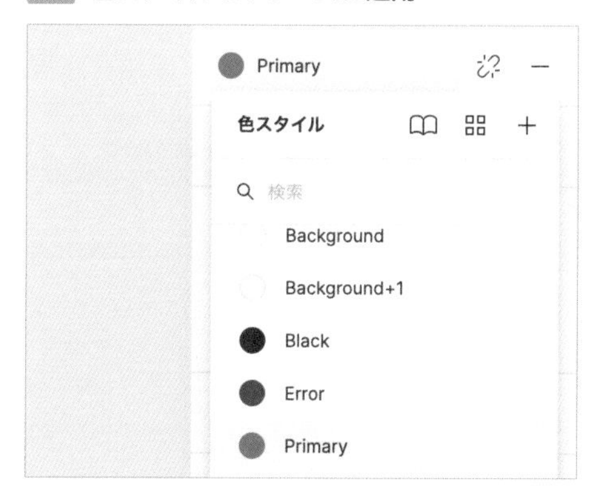

テキストの塗りは「White」で設定します。フレームの設定については「水平方向のサイズ調整」を「ハグ」に設定します。「垂直方向のサイズ調整」を「固定」にし、「高さ」は「48」とします。角丸を追加し、値は「8」にします 図4 。

図4 フレームの設定

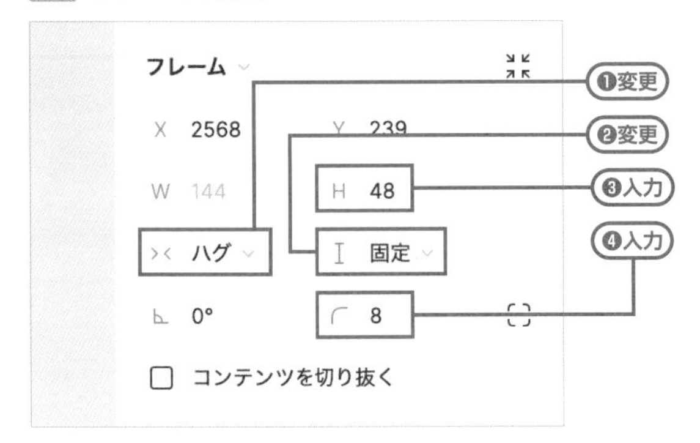

一通りのスタイルを適用したのち、右クリックから「コンポーネントの作成」を行います 図5。

図5 ボタンに一通りのスタイルを適用

バリアントを活用する

ボタンのコンポーネントは機能が多いため、色や形といった特徴が変更された「差分」も多くなります。

ボタンは、ユーザーとサイト運営者の接点となる重要なコンポーネントです。そのため、ボタンの見た目をサイズや状態に応じて変化させ、ユーザーがサイト上でスムーズに操作できるようにする必要があります。

デザイン的な差分については、バリアント機能を使うとさらに効率的にコンポーネントを使うことができます 図6。

memo

「水平方向のサイズ調整」を「ハグ」にすることで文字数に応じて可変するボタンが作れます。「ハグ」とは、内包したコンテンツサイズに合わせてフレームサイズが変わる調整です。

memo

「垂直方向のサイズ調整」を「固定」にするのは、高さをリイズの基準としてコンポーネントを分けるためです。

memo

差分の例：

・アイコンが入ったボタンとアイコンが入っていないボタン
・似た形だが特徴が違う
・使用色が違う

74ページ Lesson2-03参照。

図6 **バリアントト作例**

基準となる最重要のボタンコンポーネントを「Button/Primary」という名前にします。

二番目に重要なボタンのコンポーネントを作成します。「Button/Secondary」という名前にします。塗りは「White」、テキストと線に色スタイル「Secondary」を設定します 図7。

図7 **2つのコンポーネント**

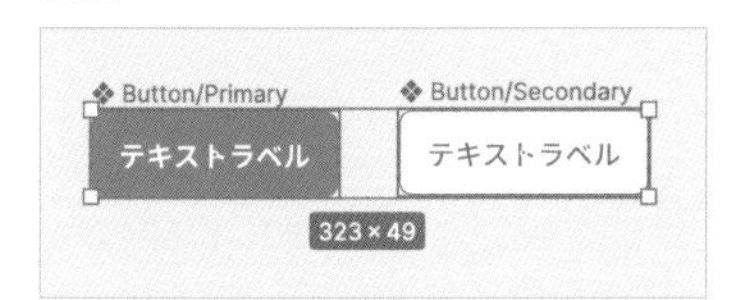

2つのコンポーネントを選択すると、右サイドバーの「コンポーネント」に、「バリアントとして結合」というメッセージが表示されます。クリックしてバリアントを結合します 図8。

図8 **バリアントとして結合**

結合したバリアントを確認すると、「Button」という名前になっています。PrimaryおよびSecondaryは右サイドバーで「プロパティ1」の値として反映されました。

アセットから「▼デザインデータ / ボタンのコンポーネント」直下の「Button」を使用します。ドラッグ&ドロップで「Button」を配置します（次ページ 図9）。

memo

コンポーネントを複数作成してからバリアントとして結合させたい場合、バリアントに適した命名が必要です。「Button/***」といった、スラッシュの前半部分を一緒にした名前のコンポーネントを作成します。適した命名がない場合は、「バリアントとして結合」のメッセージは表示されません。

69ページ **Lesson2-03**参照。

図9 バリアントでのプロパティを切り替える

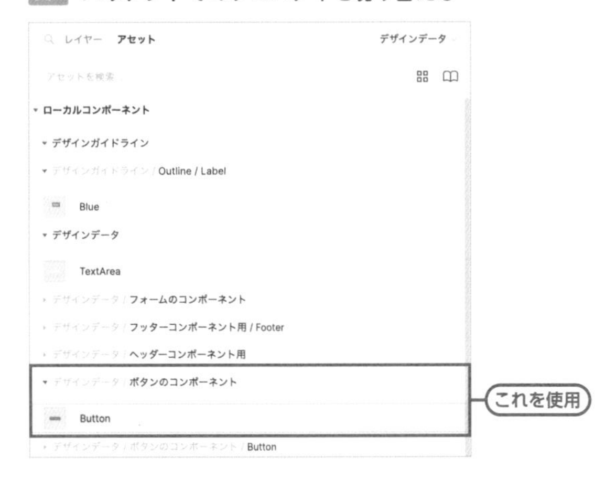

インスタンスをクリックし、右サイドバー「プロパティ1」から「Primary」→「Secondary」と変更し、デザインを切り替えます図10 図11。

図10 プロパティを切り替える

図11 ボタンの見た目が変わる

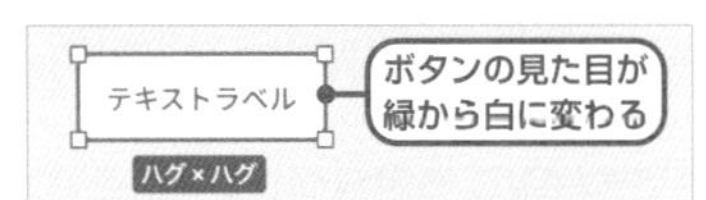

バリアント機能を活用すると、サイズ違いのボタンバリエーションを登録することもできます。大・中・小のサイズが異なるボタンをコンポーネント作成し、「バリアントとして結合」します図12。

図12 バリアント名とサイズ

バリアント名	サイズ	設定
Large	大	高さ74（固定）、幅は拡大でフレームサイズ最大
Medium	中	高さ48（固定）、幅はハグで文字により可変する
Small	小	高さ38（固定）、幅はハグで文字により可変する

プロパティを確認します。バリアントプロパティの編集を押すと、現在登録されているサイズを確認できます図13。

図13 プロパティ＞バリアントプロパティの編集

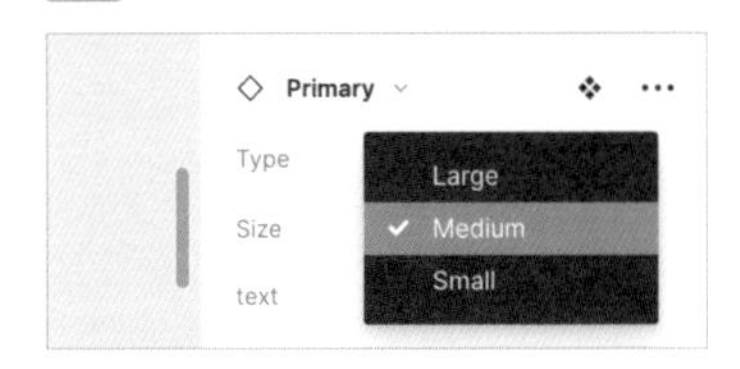

ヘッダーのコンポーネントを作る

ヘッダーのコンポーネントを作ります。完成図を確認します図14。

図14 ヘッダーのコンポーネント完成図

幅1440、高さ88のフレームを作成します。名前は「HeaderPC」とします。PC用のグリッドスタイル「PC」を使用します図15。

図15 フレーム「HeaderPC」

グリッドを反映したフレームに、①ロゴ　②ナビゲーション用の項目　③ボタン　を配置します。これらのオブジェクトはサンプルファイル内「ヘッダーコンポーネント用」セクションにあります。配置の際、レイアウトグリッド内に要素が収まるように注意します図16。

> **memo**
> 要素を選択して option （Alt）キー を押すと、要素と他要素との距離を測ることができます。カーソル位置によって測定される箇所が変わります。位置の確認に活用するとよいでしょう。

図16 ガイドを見ながら作成する

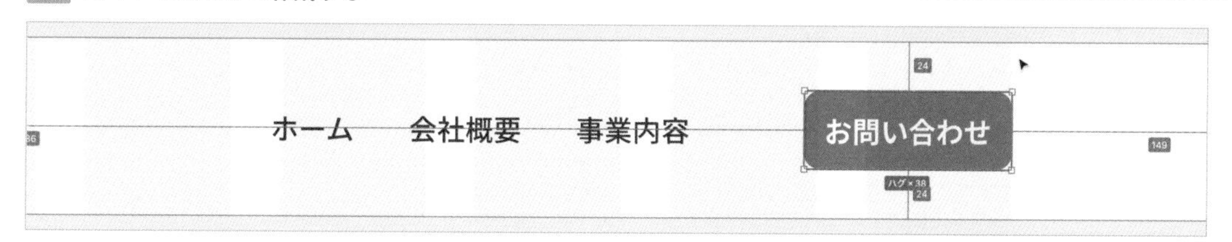

上下の中央にすべての要素が揃うように調整します。

ヘッダー全体のフレームを選択して、フレームの名前を「Header」にします。

Headerコンポーネント内に含まれているロゴは「company / logo」と命名します。ナビゲーションの要素には「HeaderNavi」と命名します。2つのフレームを選択し、オートレイアウトを追加します。生成されたフレームに「HeaderContents」と命名します図17。

> **memo**
> フレームの中には入れ子状にフレームを作成することができます。「要素をまとめる機能としてのフレーム」については57ページ、Lesson2-01参照。

図17 ヘッダーを整理

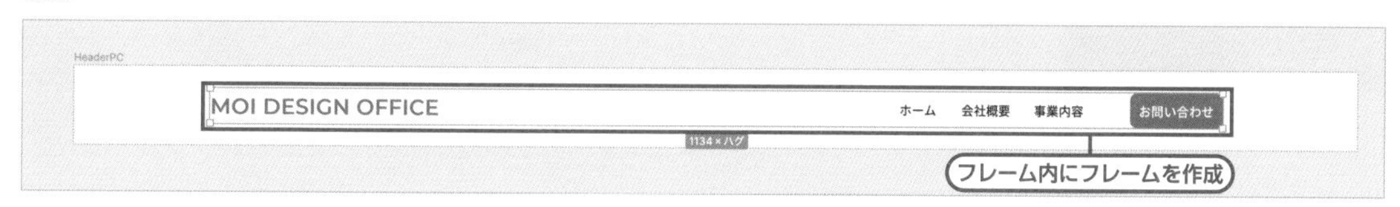

このままでも見た目上は問題ありませんが、幅の変化に対応するようにオートレイアウトの詳細設定を行います。「HeaderContents」を選択し、オートレイアウトから「オートレイアウトの詳細設定」を設定します。「間隔を空けて配置」を選択し、モードを変更します図18。

78ページ Lesson2-04参照。

図18 オートレイアウトの「間隔設定モード」

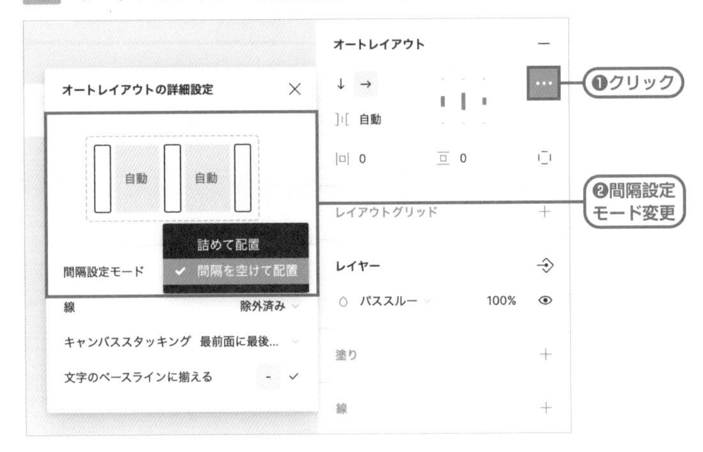

親要素「Header」にオートレイアウトを追加し、「HeaderContents」の「水平方向のサイズ調整」を「コンテナに合わせて拡大」に変更します図19。

図19 オートレイアウトの「間隔設定モード」

右クリックでメニューを呼び出して「コンポーネントの作成」をクリックし、コンポーネントを作成します図20 図21。

図20 コンポーネントの作成

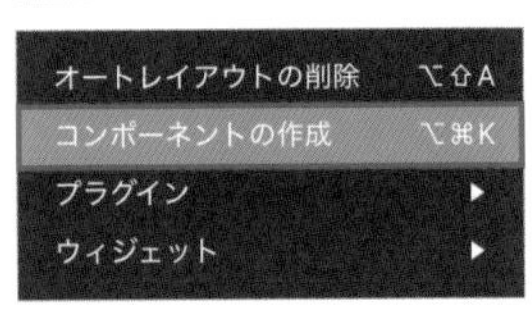

図21 完成

フッターのコンポーネントを作る

フッターのコンポーネントを作ります。幅1440、高さ487のフレームを作成します。

Lesson5-05で作成したPC用のレイアウトグリッドを反映します図22。

図22 フッターのコンポーネント用フレーム

設定済みのスタイルからフレームの塗りに使いたい色を選択し、「Background+1」を適用します図23。

図23 フッターのコンポーネントにフレームの塗りを設定する

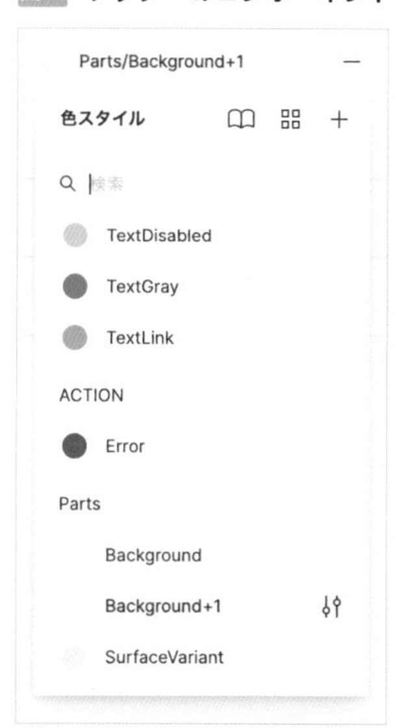

フッター内に何の要素が入るのかを確認します。今回は、ロゴ・住所・SNSアイコン・リンクの要素が入ります。これらのオブジェクトはサンプルファイル内「フッターコンポーネント用」セクションにあります（次ページ図24）。

図24 フッターに入る要素を確認する

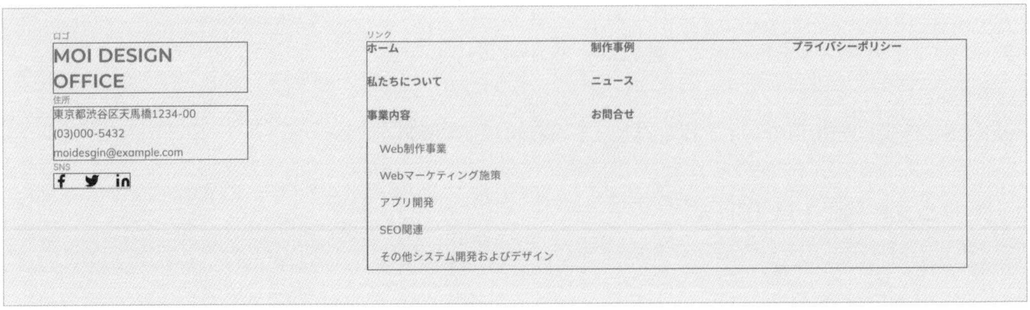

ロゴ
MOI DESIGN OFFICE
住所
東京都渋谷区天馬橋1234-00
(03)000-5432
moidesgin@example.com
SNS
リンク
ホーム
制作事例
プライバシーポリシー
私たちについて
ニュース
事業内容
お問合せ
Web制作事業
Webマーケティング施策
アプリ開発
SEO関連
その他システム開発およびデザイン

要素をフレーム内に入れます図25。

図25 フッターに入る要素を整理してレイアウトする

Footer/PC
MOI DESIGN OFFICE
東京都渋谷区天馬橋1234-00
(03)000-5432
moidesgin@example.com
ホーム
制作事例
プライバシーポリシー
私たちについて
ニュース
事業内容
お問合せ
Web制作事業
アプリ開発
SEO関連
その他システム開発およびデザイン
1140 × 288

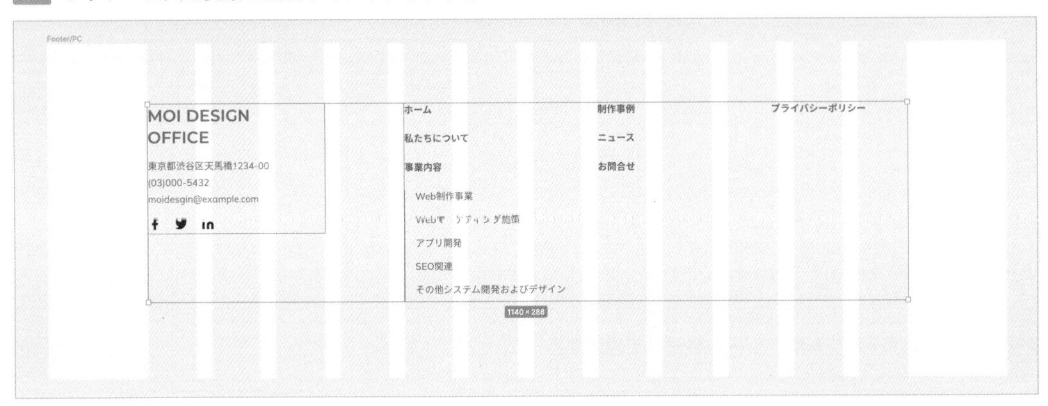

背景に入る楕円を入れます。サンプルファイル内「フッターコンポーネント用」内「Ellipse 1（楕円形・大）」「Ellipse 2（楕円形・小）」を使います図26。

右上にある楕円は「Ellipse 1」を使用します。X座標「1059」Y座標「-197」の位置に配置します。

左下にある楕円は「Ellipse 2」を使用します。X座標「65」Y座標「336」の位置に配置します。

図26 背景の装飾

Footer/PC
MOI DESIGN OFFICE
東京都渋谷区天馬橋1234-00
(03)000-5432
moidesgin@example.com
moidesignoffice, All rights reserved.
ホーム
会社概要
事業内容
Web制作事業
Webマーケティング施策
アプリ開発
SEO関連
その他システム開発およびデザイン
お問合せ

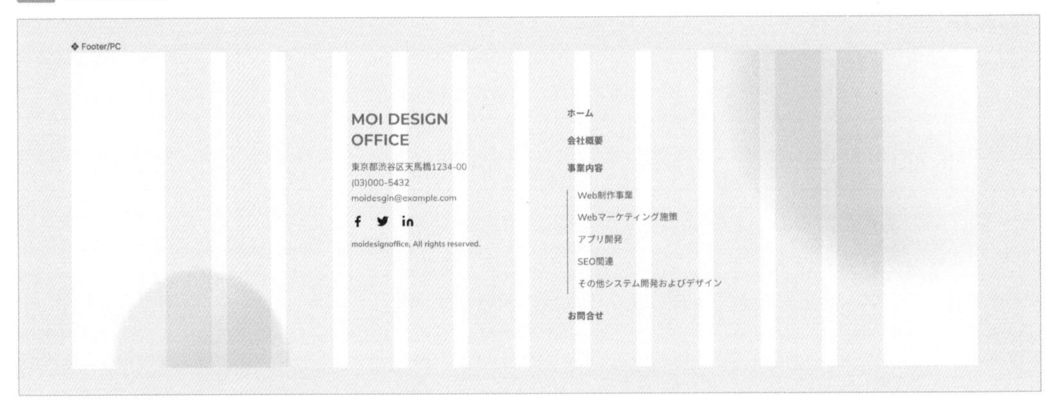

最背面に入る画像にあたるため、レイヤーの順序を並び替え、最背面に来るようにします図27。

図27 **レイヤーの順序**

レイヤーの選択
ページに移動
最前面へ移動]
最背面へ移動 [

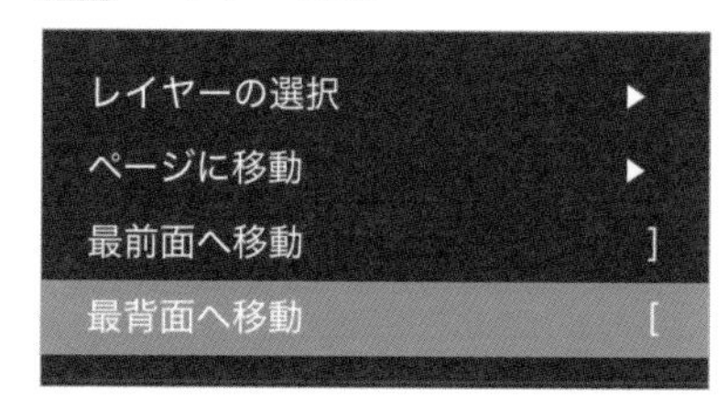

> **memo**
> レイヤーの順序は対象要素を右クリックで「最背面へ移動」を選択するか、[キーを押すことで最背面に移動できます。

フォームのコンポーネントを作る

お問い合わせページに設置する、**フォーム**用のコンポーネントを作成します。完成図を確認します図28。

> **WORD フォーム**
> フォームとは、あらかじめ決められた形式でユーザーからの入力を受け付ける機能のことです。ユーザーからの氏名や連絡先などの情報入力や、申し込み内容の選択などの行動はフォームを通して行われます。

図28 **お問い合わせページフォームの図**

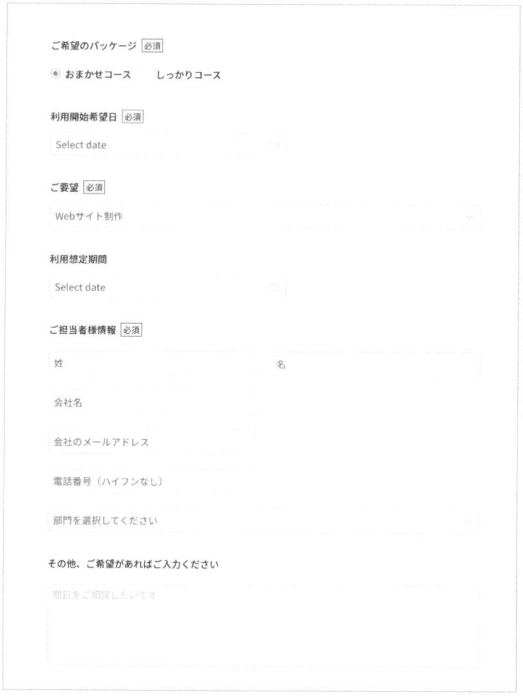

ご希望のパッケージ 必須
おまかせコース
しっかりコース
利用開始希望日 必須
Select date
ご要望 必須
Webサイト制作
利用想定期間
Select date
ご担当者様情報 必須
姓
名
会社名
会社のメールアドレス
電話番号（ハイフンなし）
部門を選択してください
その他、ご希望があればご入力ください
期日をご相談したいです

フォームの要素は役割によって形が変わります。要素の例を下記にまとめました（次ページ図29）。

図29 フォームの要素の例

要素	役割
1行テキスト	1行分のテキストを記入する要素
チェックボックス	複数の選択肢の中から自由に選択する要素、複数選択が可能
ラジオボタン	複数の選択肢の中から一つだけ選択する要素
日付入力	カレンダーのアイコンを持つテキストボックス、日付を入力できる
セレクトボックス	複数の選択肢から1つを選ぶ要素
テキストエリア	複数行を記述できるテキスト入力エリア
送信ボタン	フォームの内容を送信するボタン

フォームの要素は繰り返して使うことが多いため、何度も使えるようにコンポーネントを要素ごとに登録しておくとよいでしょう。

ここで作るフォーム用のコンポーネントは「1行テキスト」です。

「1行テキスト」のコンポーネントを作ります。テキストツールを使い、「テキストフィールド」という文字を入力します。

テキストスタイルは「Label/Normal」、色スタイルは「TextGray」を使用します。

テキストにフレームを適用します。フレームの塗りに「White」、線に「SurfaceVariant」の色スタイルを適用します。角の半径は「8」とします図30。

memo

フォームの要素には、内容を明示するための「ラベル」と呼ばれる見出しをセットで付けます。フォームの入力項目ごとに、「利用開始日」や「ご要望」など、ラベルを読めば入力内容が明確に伝わるようにします。

memo

「1行テキスト」以外の要素についてのコンポーネントは、サンプルファイル「Figma_Web」内の「コンポーネント」セクションに格納しています。

図30 色スタイルの設定

フレームにオートレイアウトを追加します。オートレイアウトは「左揃え」、水平パディングは「9」、垂直パディングは「12」に設定します図31。

図31 色スタイルの設定

フレームとオートレイアウトの設定ができたところでコンポーネントとして登録します。コンポーネントの名前は「Form/Default」とします図32。

図32 コンポーネント登録 ★画像要調整

フォームには「選択中」「操作できない状態」など、いくつかの状態変化があります。状態変化時の見た目もバリアントとして作っておくと、デザインの抜け・漏れがなくなります。今回は「初期状態」「選択中」「操作できない状態」という３つの状態を「Default」「Focused」「Disabled」という3つのバリアントを作って分けておきます。

「Form/Default」コンポーネントを選択し、右サイドバーの「プロパティ」から「バリアント」を選択します図33。

図33 コンポーネントにバリアントのプロパティを適用する様子

バリアントが作られ、メインコンポーネントの周りに紫色の破線が表示されました(次ページ図34)。

図34 バリアントを示す紫色の破線

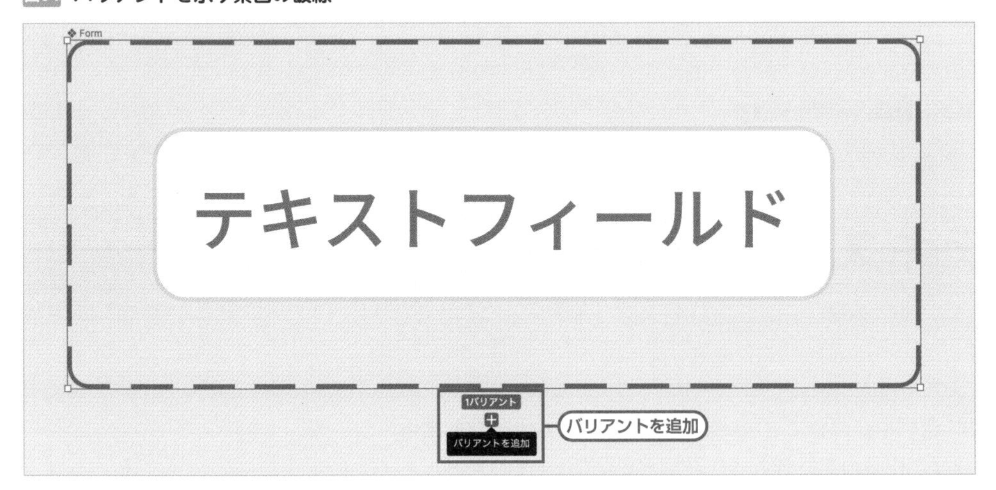

左上に表示されるメインコンポーネント名をクリックすると、バリアントを追加する＋マークが表示されます。＋マークにマウスポインターを合わせると「バリアントを追加」が表示されます。2つバリアントを追加し、全部で3つのバリアントを並べます図35。

図35 バリアントの追加

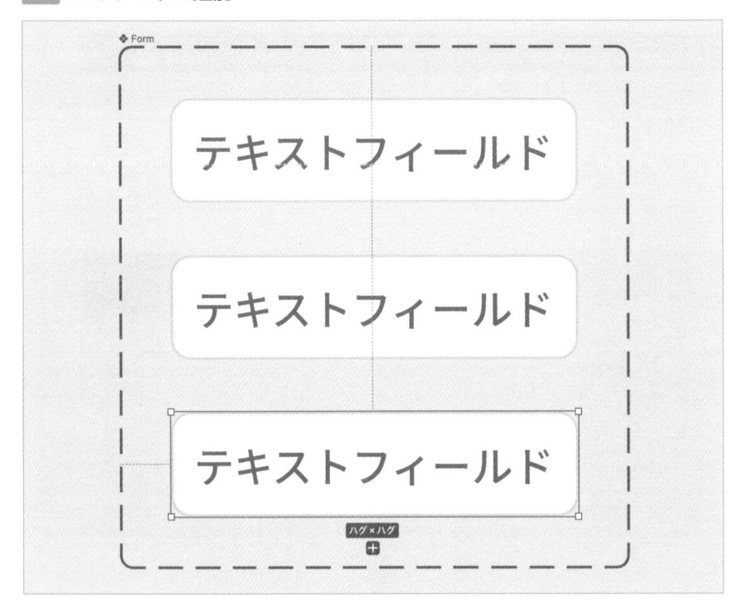

バリアントプロパティの名前は「Type」とします。プロパティ値は上から「Default」「Focused」「Disabled」と設定します。

「Default」は初期状態を表します。

「Focused」は選択中の様子を表します。選択中であることを示すため、目立たせる必要があります。緑色の線とシャドウを追加します。

色スタイル「Primary」を線に設定します図36。

図36 ドロップシャドウの追加

エフェクトで「ドロップシャドウ」を選択します図37。

図37 ドロップシャドウの追加

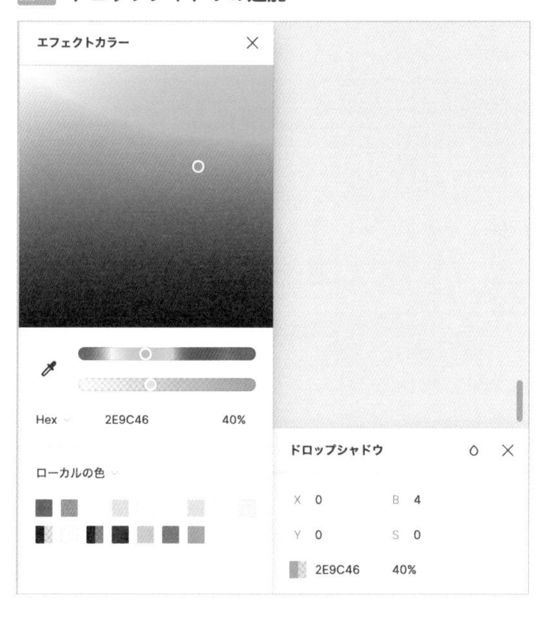

X座標、Y座標ともに「0」にします。ぼかし範囲の半径を「4」、カラーコードを「#2E9C46」不透明度は「40%」で設定します。緑色のドロップシャドウが追加されました。

「Disabled」は、フォーム自体が操作できない状態を表します。存在はしているけれども入力できないということを表すため、テキストの塗りに色スタイル「TextDisabled」を使い、選択できない様子を直感的に表現します(次ページ図38 図39)。

POINT

直感的という言葉は、本Lessonでは「ユーザーに詳しく説明しなくても次の動作を行うことができる」という意味で使用しています。

図38 **Disabledの外見**

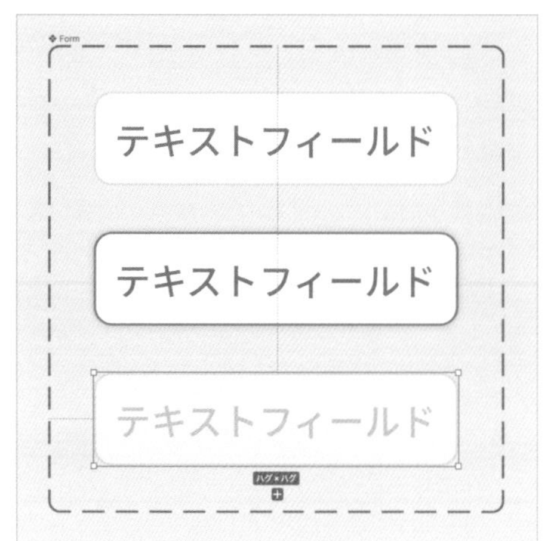

図39 **各バリアントの外見**

「Default」「Focused」「Disabled」というプロパティ値ごとに異なるデザインが設定できました。

本節で作成した以外でも機能に応じたコンポーネントが必要となりますが、ここでは制作の手順を省略します。

ほかにどのようなコンポーネントが必要になるか、確認します。サンプルファイル「Figma_Web」内「フォームのコンポーネント」セクションにコンポーネントがあります。

「ご希望のパッケージ」ではラジオボタンが必要となります。ラジオボタンはコンポーネント「Radio」となります図40。

> **memo**
> サンプルファイルを参考にしながら、フォームの各要素をコンポーネントとして作成してみましょう。

図40 **ラジオボタン**

「利用スタートタイミング」ではフォームエリアの右にアイコンが入るタイプのコンポーネントが必要となります。コンポーネント「FormIcon」を確認します図41。

図41 アイコン付き

「ご要望」ではセレクトボックスが必要となります。コンポーネント「SelectBox」を確認します図42。

図42 セレクトボックス

テキストエリアはコンポーネント「TextArea」を確認します。テキストエリア内の文字「その他、ご希望があればご入力ください」には色スタイル「TextGray」を使います。**プレースホルダー**の機能を持つことを表現するため、文字色にグレーを使用しています図43。

図43 テキストエリア

memo

フォームのコンポーネントは、194ページ、Lesson5-07「下層ページを作る」にて配置します。

WORD プレースホルダー

「プレースホルダー」とは、テキストフィールドに入力する内容の例や、入力方法をユーザーに分かりやすく示すための機能です。通常、薄いグレーのテキストで表示され、どのような内容を入力すべきかを入力前に示します。

「ホーム」のページを作る

「ホーム」ページの作成方法について説明します。キービジュアルを配置してデザインの最終イメージを決め、デザインを細かく作り込みます。本Lessonでいままで設定してきたデザインルールを使い、デザインカンプの完成度を上げます。

ワイヤーフレームをもとにデザインを作る

ワイヤーフレームで設計したコンテンツの配置に沿って、スタイルとコンポーネントを必要な箇所に反映します。ワイヤーフレームを確認してコンテンツごとの要素を整理します 図1。

図1 ワイヤーフレーム：コンテンツごとの要素確認

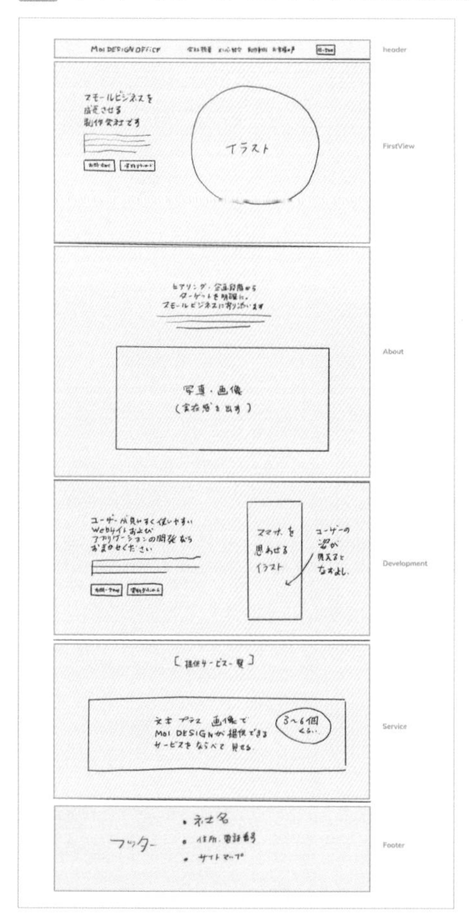

POINT

Lesson5-02ではフレームとレイアウトグリッド、Lesson5-03ではワイヤーフレームを制作しました。これにより、サイズと余白を統一しながらデザインを作成できる準備ができています。スタイルとコンポーネントの設定については、Lesson5-04とLesson5-05で学んだ内容です。

memo

ここでの「ページ」は、Figmaの機能としてのページではなく、Webページのことです。

memo

本Lessonではワイヤーフレームの段階で余白調整をしていますが、デザインを決定するフェーズで余白調整をすることも多いです。

memo

コンテンツごとに要素を分けたデータは、サンプルデータ「Figma_Web」内の「ワイヤーフレーム」ページにあります。

memo

オートレイアウト機能を活用しやすくするため、本Lessonではコンテンツごとにフレームを分けて作成します。

キービジュアルはサイトのイメージを印象づけるため、念入りに作成します。キービジュアルを制作した後に各要素を配置し、デザインを完成させていきます。

レイアウトを作成する際にはオートレイアウト機能を活用します。オートレイアウトは数値を指定してオブジェクト間の並び方を自動で設定できるため、「8の倍数で余白を作りたい」など、レイアウト上で必要な数値をもたせて配置できます。

78ページ Lesson2-04参照。

上から順番に制作していくと取りこぼしがないため、「FirstView」の部分から着手します。

「FirstView」フレームを作る

完成図を確認します。各要素ごとにフレーム名を設定しました 図2 図3。

memo
オートレイアウトを追加する際の基準とするため、各要素に命名をしています。

図2 要素ごとのフレーム命名

図3 完成図の確認

今回はイラストを用いたビジュアルの制作です。SVG形式の画像「Lesson5-06.svg」をFigma上で加工し、キービジュアルとして使うイラストを作ります。

サンプルファイル「Lesson5-06.svg」はSVGファイルです。SVGファイルをFigmaのキャンバス上にドラッグ＆ドロップします 図4。

memo

「Lesson5-06.svg」はサンプルデータとは別に、画像ファイルとしてダウンロード配布しています。ダウンロードURLは8ページと本章の扉ページに記載しています。

図4 **SVGファイルの展開**

SVGファイルがFigma内にオブジェクトとして配置されました。現状では赤い色のイラストですが、今回制作するサイトは緑をテーマカラーにしたサイトです。このイラストを加工してテーマカラーに合う色味に変更します。

Figma上である程度の画像加工ができます。ここでは2つのタイプの画像加工について確認します。

画像の加工

キービジュアルに使用するイラストは、ベクター形式のSVGファイルで作成されています。FigmaでSVGファイルを配置した場合、直接色を調整したり、描画したりすることができます。

39ページ **Lesson1-05**参照。

キービジュアルとして使用するイラストと、キービジュアル下にあるモックアップの画像を加工・調整します。

ベクター画像を選択します。使用するイラストで使われている色の一覧が、右サイドバーの「選択範囲の色」に表示されます 図5。

図5 イラスト使用色を確認する

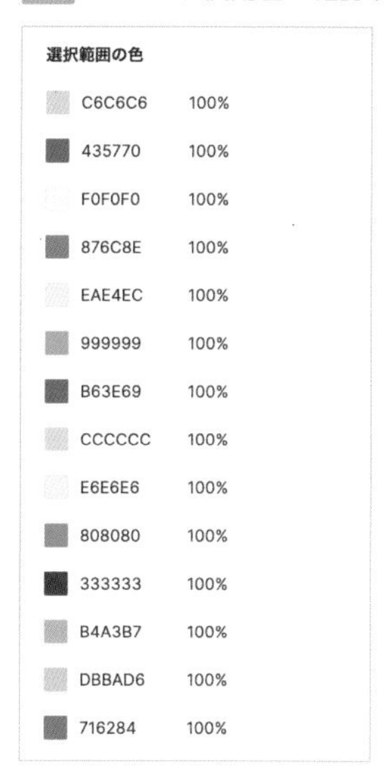

すべての色が表示されない場合は、「14色すべてを表示」をクリックします 図6。

図6 14色すべてを表示

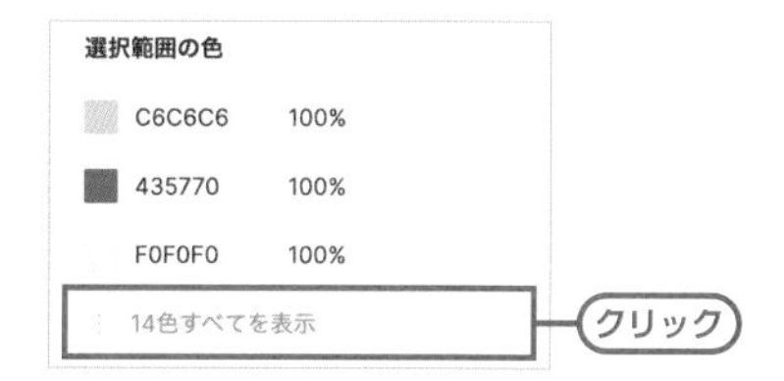

使われている14色を、イラストに合う色味に調整します。一括で調整するのは難しいため、1色ずつ確認しながら色を変更します。

変更したい部分のみの色を確認します。⌘（Ctrl）キーを押しながらふきだしをクリックすると、ふきだしのみを選択できます。ふきだしに使用されているカラーコードは「#876C8E」（やや暗い紫）です。

この数値を確認し、もう一度全体をクリックして使用色を確認します。さきほど確認した「#876C8E」（やや暗い紫）の右側にあるスコープのようなマークの「この色を使用している8個を選択」をクリックします（次ページ 図7）。

図7 ふきだしの色を変更する

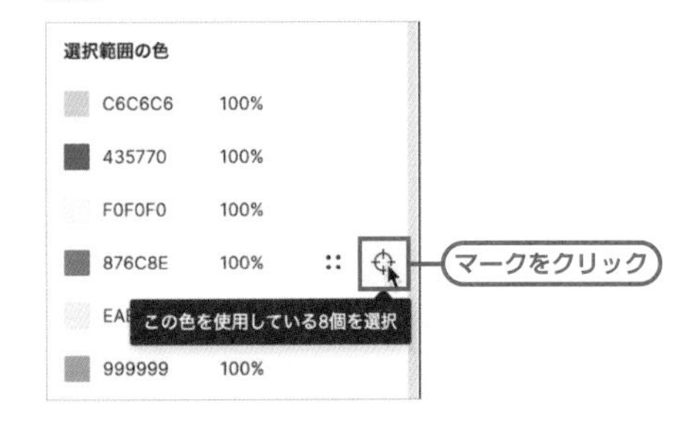

ふきだしに使われている色のみを選択して変更できるようになります。ここでは「#FFFFFF」(白)に変更します図8。

図8 イラスト使用色を確認する

サンプルのイラストから色を抽出して変更することもできます。サンプルファイル「Figma_Web」の「キービジュアル」フレームを確認します。SVGを取り込んだイラストでは人物の肌色部分に「#F0F0F0」(明るめのグレー)が使用されているため、一括で選択し、同じ色にそろえます図9。

カラーピッカー➡を開き、スポイトツールを使ってサンプルファイルのイラストの色を取得しましょう図10。

30ページ Lesson1-05参照。

図9 肌の色を一括選択する

図10 スポイトツールの位置

サンプルイラストの肌色をスポイトツールでクリックして置き換えます。人物の肌色部分に、選択した色が反映が反映されます図11 図12。

図11 肌の色を抽出して置き換える

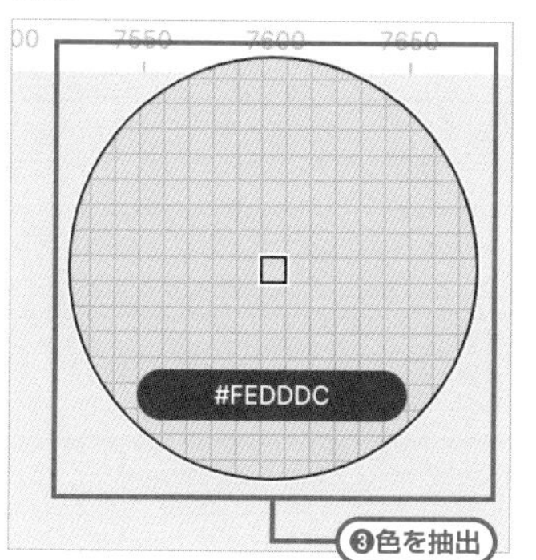

図12 イラスト使用色を確認する

この工程を繰り返し、サンプルイラストに色味を近づけます。ベースカラーを変更し、なじむように調整することができました。

Lesson5-02で作成したレイアウトグリッドつきのフレーム「GridPC」の高さを「640」に変更します図13。

memo
ここで使用するイラストは、サンプルファイル内の「キービジュアル」セクションにあります。

図13 フレームの高さ変更

このフレームの名前を変更し、「FirstView」とします(次ページ図14)。

図14 要素の命名確認

図14の配置を参考に、紫色の要素と青色の要素をレイアウトします。テキストおよびコンポーネントごとにフレームを作成します。「見出し：Heading01」「本文：BodyCopy」「ボタン：Button」とフレームに命名します。

「見出し：Heading01」はテキストスタイル「Heading-XXL」を使用します図15。「本文：BodyCopy」にはテキストスタイル「Body/M」を使用します図16。「ボタン：Button」はコンポーネント「Button」のインスタンスを使います図17。

図15 「見出し：Heading01」のテキストスタイル「Heading-XXL」

図16 「本文：BodyCopy」にはテキストスタイル「Body/M」

図17 コンポーネント「Button」のインスタンス

「Button」のインスタンス「Primary」と「Secondary」を、オートレイアウトを使って横に並べます図18。

図18 コンポーネント「Button」のインスタンス

「見出し：Heading01」「本文：BodyCopy」「ボタン：Button」の３つを選択して縦方向にオートレイアウトを追加します。値は「40」にします図19。

図19 オートレイアウトを追加

オートレイアウトが追加されました。新たに作成されたフレームに「ConversionGroup」と命名します図20。

図20 オートレイアウトを追加し「ConversionGroup」と命名

先程作成したイラストもフレームを作成し、「キービジュアル：KeyVisual」と命名します。「ConversionGroup」と「KeyVisual」を両方選択し、オートレイアウトを追加します（次ページ図21）。

図21 「ConversionGroup」と「KeyVisual」にオートレイアウトを追加

「FirstView」フレームに色スタイル「Background+1」の塗りを設定します図22。

図22 「ConversionGroup」と「KeyVisual」にオートレイアウトを追加

「FirstView」フレーム内楕円形のオブジェクト「Ellipse 1」（大きな楕円形）と「Ellipse 2」（小さな楕円形）を配置します。このオブジェクトはサンプルファイル「キービジュアル」セクション内にあります。

「Ellipse 1」を右サイドバーから角度入力し、70度回転します図23。

memo
角度を入力してから座標を入力すると、スムーズに配置できます。

図23 楕円形「Ellipse 1」の回転

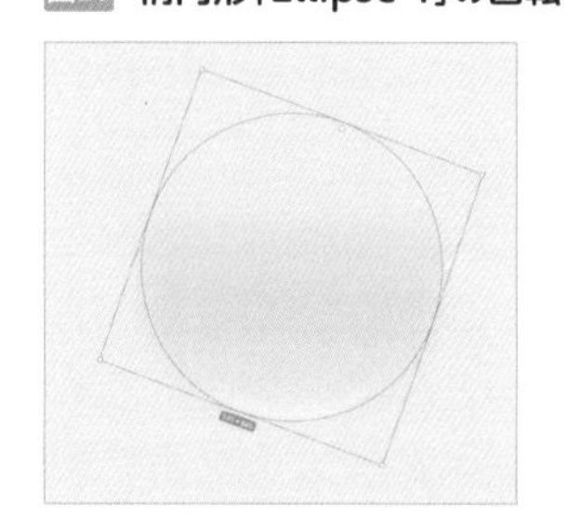

X	4539	Y	7103.13
W	545	H	545
∟	70°		

「FirstView」に ! ドラッグ＆ドロップします。青枠が表示され、フレーム内に「Ellipse 1」が配置されます図24。

! POINT

フレームのちょうど真上の箇所にドラッグ＆ドロップすると、オブジェクトをフレームに入れられます。

図24 ドラッグ＆ドロップでオブジェクトを配置

フレーム内に「Ellipse 1」を配置したのち、座標を入力します図25。

図25 座標の入力

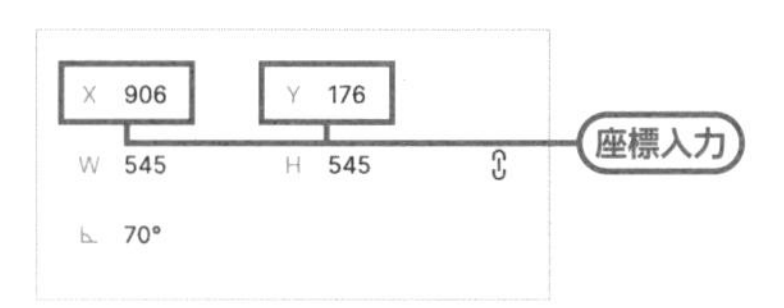

「Ellipse 2」も「Ellipse 1」と同じ手順を行います。角度を入力し、フレーム内に配置して座標を入力します図26。

図26 座標の入力

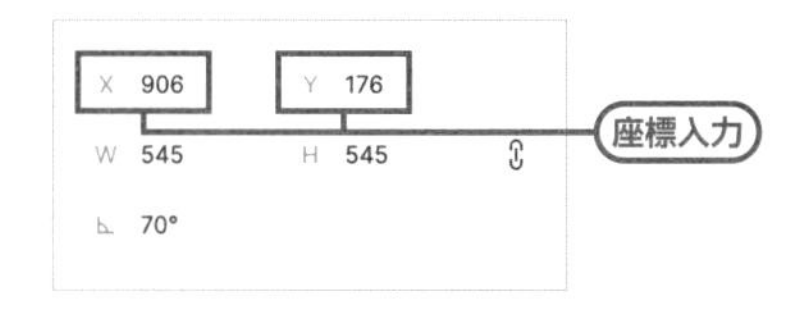

「FirstView」フレームが完成しました。

Lesson5-05で作成したヘッダーのコンポーネントも合わせてレイアウトします。これで「ヘッダー」および「FirstView」フレームを上から順番に作ることができました（次ページ図27）。

図27 ヘッダーと「FirstView」フレームの完成図

「About」フレームを作る〜モックアップ画像の作成

「About」フレームを作ります。「About」フレームは図28の構造です。

図28 「About」フレームの構造

「About」フレーム内に「MockUp」を作成します。サンプルファイル内「モックアップ」の画像を使います図29。

WORD モックアップ

「モックアップ」とは、画面にデザイン案をはめこみ、レイアウトや機能を確認するWebページの模型です。ここではPCとスマートフォンの画像を配置しています。

図29 モックアップ画像の土台

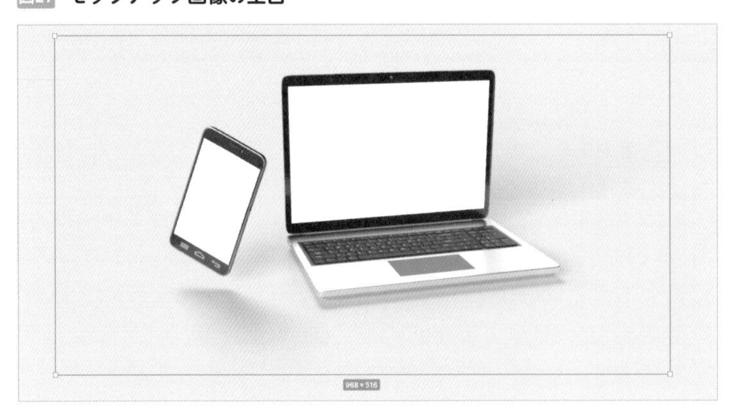

モックアップの画面部分に画像を配置します。ペンツールを使い、画面部分に合わせた図形を描画します図30。

図30 **モックアップ画像に画面に合わせた図形を描画する**

画面部分に合わせた図形の「塗り」を、「画像」に変更します。JPEG形式の画像「sky.jpeg」を使います。

35ページ **Lesson1-05**参照。

「sky.jpeg」のちょうどよい部分を表示するため、画像を「トリミング」します図31。

memo

「sky.jpeg」はサンプルデータとは別に、画像ファイルとしてダウンロード配布しています。ダウンロードURLは8ページと本章の扉ページに記載しています。

図31 **背景にしたい画像を設定**

この背景画像の色をFigmaの機能で調整できます。

図32のデザインになるよう、画像を調整します。Figmaの機能で無彩色に調整し、さらに緑色のグラデーションを重ねることで実現できます図33。

図32 **塗りに設定された画像**

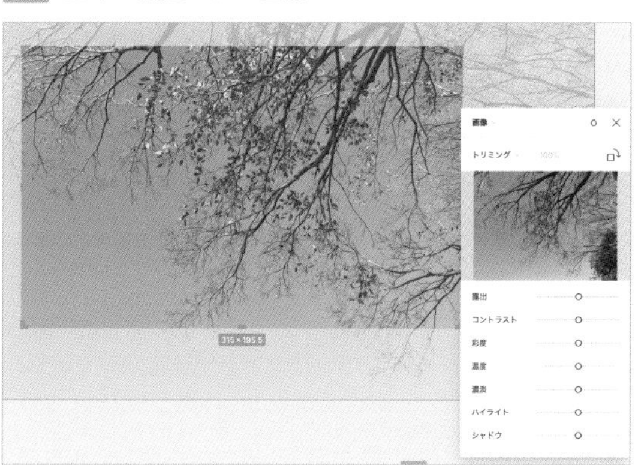

図33 **画像の彩度を下げた様子**

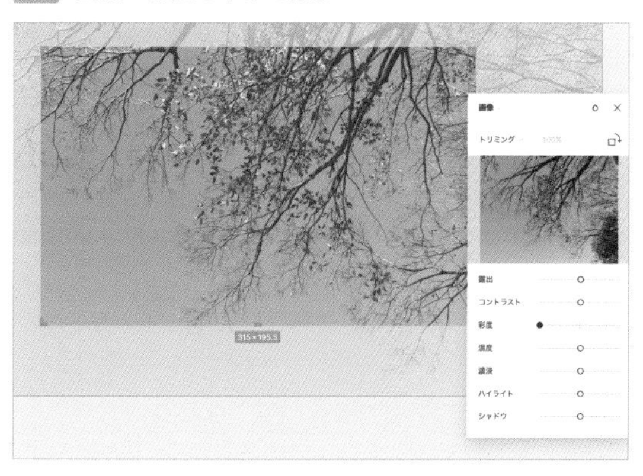

モノクロームの画像の「塗り」の上にもう1つ「塗り」を足します。この塗りは「線形」を選択し、青と緑のグラデーションを設定します図34。

図34 設定した画像の「塗り」上部にグラデーションを追加

PCの画面に画像をはめ込んだのち、スマートフォンの画面部分についても同じようにペンツールで画面に合わせた図形を描画します図35。

図35 スマートフォンの画面でも画面に合わせた図形を描画する

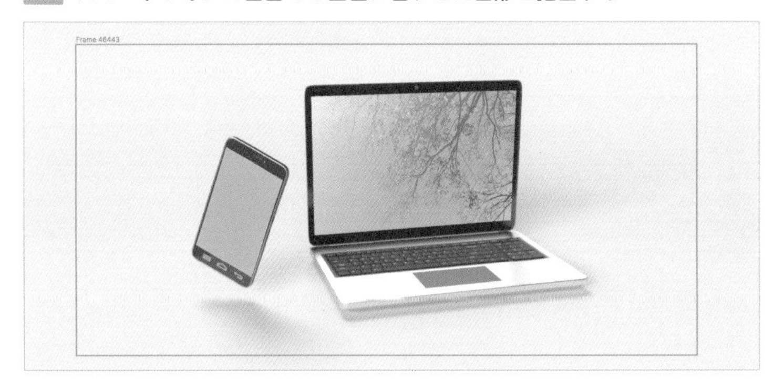

PCの画面と同様に、画像をはめこみ、彩度を落としたのちにグラデーションをかけてデザイン的な処理を行います図36。

図36 画像をはめこみ、デザイン処理をする

モックアップができあがったところで「About」フレームに配置し、文字類とそろえてレイアウトを調整します。見出しの文字はスタイルより「Heading-XXL」を選択し、本文の文字はスタイルより「Body/S」を選択します図37。

図37 モックアップを設定後、「About」フレーム内に設置

「FirstView」フレームにも使用した「Ellipse 1」を「About」フレームに配置します図38。

図38 「Ellipse 1」を配置

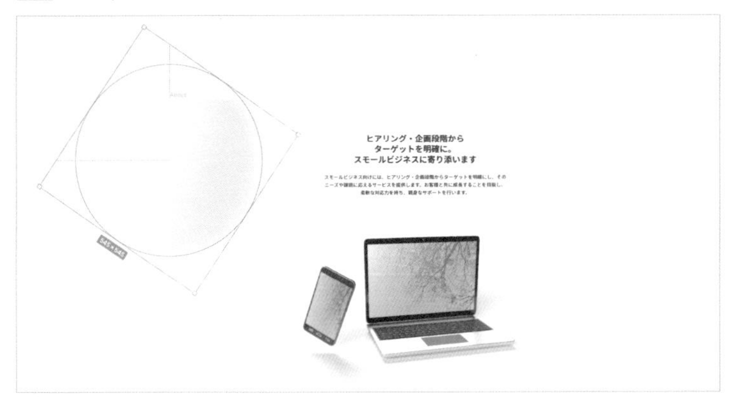

memo

「About」フレームの設定で、「コンテンツを切り抜く」にチェックを入れておきます。チェックが入っている状態では、フレームからはみ出したコンテンツ部分は自動で切り抜かれた表示がされます。

角度を「146」と入力したあと、座標を入力します図39。

図39 「Ellipse 1」を配置

X 73
Y 551
W 545
H 545
146°
❶入力
❷入力
❸入力

オートレイアウトをさらに活用する

「Development」フレーム、「Service」フレームを作ります。

Developmentフレームでオートレイアウトを使う例を解説します。

左と右に文字とイラストを並べてオートレイアウトを追加します。また、左のテキスト部分にもオートレイアウトを適用し、「水平方向のサイズ調整」を「拡大」、右のイラストのフレームの「水平方向のサイズ調整」は「固定」にします。これにより、外側のオートレイアウトの幅が変わったときに、テキスト部分の幅が可変し、イラスト部分は幅が変わらないレイアウトができました図40。

> **memo**
> 右サイドバーにオートレイアウトの追加が表示されない場合、右クリックから「オートレイアウトの追加」ができます。

図40 テキスト部分の幅が可変し、イラスト部分は幅が変わらないオートレイアウト

serviceフレームには提供サービス一覧があります。提供サービスを紹介するカードタイプUIを3列×2行で並べて作成します。完成図をまず確認します図41。

図41 オートレイアウトを使って提供サービスを並べた完成図

カードタイプUIのカード部分を作ります。

テキストを用意します。スタイルは「Heading/L」を使用します。このテキストをフレームに変換してから、オートレイアウトを追加します。その際にオートレイアウトの設定は中央揃えにし、垂直パディングは「40」に設定します図42。

図42 **上下に40の余白がある中央揃えのテキスト**

続いて、画像部分を作成しますが、いったん仮置きとして「画像サイズの長方形シェイプ」を作成しておきます。本番のイラストは後ほどはめこみますので、この段階では「塗り」が単色の長方形シェイプで問題ありません。

仮置きの長方形シェイプとテキストを選択してフレームを作り、オートレイアウトを追加します。カード内に水平パディング・垂直パディング・アイテムの間隔（縦）の数値を追加します。カード部分が作成できました図43。

図43 **カード部分**

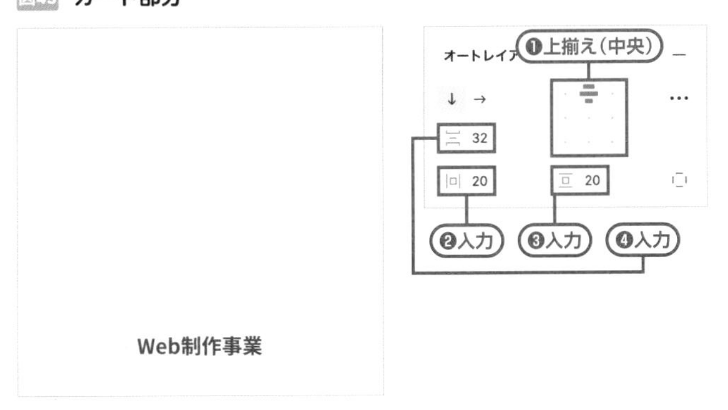

カード部分を複製し、横に並べてオートレイアウトをかけ、「アイテムの間隔(横)」を「24」とします（次ページ図44）。

図44 横一列に並べる

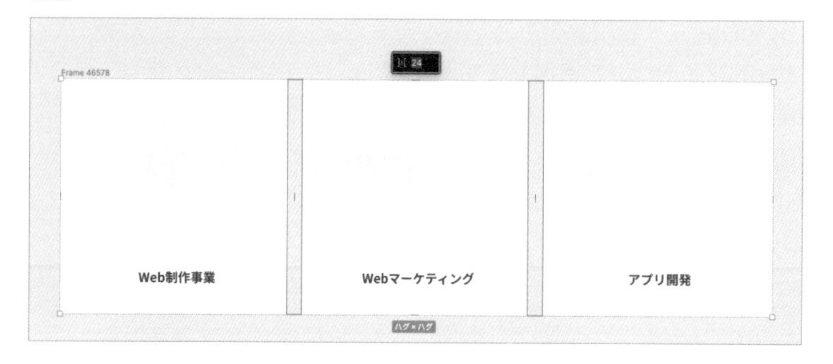

先ほど用意した、横一列に3つが並ぶオートレイアウトを複製して、上下に並べます。この上下の2つもオートレイアウトをかけます。このとき、「アイテムの間隔(縦)」は「56」に設定します。カードを並べるレイアウトができました図45。

図45 縦に並べる

このフレームの背景色にParts/Backgroundを設定し、イラストとテキストをサンプルファイルを参考に配置します。イラストはサンプルファイル「カードイラスト」セクションのイラストを使います。画像が入るフレームにイラストをドラッグ&ドロップします図46。

図46 イラストの反映

フッター

フッター部分については、**Lesson5-05**で作成したコンポーネントをインスタンスとして使用します。マスターコンポーネントをコピーし、ページの最下部に配置します。これでPC版のトップページは完成です図47。

図47 フッターの配置

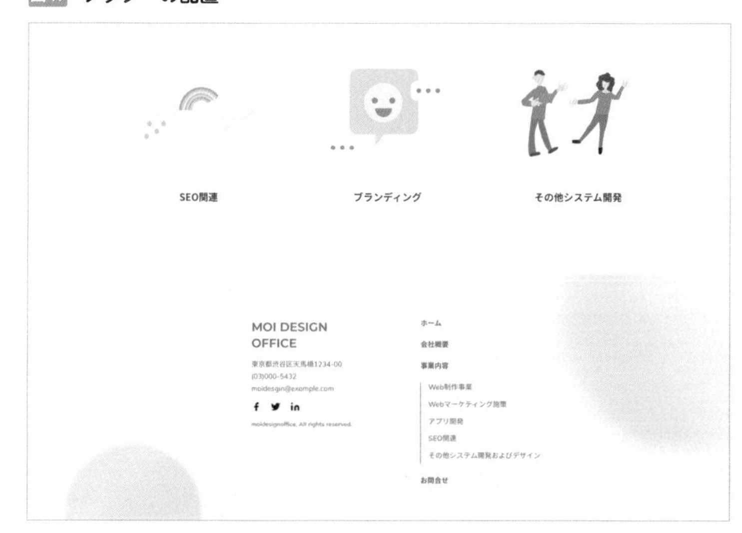

下層ページを作る

お問い合わせページとして使う、下層ページのデザインカンプを作ります。フォームのコンポーネントを使って、一貫性のあるお問い合わせフォームのデザインとして作成します。

お問い合わせフォームのページ作成

この節で作る下層ページは、制作会社に対するお問い合わせページを想定しています。訪問したユーザーがWeb制作を依頼するという前提のもと、「お問い合わせフォーム」のページを作ります 図1。

図1 「お問い合わせフォーム」のページ完成図

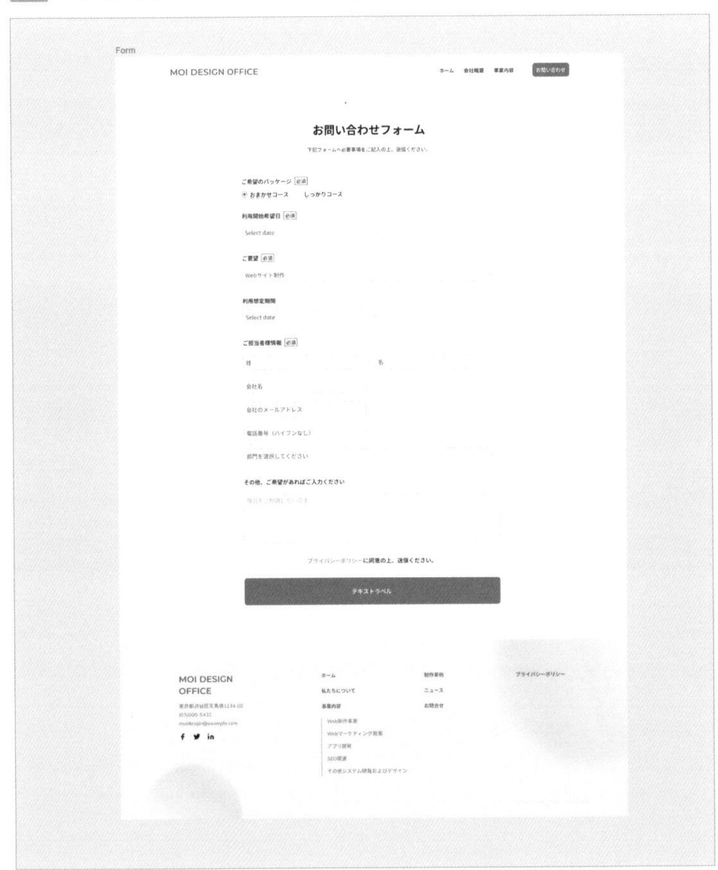

大見出しを作ります。テキストツールで「お問い合わせフォーム」と入力し、テキストスタイル「Heading/XXL」を選択します。大見出し直下の本文もテキストツールで入力します。こちらのテキストスタイルは「Body/L」を選択します。

コンポーネントを配置する

作成したフォームのコンポーネントを配置していきます。Lesson5-05で作成した「1行フォームのコンポーネント」をもとに、お問い合わせページを作成していきます。

コンポーネントの上には入力内容を示すラベルを追加します。完成図を確認します。ラベルに「入力を必須にする」という意味の「必須」マークをつけ、項目の入力が必須かどうかを示します図2。

図2 ラベルの完成図

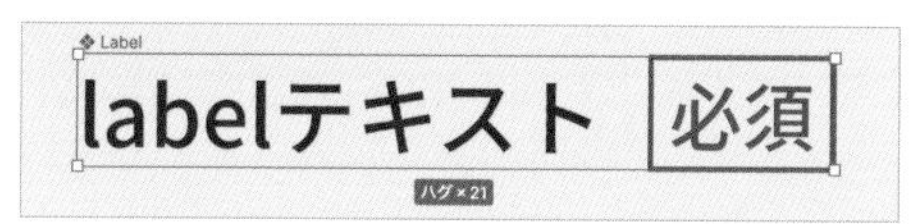

テキストツールで「labelテキスト」という文字を入力します。テキストスタイルは「Label/Normal」を使います図3。

図3 テキストスタイルを選択

色スタイルは「TextBlack」にします。ラベルのテキスト部分ができました。

「必須」マークを作ります。テキストツールで「必須」という文字を入力します。テキストスタイルは「Lebel/S」を使います。色スタイルは「Error」(赤色)にします。文字にスタイルを反映し、オートレイアウトを追加します(次ページ図4)。

図4 「お問い合わせフォーム」のページについて

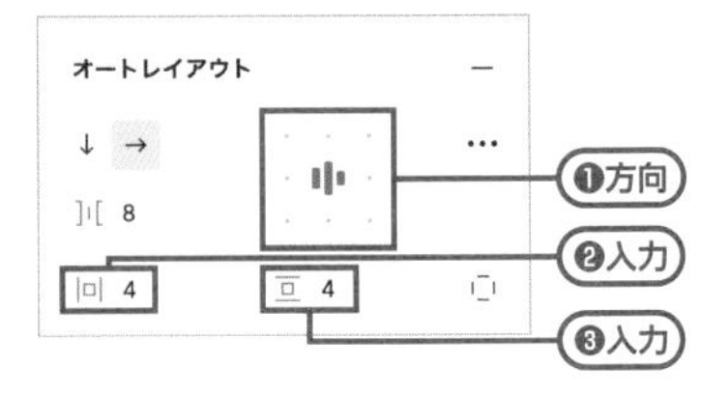

透明のフレームが作られるので、フレームの線にも色スタイル「Error」を使います 図5。

図5 「Error」の色スタイルを選択

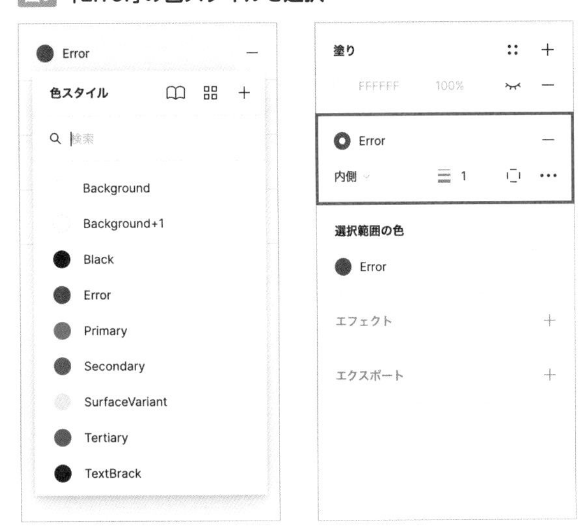

「必須」マークができました。フレームに「required」と命名します 図6。

図6 「必須」マーク作成

「labelテキスト」と「required」を両方選択し、オートレイアウトを追加します。アイテムの間隔(横)は「8」、「左揃え」とします 図7。

図7 「labelテキスト」と「required」の2つにオートレイアウトを追加

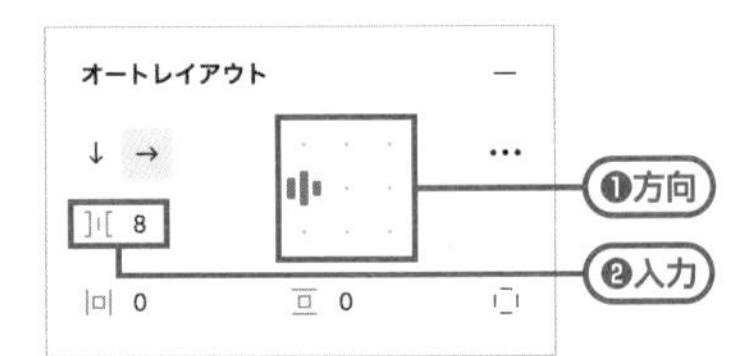

生成されたフレームに「Label」と命名します。「Label」を右クリックし、「コンポーネントの作成」を行います図8。

図8 必須の色「Error」

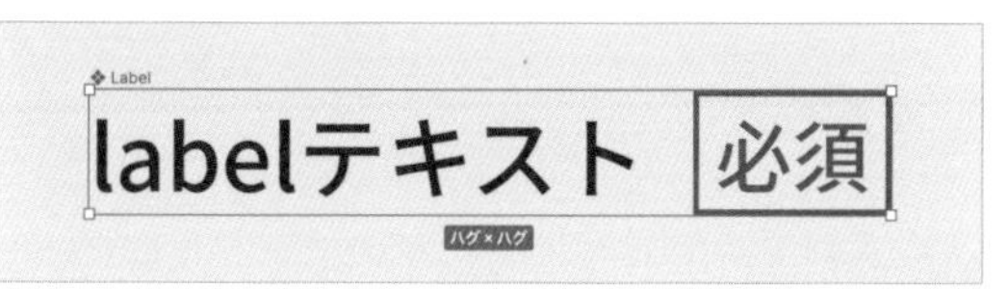

「required」部分のマークを後から表示・非表示が切り替えられるよう、ブール値を使用します。

74ページ **Lesson2-03**参照。

「Label」メインコンポーネント内に含まれる「required」部分のみを選択します。

右サイドバーにある「レイヤー」から、「ブール値プロパティを作成」アイコンをクリックします図9。

コンポーネントの一部分を選択しているときのみ、「ブール値プロパティを作成」アイコンが表示されます。

図9 labelを設定する

「コンポーネントプロパティを作成」ウインドウが表示されます。「requiredを表示」という名前を確認した後、「プロパティを作成」ボタンをクリックします図10。

図10 プロパティを作成

「Label」コンポーネントの垂直方向のフレームサイズを「固定」とします。これで「Label」コンポーネントが出来上がりました。

「Label」コンポーネントをコピーしてインスタンスを作成します。インスタンスを選択した状態で右サイドバーを確認すると、「requiredを表示」がスイッチで切り替えできるようになります（次ページ図11）。

68ページ **Lesson2-03**参照。

図11 スイッチで表示切り替えができる

ラベルとフォームのセットを作成します。1つ作成した後、全部で6項目分をコピー＆ペーストして増やします。

ラベルとフォームを両方選択し、オートレイアウトを追加します。「アイテムの間隔(縦)」は「16」と設定します図12。

図12 ラベルとフォームの余白

ラベルとフォームのセットには、オートレイアウト「縦に並べる」を追加します。アイテムの間隔(縦)の数値は「40」に設定します図13。

図13 ラベルとフォームのセットごとの余白

サンプルファイル「Figma_Web」内の「お問い合わせフォーム」と見比べながらコンポーネントを配置し、下まで繰り返します。

一通り必要なコンポーネントを置き終わったら、プライバシーポリシーおよび送信ボタンを作ります。完成図を確認します図14。

図14 プライバシーポリシーおよびボタンの作成

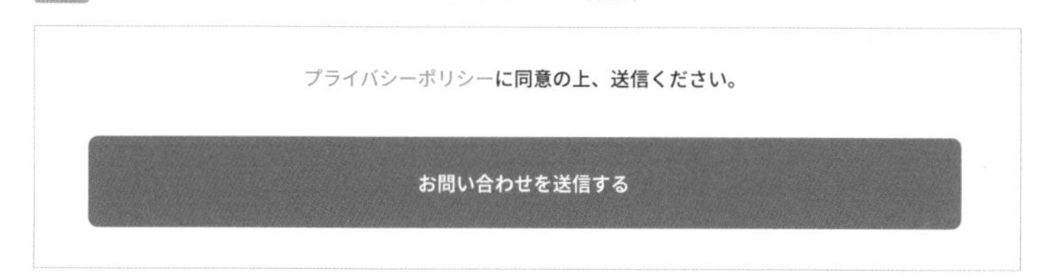

「プライバシーポリシーに同意の上、送信ください。」というテキストを入力します。文字スタイル「Label/Nomal」を選択します。「プライバシーポリシー」の文字には色スタイル「TextLink」(緑)を使用します図15。

図15 プライバシーポリシーの色スタイル

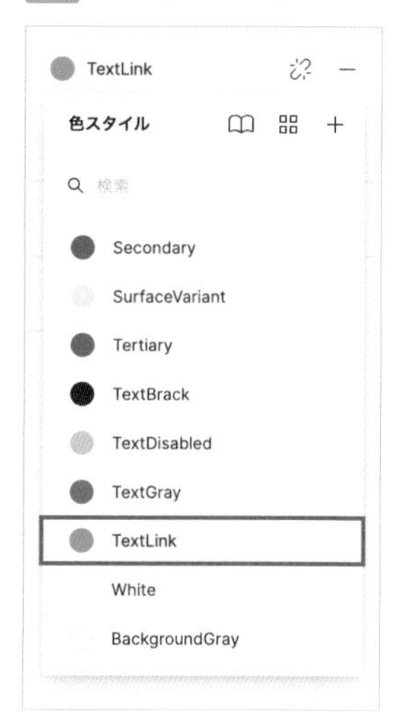

送信ボタンを配置します。「Button」コンポーネントのインスタンスを使います。「Type」は「Primary」、「Size」は「Large」、「text」を選択します。ボタン内の文字に「お問い合わせを送信する」と入力します図16。

図16 送信ボタンのコンポーネント

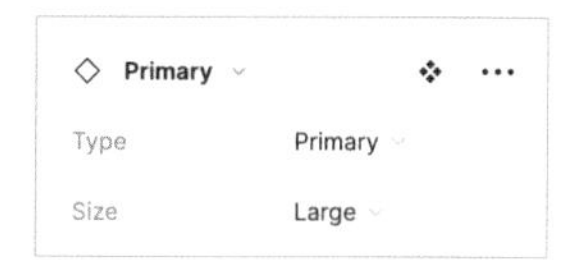

トップページと同様に、フッターのインスタンスをデザインカンプの最下部に配置します図17。

こちらでお問い合わせページは完成です。

図17 お問い合わせページの完成

スマートフォン版のデザインを作る

PC版のデザインカンプに続いて、スマートフォン版（SP版）のデザインカンプを作ります。画面サイズに合わせた最適なデザインを検討し、SP版のデザインカンプを作成します。

要素のサイズとレイアウトを調整する

PC版とSP版では画面のサイズが異なり、ユーザーが使いやすいサイズやレイアウトが変わってきます。

完成図を確認します。各要素ごとにフレーム名を設定しました。PC版と構造は同じですが、幅が狭くなるためレイアウトが変わります図1。

memo

構造込みの完成図は、サンプルファイル「Figma_Web」内の「PC用とSP用の比較」セクションで確認できます。

図1 PC版とSP版の比較

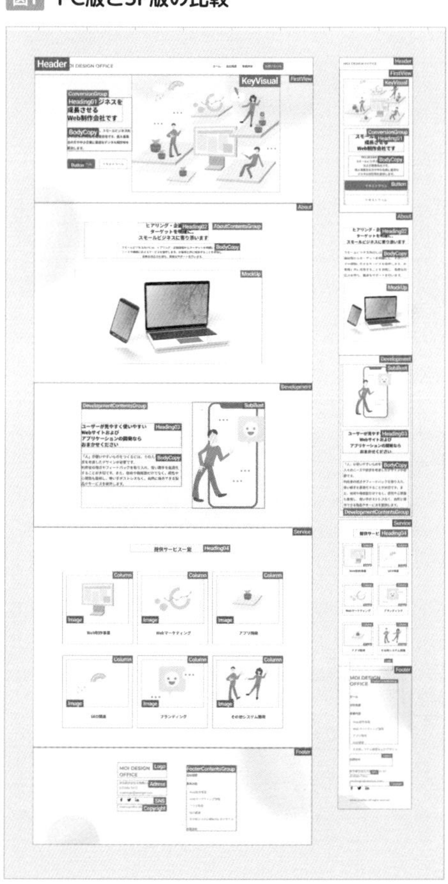

「FirstView」フレームを比較してみると、PC版では「ConversionGroup」と「KeyVisual」は横並びのレイアウトです。SP版では横並びのレイアウトが幅の問題で再現できないため、「ConversionGroup」と「KeyVisual」を縦並びに変更しています 図2。

図2 PC版とSP版の比較

PC版の要素を分解し、SP版に組み直します。

ここまででも解説してきたとおり、今回の制作においては12分割のグリッドを使用しています。トップページの提供サービス一覧ブロックは、PC版のデザインでは3分割のグリッドで作成されています。これを2分割に変更し、SP版では横幅が小さくなるためはみ出してしまうコンテンツを調整します。

PC版の「ConversionGroup」と「KeyVisual」要素をコピー・ペーストし、オートレイアウト「縦に並べる」を適用します。

「ConversionGroup」は幅「335」、「KeyVisual」は幅「764」です。SP版のフレーム「GridSP」ではコンテンツ幅は「335」のため、「ConversionGroup」フレームの幅はそのまま使用できます。

「KeyVisual」の幅は小さくする必要があります 図3。

図3 「KeyVisual」の幅を小さくする必要がある

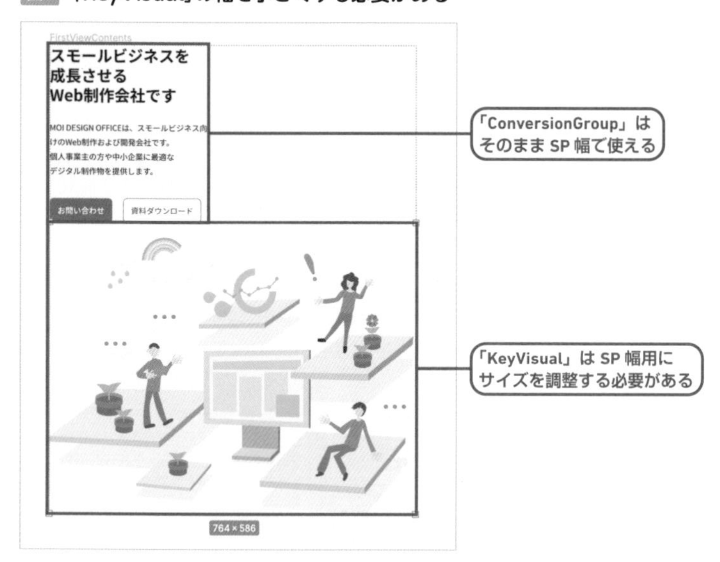

「KeyVisual」を選択してからショートカットキーⓀを押し、「拡大縮小」ツールに切り替えます。「W」の入力エリアにSPサイズのコンテンツ幅「335」を入力します図4。

POINT

「拡大縮小」ツールでは倍率を入力することもできますが、本節のように仕上がり後のサイズを入力して拡大縮小することもできます。

図4 「拡大縮小」ツールでスケールを変更する

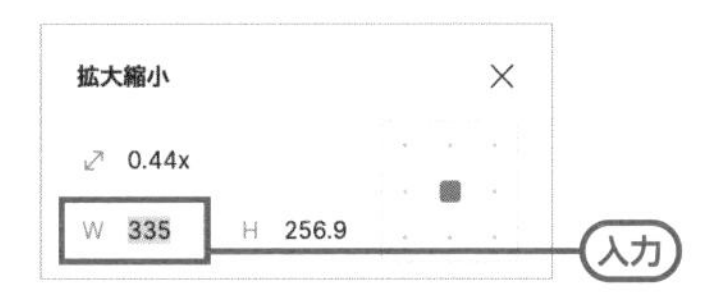

memo

「拡大縮小」ツールで仕上がりサイズを入力すると、本節のように端数が出てしまうことがあります。端数は実装の際に工数が増えるため、フレームのサイズを整数に調整するとよいでしょう。ここでは、高さを256.95から256に変更します。

「KeyVisual」の幅が小さくなりました図5。

図5 サイズが小さくなった「KeyVisual」

SPサイズのフレームに要素を配置します。SP版サイズのフレームは、Lesson5-02で作成したSP版のフレームおよびレイアウトグリッドを使います。

146ページ **Lesson5-02**参照。

フレームに「FirstView」と命名し、塗りを色スタイル「Background+1」に変更します。ドラッグ＆ドロップで「FirstView」フレームに「ConversionGroup」と「KeyVisual」の要素を配置します（次ページ図6）。

図6 SPサイズのフレームに要素を配置する

オートレイアウトを使って「ConversionGroup」と「KeyVisual」の並び順を変えます。

「KeyVisual」を選択し、↑キーを押します。「ConversionGroup」→「KeyVisual」の並び順が「KeyVisual」→「ConversionGroup」と変わりました 図7。

memo
PC版の要素を流用するため、PC版で設定したオートレイアウトをそのまま使います。

図7 SPサイズのフレームに要素を配置する

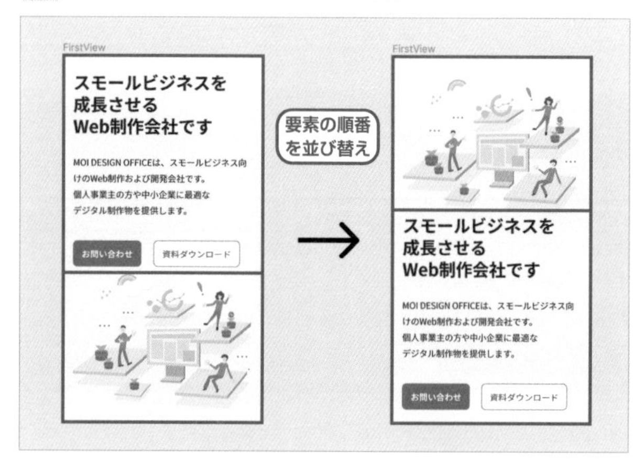

「KeyVisual」→「ConversionGroup」に追加したオートレイアウトの「アイテムの間隔（縦）」は40に変更します 図8。

図8 アイテムの間隔(縦)を入力

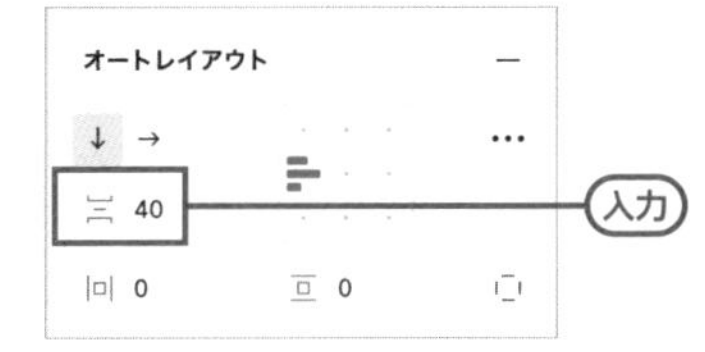

タイトル部分のテキストスタイルは「Heading_XXL」から「Heading_XL」に変更します図9。

図9 アイテムの間隔(縦)を入力

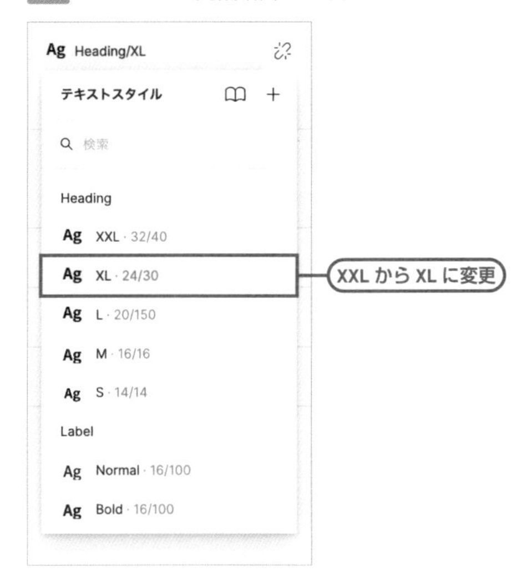

2つあるコンバージョンボタンは、オートレイアウト「縦に並べる」に変更し、縦並びにします図10。

図10 ボタンの幅を調整

「アイテムの間隔（縦）」は「24」にします。2つのボタンの幅をコンテンツ幅まで広げたいので、「Button」コンポーネント2つをそれぞれ選択し、右サイドバーの「W」の下にある「水平方向のサイズ調整」を「ハグ」から「拡大」に変更します。コンテンツ幅に合わせて「Button」インスタンスの幅が拡大されました。

memo

ボタンを選択したときに、「水平方向のサイズ調整」で「拡大」が表示されない場合は、2つのボタンを包むフレームにオートレイアウトが適用されていない可能性があります。2つのボタンを両方選択してオートレイアウトを追加し、あらためてボタンを選択すると「拡大」が表示されます。

コンポーネントをSP版用に調整する

Lesson5-05では、3つのサイズのボタンをコンポーネントとバリアントとして登録しています。これにより、画面幅や扱いに応じてインスタンスを使い分け、最適なサイズを選べるように準備ができています。

ボタンと同様に、ヘッダー・フッターについても画面幅に合わせたサイズのものをSP幅に合わせて調整します。

ヘッダーを作成する

Lesson5-05において、PC版のヘッダーコンポーネント➡「HeaderPC」を作成しています。このコンポーネントを元にSP版のヘッダーを作成します。「HeaderPC」のインスタンスを準備します。

➡ 165ページ　**Lesson5-05**参照。

インスタンスは配置が固定されているため、インスタンスの切り離しをしないとレイアウトの変更ができません。ヘッダーのインスタンスで右クリックをし、「インスタンスの切り離し」を行います。これによりインスタンスがオブジェクトに戻り、要素ごとに変更ができます図11。

図11 インスタンスの切り離し

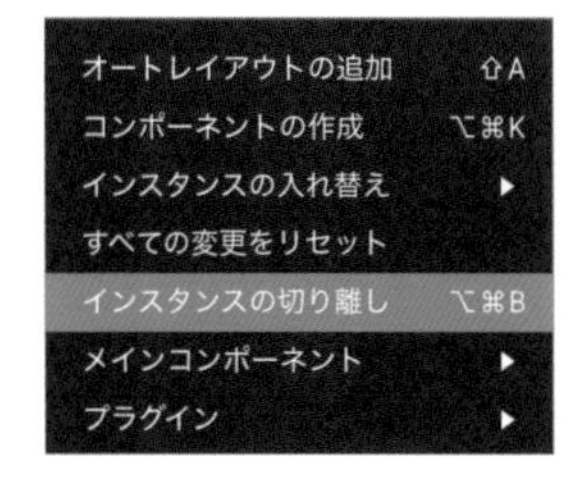

SP版のフレームとグリッドを用意します。SP版ヘッダーは幅が375、高さが60となります。フレームの名前は「HeaderSP」とします図12。

図12 ヘッダーのSP版を作る

切り離したインスタンスからロゴの要素を移動し、ロゴを拡大縮小します。ツールバーより「拡大縮小」または ショートカットKキーを選択します図13。

図13 ロゴを拡大縮小する

ロゴの大きさを❶0.75xに縮小します。

縮小したロゴをSP版ヘッダーのフレーム「HeaderSP」内に配置します図14。

> **POINT**
> この場合の「x」は倍率のことで、「0.75x」で0.75倍(75%)に縮小されます。

図14 SPヘッダー内にロゴを配置

ハンバーガーメニューメニュー用のアイコンをを作成します。「長方形」ツールで、幅は「20」高さは「1」の長方形を3つ作ります。長方形の塗りに色スタイル「Primary」を選択します図15。

図15 長方形を作成する

この長方形3つにオートレイアウトを追加し、アイテムの間隔（縦）を「6」で設定します図16。

図16 アイテムの間隔(縦)を「6」にする

メニューアイコンを「HeaderSP」内に配置します(次ページ図17)。

図17 メニューアイコンを「HeaderSP」内に配置する

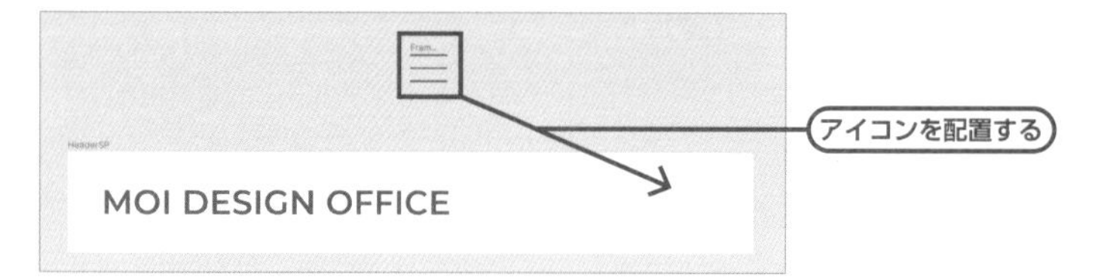

ロゴとメニューアイコンの位置を天地中央に合わせます。オートレイアウトを追加し、水平パディング・垂直パディングともに「20」とします図18。

図18 SPヘッダー内のロゴとハンバーガーメニューの位置調整

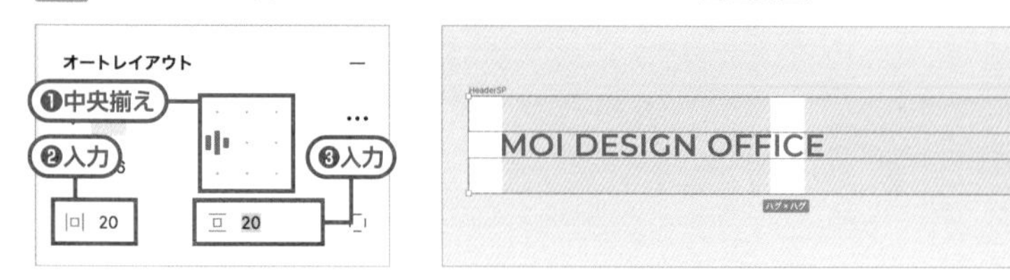

右クリックし、SP版のコンポーネント「HeaderSP」として作成します。

SP用にレイアウトを調整した「KeyVisual」フレームと「HeaderSP」のインスタンスを両方選択し、オートレイアウトを追加します。オートレイアウトの方向は「縦に並べる」を選択し、アイテムの間隔（縦）は「0」に設定します。

ヘッダーおよび「FirstView」部分のデザインを、SP用の幅に合わせて調整できました図19。

図19 ヘッダーおよび「FirstView」部分のデザイン

メニュー展開時のデザインを作る

メニュー展開時のデザインを作ります。

ヘッダーに含まれるロゴ以外の要素を組み合わせてメニュー展開時のデザインを作ります。組み合わせる要素は「ホーム」「会社概要」「事業内容」の文字列と、「お問い合わせボタン」になります。完成図を確認します図20。

> **memo**
>
> メニューを開いたときと閉じたときとで表示が大きく変化するため、その両方のデザインが用意されていないと、開発工程での確認作業が頻発してしまいます。このように、必要に応じてデザインのバリエーションを用意する必要があります。

図20 「メニューを開いた」状態の完成図

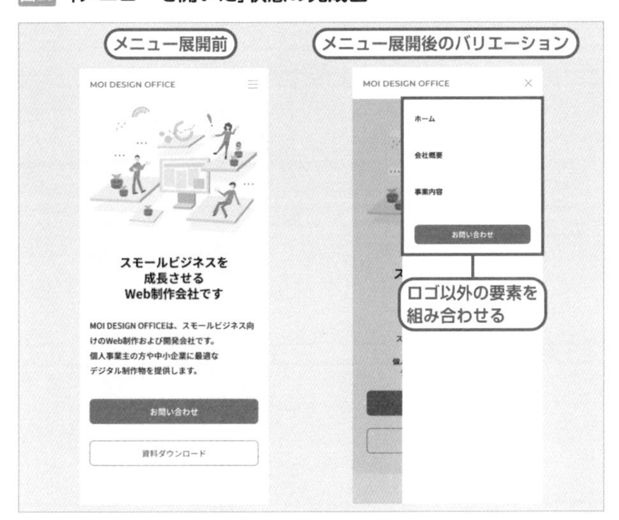

「ホーム」「会社概要」「事業内容」の文字列と、「お問い合わせボタン」をすべて選択します。フレームの名前を「MenuContents」とします図21。

図21 ヘッダーの残り要素をフレーム外に出す

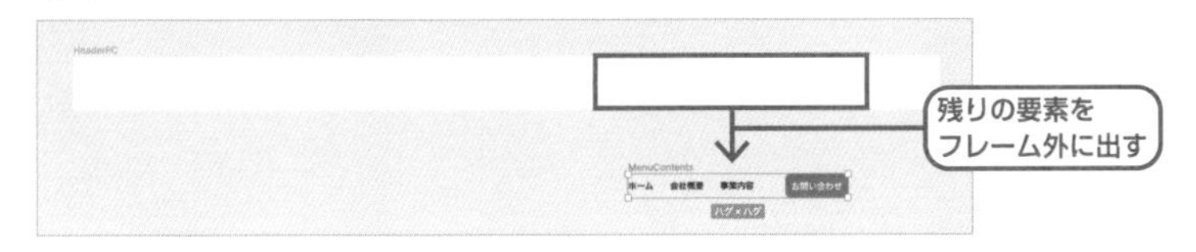

オートレイアウトの方向を「縦に並べる」「上揃え（左）」に変更し、アイテムの間隔（縦）を「56」に設定します図22 図23。

図22 オートレイアウトの方向を変える

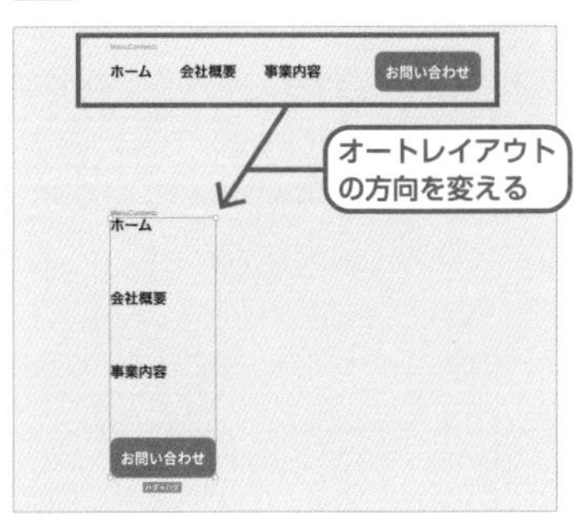

図23 オートレイアウトの設定

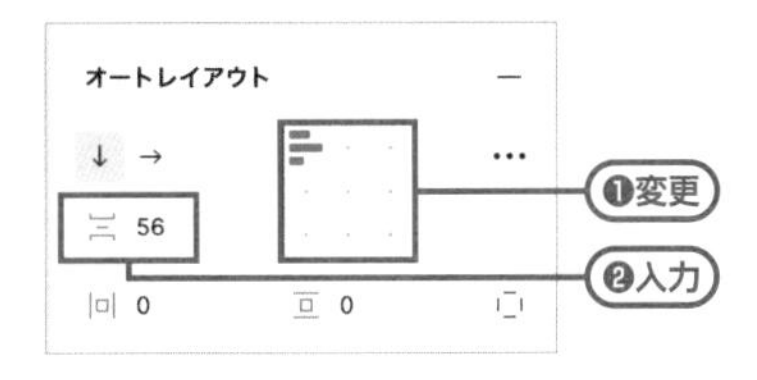

「MenuContents」のフレームの塗りに色スタイル「White」を追加します図24。

図24 塗りを追加する

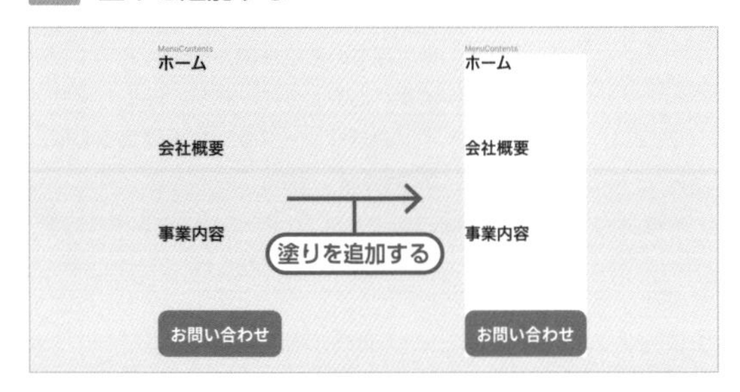

「MenuContents」にパディングを追加します。水平パディングを「24」にし、垂直パディングを「32」に設定します図25 図26。

図25 パディングを追加した状態

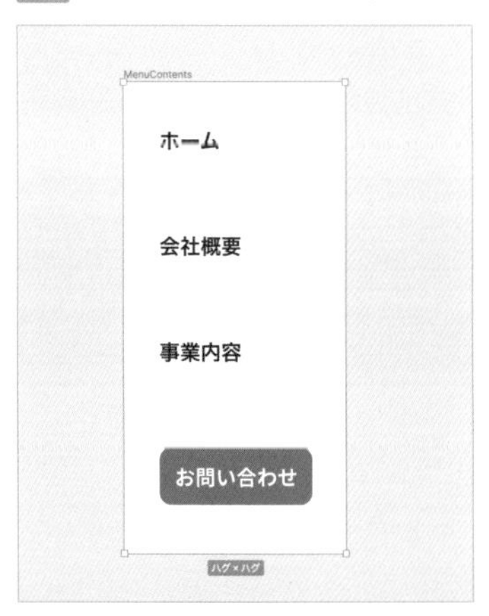

図26 パディングを追加する

「MenuContents」フレームの水平方向のサイズ調整は「固定幅」にし、幅を「278」に設定します。垂直方向のサイズ調整は「固定高さ」にし、高さを「759」にします図27。

図27 フレームの設定

「Button」コンポーネントを「コンテナに合わせて拡大」とします図28。

図28 「Button」コンポーネントを「拡大」する

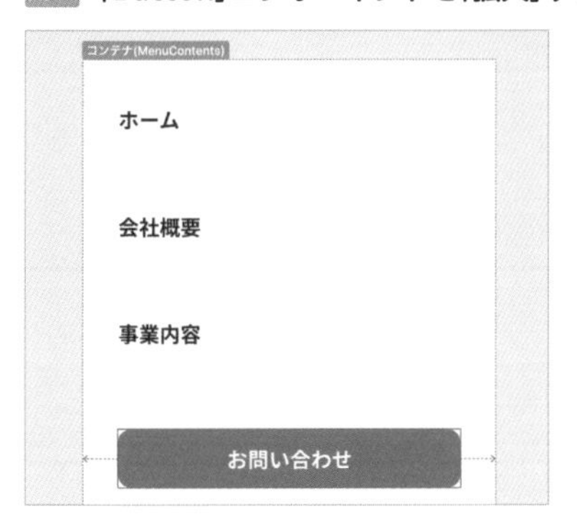

コンテンツ部分を半透明の黒いレイヤーで隠すための長方形を用意します。長方形ツールで、幅「375」高さ「759」のシェイプを作ります。この長方形の塗りは「#000000」(黒)、不透明度は「20%」にします図29 図30。

図29 大きさと塗りの設定　図30 長方形の見た目

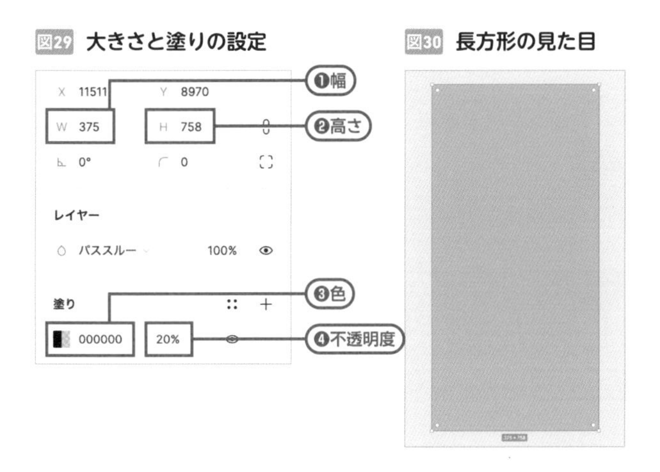

長方形と「MenuContents」フレームを重ね、Spaceキーを押しながらドラッグして移動し、ヘッダーおよび「FirstView」に重ねます図31。

> **memo**
> Spaceキーを押しながらドラッグすると、オートレイアウトを無視してオブジェクト同士を重ねることができます。

図31 作成済のデザインにメニューのオブジェクトを重ねる

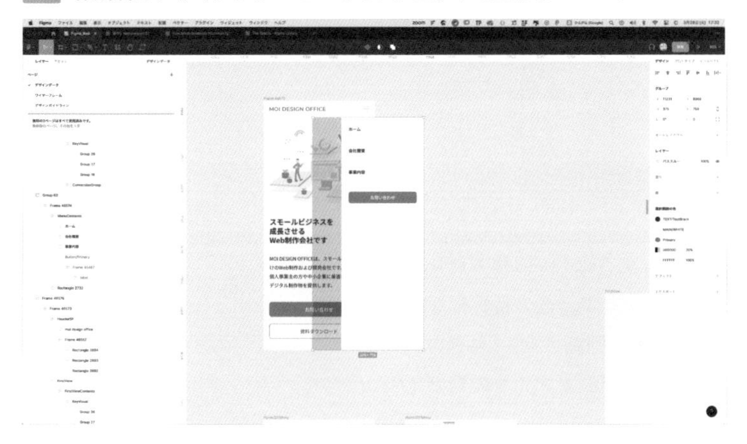

重ねたオブジェクトを選択し、「選択範囲のフレーム化」をします。名前を「Home/SP/Menu」とします図32。

メニュー展開時のデザインが完成しました。

図32 **メニュー展開時のデザイン完成図**

ヘッダーコンポーネントのバリアントを作る

ヘッダーコンポーネントのバリアントを作ります。アイコンの三本線部分を「×」の形に変更します。完成図を確認します図33。

図33 **ヘッダーコンポーネントのバリアント**

描画ツール「長方形」をドラッグし、幅は「20」高さは「1」の長方形を作ります。塗りに色スタイル「Primary」を適用させます。この長方形を複製して２つ作り、2つの長方形を選択して45度ずつ回転させ、「水平方向の中央揃え」と「垂直方向の中央揃え」を両方とも行います。×の形ができました図34。

図34 ×の形を作る

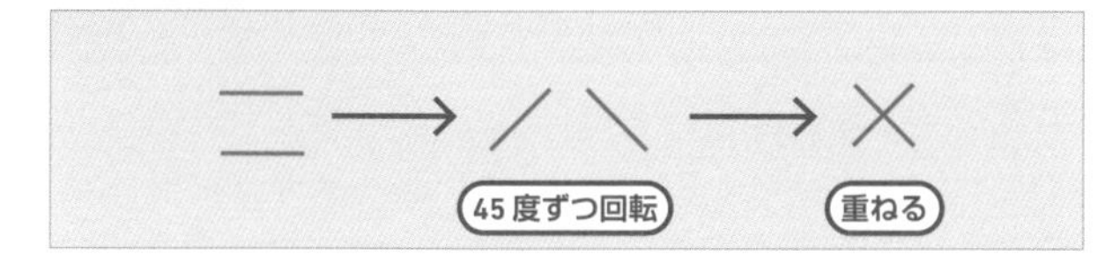

×の形を配置したバリエーションを作ります。コンポーネントに登録し、名前を「HeaderSP/Close」とします。「HeaderSP/Open」と「HeaderSP/Close」を2つとも選択し、右サイドバーのコンポーネントパネルに表示される「バリアントとして結合」をクリックします図35。

memo
メニュー展開時デザインのヘッダーは、「×アイコンのバリアント」に差し替えておきましょう。

図35 三本線アイコンと×アイコンのバリアント

カードUIのレイアウトを調整する

レイアウトグリッドを活用し、6個あるカードUIのアイテムをSPの幅でレイアウトします。PC版のデザインでは、PC版の3分割グリッドレイアウトをに揃え、3列×2行のカードUIレイアウトを作成しました。

SP版用のレイアウトグリッドに揃え、レイアウトを2列×3行に変更します図36。

memo
190ページ、Lesson5-06でカードUIのレイアウトを作成しています。

図36 6個あるカードアイテムのレイアウトを変更する

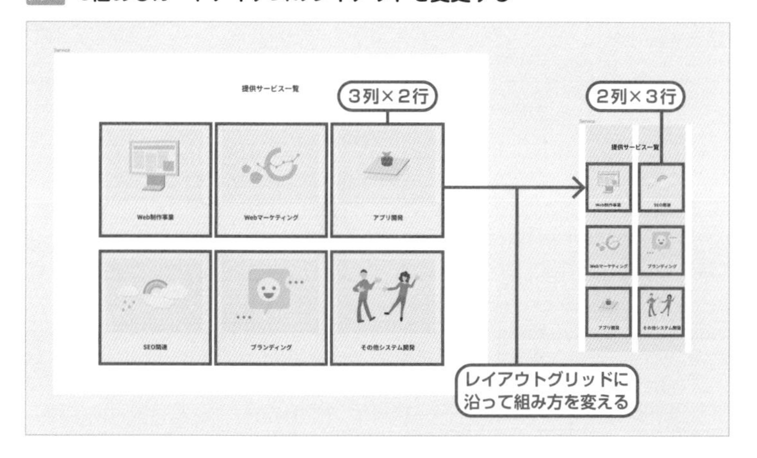

「Service」フレームのレイアウトを使用します。Serviceフレームを「グループ解除」すると、オートレイアウトおよび要素を囲んでいた「Service」フレームが解除されます(次ページ図37)。

図37 カードアイテムのオートレイアウトとフレームを解除

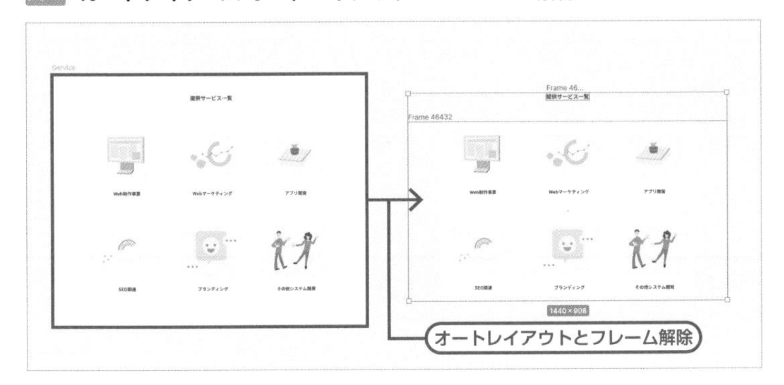

「3列×2行のカードUIに追加されているオートレイアウトをすべて解除し、カード部分が一枚ずつのフレーム「column」になるまで「グループ解除」します図38。

POINT

オートレイアウトを適用したフレームに対して「グループを解除」することで、オートレイアウトも同時に解除されます。フレームを保ったままオートレイアウトを解除する場合は、右サイドバー「オートレイアウト」パネルの右上にある「 」アイコンから解除できます。

図38 PC版のカードアイテムをグループ解除してフレーム「column」にする

「column」1枚ずつを縮小します。

選択した状態でショートカットKキーを押して拡大縮小します。幅・高さともに「158」にします図39 図40。

memo

カードを複数選択した状態で縮小を行うと、合算値で縮小するため端数が出ます。端数を出さないため、1枚ずつ拡大縮小を行います。

図39 拡大縮小の数値入力

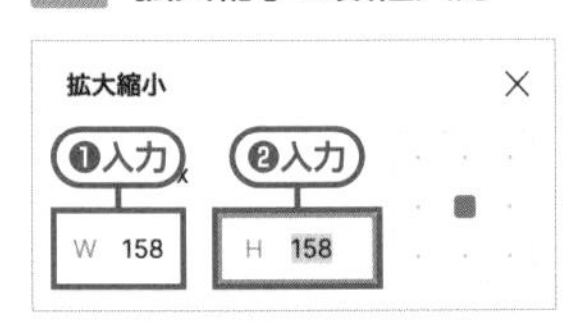

図40 拡大縮小を適用

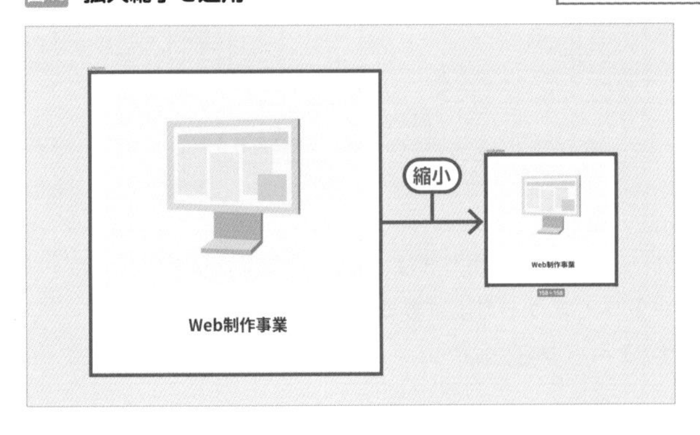

テキストの部分はテキストスタイル「Heading/S」に変更します。

縮小したカード6枚のうち、2枚ずつを選択してオートレイアウトを追加します。

オートレイアウトの方向は「横に並べる」を設定し、アイテムの間隔（横）は「20」とします。2枚ずつのオートレイアウトを3組作り、3組をすべて選択してオートレイアウトを追加します。オートレイアウトの方向は「縦に並べる」を設定し、アイテムの間隔（縦）は「40」とします。水平方向のサイズ調整は「拡大」にします。

調整ができたらグリッドを表示し、ズレがないか確認します図41。

図41 グリッドレイアウトを表示してズレを確認する

フッターを作成する

フッターを作成します。まずは完成図を確認しましょう。SP版を用意するにあたり、フッターのレイアウトを「横長」から「縦長」に変更する必要があり、オートレイアウトを活用してこれを実現します図42。

図42 フッターの完成図を確認

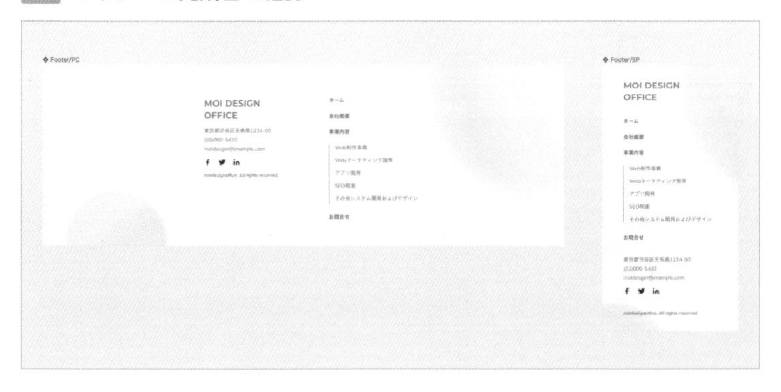

PC版フッターのインスタンスを右クリックして、「インスタンスの切り離し」を行います。ヘッダーと同様、編集可能なオブジェクトに変更したのちに要素を「GridSP」フレーム内にレイアウトします。フッターの要素は「FooterContents」と命名します。

「FooterContents」のフレームを選択し、オートレイアウトの方向を「横に並べる」から「縦に並べる」に変更します図43。

図43 横長から縦長への組み換え

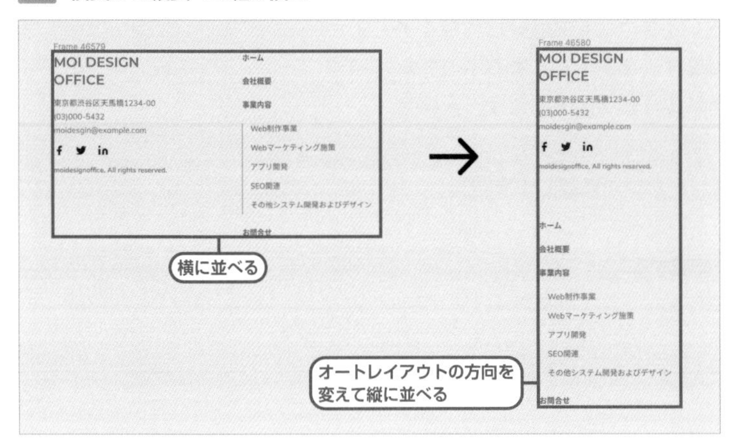

組み替えた「FooterContents」のフレームを「GridSP」フレームに配置します図44。ロゴ・住所・SNSアイコン・コピーライトの要素は、位置を調整します。アイテムの間隔（縦）は「40」、水平方向のサイズ調整・垂直方向のサイズ調整ともに「ハグ」、要素を揃える方向は「上揃え（左）」に設定します図45。

図44 「GridSP」への配置

図45 SPサイズへの配置

要素の配置が完了した段階で背景色をカラースタイル「Background+1」に設定します。また、もともとのPC版フッターで使用している緑色の楕円シェイプ「Ellipse 1」と「Ellipse 2」をフッター内に配置します図46 図47。

図46 「Ellipse 1」の座標

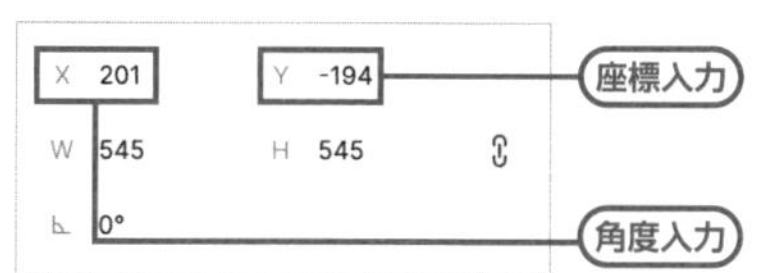

図47 「Ellipse 2」の座標

X 238
Y 803
W 282
H 282
-142°

装飾が完了したらフレームの名前を「Footer/SP」に設定し、右クリックから「コンポーネントの作成」を選択してコンポーネントを作成します図48。

図48 SPサイズのフッター完成

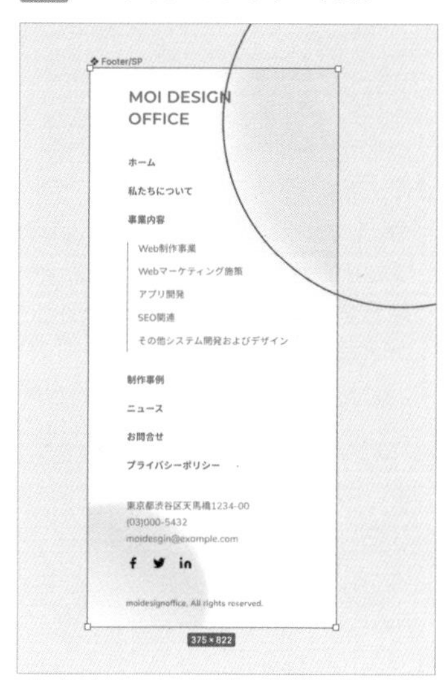

プロトタイプを活用する

ここまでのLessonで作成したデザインを基に、プロトタイプを用意します。デザインのみでは確認しきれない動き・アニメーション・画面遷移などを作成します。

プロトタイプで確認するポイント

プロトタイプを用いて、画面遷移と動きを確認します。画面遷移の確認とは、画面Aから画面Bへ遷移する際の操作フローを確認することです。動きの確認とは、画面内でのアニメーションなど静止画では表現できない部分の確認になります。

これらはWebデザイン制作で重要な要素ですが、静止画であるデザインカンプ単体では確認ができない要素です。デザインカンプ単体では、ステークホルダーへ公開時の画面遷移と動きが伝えきれない場合があります。画面遷移と動きをプロトタイプに設定し、プレビューしてすり合わせるとよいでしょう。

memo

プロトタイプを作ると、デザインの最終的な仕上がりに近い状態を実装前に確認できます。実装後の手戻りを防ぐことで工数を減らせます。

遷移を作成する

PC版のトップページデザインにプロトタイプを追加します。

プロトタイプタブに切り替えます 図1。

図1 プロトタイプタブへ切り替え

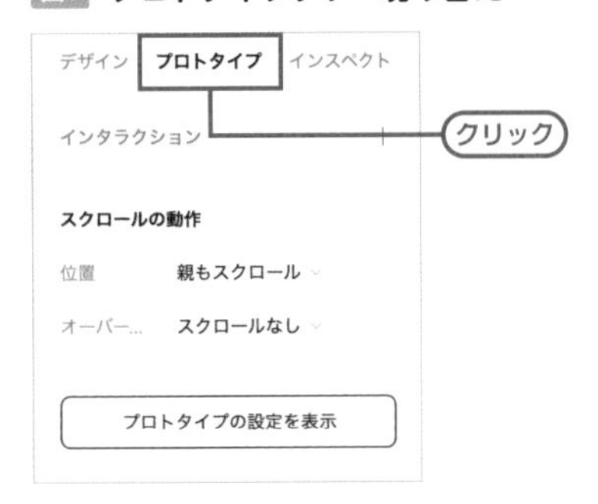

ボタンのオブジェクトにマウスポインターを当てると、十字アイコンを確認できます 図2。

図2 ボタンのオブジェクトにマウスポインターを当て、十字アイコンを確認する

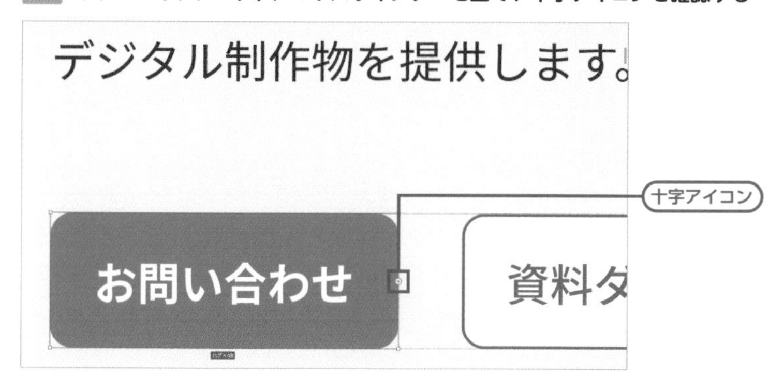

十字アイコンにマウスポインターを当て、青い矢印を引き出してコネクションを作ります。この矢印は「どのページに向かうのか」ということを表す矢印になります。図3では、コンバージョンボタンからお問い合わせのページに向かう矢印を引き出しています。

図3 十字アイコンから矢印を引き出して遷移を作成する

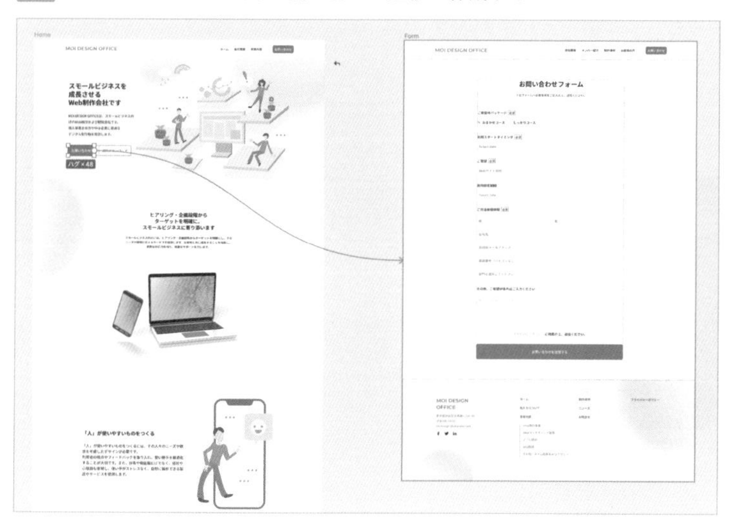

この矢印はプレゼンテーションを実行すると、リンクとして確認できます図4 図5 。

図4 プレゼンテーションを実行

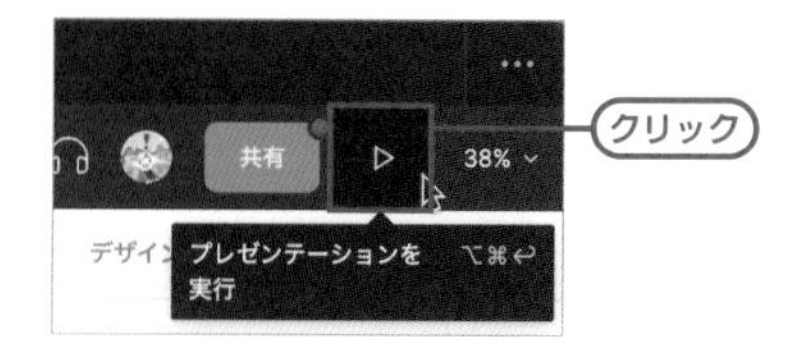

図5 プレゼンテーションモードで確認する

コンバージョンボタンからお問い合わせフォームに遷移する

本節では「クリック」でリンク先に飛ぶように設定していますが、きっかけになる動作「トリガー」は個々に設定することが可能です。

このプロトタイプではクリックがトリガーとなります。ボタンやヘッダー内のナビをクリックすると「次に移動」のアクションが実行されます図6。

図6 トリガーになる動作を確認する

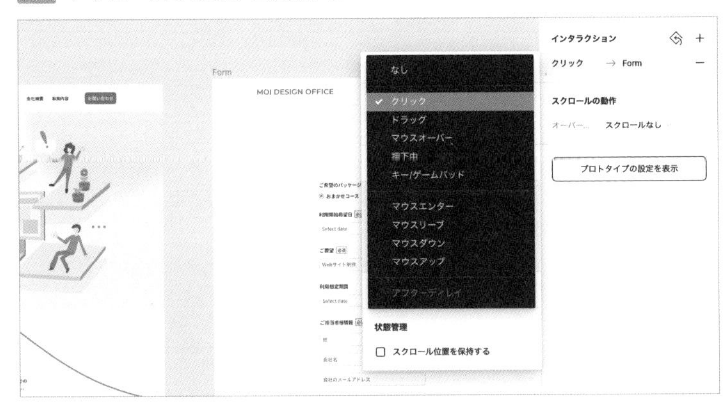

追従するヘッダー（PCサイズ）

1440サイズ画面におけるヘッダーの位置を固定することで、プロトタイプでデザイン部分をスクロールしても常にヘッダーが追従する状態を作ります図7 図8。

103ページ **Lesson3-03**参照。

図7 「スクロールの動作」を「追従」に設定

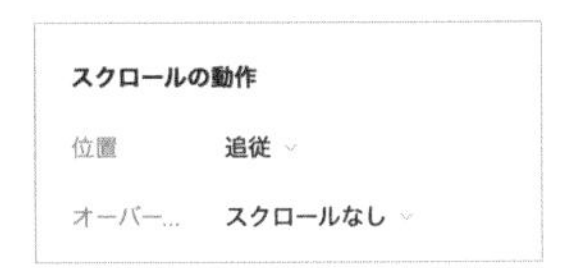

図8 追従する様子

ハンバーガーメニューの開閉(SPサイズ)

375サイズ画面におけるハンバーガーメニューの例です。ボタンを押すとハンバーガーメニューが開閉するアニメーションです。

Lesson3でもハンバーガーメニューのアニメーションは基礎的な例として登場しています。**Lesson5**のSP用デザインカンプに設定したプロトタイプの実例は、サンプルファイル「Figma_Web」内「ハンバーガーメニューのサンプル」セクションを確認してください図9。

101ページ **Lesson3-03**参照。

図9 ハンバーガーの確認

ハンバーガーを押すと、アニメーションとともにメニューが開く

アニメーションはプロトタイプタブの「インタラクション詳細」で設定することができます。ハンバーガーアイコンから青い矢印を引き出してコネクションを追加します。その際に「どのようなアニメーションにするか」ということをインタラクション詳細で設定できます。このアニメーションでは「イーズイン・イーズアウト」を使用しました(次ページ図10)。

図10 プロトタイプタブ→インタラクション詳細

プレビューで再生し、実際の使用感を確認します。スマートフォン用のFigmaアプリも併用し、「押すことでメニューが開閉する」状態を確認するとよいでしょう。

GIFやMP4の動画を併用する

Figmaのプロトタイプ機能では再現しきれない複雑な動きのアニメーションをFigmaのプロトタイプで再現したい場合、動画埋め込みを検討するのもよいでしょう。FigmaではGIFアニメーションとMP4形式の動画ファイル埋め込みができます。

GIFアニメーションは、Figmaプラグインを利用することで作成可能です。

GiffyCanvasはFigma上でGIFアニメーションが作れるプラグインです。複数のフレームをまとめ、GIFアニメーションとして生成します図11。

memo
有償チームのメンバーであれば、MP4形式の動画をFigmaファイルに埋め込むことができます。

図11 GiffyCanvas

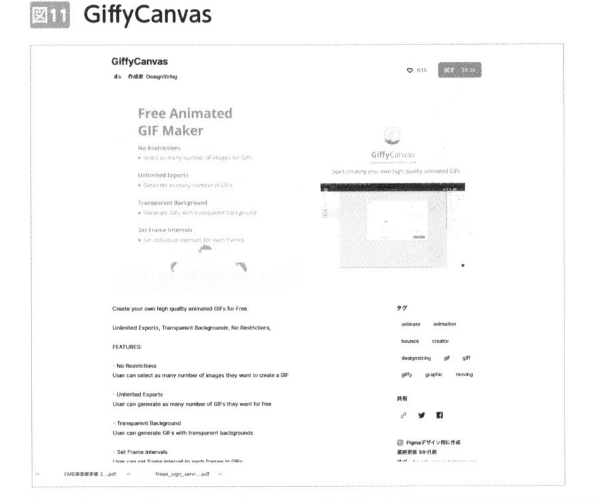

https://www.figma.com/community/plugin/803633147991628761/GiffyCanvas

Lesson 6

モバイルアプリをデザインする

Lesson1～4で扱った基本操作や機能をもとに、ここではFigmaを使ったモバイルアプリのデザインを学びます。アプリのアカウント登録画面を題材に、実際の開発の流れに沿って、デザインを進めていきましょう。

基本解説 機能解説 実践・制作

このLessonのサンプルデータ

https://www.figma.com/community/file/1227847004835461624

（サンプルデータの複製・保存方法は、62ページを参照）

モバイルアプリケーションの制作工程

THEME テーマ　Lesson6では、Figmaを使ってモバイルアプリケーション(以下、アプリ)のアカウント登録画面を作ります。実際に手を動かす前に、本Lessonの構成を見ていきましょう。

制作の流れを確認する

アプリのアカウント登録画面はユーザーがアプリに接する最初の画面となるため、離脱につながらないように設計する必要があります。また、デザインをする上で必ず考えなければならないポイントが多く含まれるため、練習課題としても最適です。Lesson6では次のような画面を作成します 図1 図2 。

memo
Lesson6で作成していくFigmaファイルの完成形は、学習用のサンプルデータとしてFigmaのWebサイトで配布しています。URLは8ページと本章の扉に記載しています。取得方法は62ページ「サンプルデータの複製・保存」を参照してください。

図1 制作するサイトの画像

図2 サンプルのページ構成

ページ名	内容
扉画面	アプリを開始したユーザーが最初に見る
名前とメールアドレス入力画面	ユーザーの名前とメールアドレスを入力し、メールアドレス宛に認証番号を送信する
認証番号入力画面	入力したメールアドレス宛に届いた認証番号を入力する
パスワード入力画面	パスワードを登録する。確認のため同じパスワードを２回入力する

デザインをはじめる準備

Lesson6-02では、アプリのデザインタスクや事業上・開発上の制約など、デザイン制作に着手する前に確認すべきことを紹介します。これらの情報を事前に確認しておくことで、制作段階での手戻りを少なくできます。

手描きラフを用意する

Lesson6-03では、手描きラフの制作方法や活用方法を紹介します。Figmaで制作をはじめる前に、必ずラフを用意します。ラフはツールを使っても作成できますが、ここでは紙に手描きで描き起こしたものを使います。関係者とラフをもとにコミュニケーションをとることで、早い段階から完成イメージを共有しながら制作を進められます。

デザインデータの土台を用意する

Lesson6-04では、ラフをもとづきFigmaで実作業に入る前の土台づくりを行います。あらかじめ作業をするための場所やコンポーネントの場所を用意しファイルを整えておくことで、その後の作業効率が上がります。以降の制作スピードや品質に関わる重要な工程です。

画面を作る

Lesson6-05、06、07では手描きラフをもとに、Figmaで実際のアプリ画面をデザインしていきます。何度も使うパーツをコンポーネント化することで、制作のスピードが上がり品質も高まります。

画面とコンポーネントのパターンを作る

Lesson6-08では作成した画面をもとに、パターンを展開します。

プロの現場では制作をしながら、同時並行で共通する部分を見つけて、コンポーネントのパターンとして展開していくのが一般的ですが、本章では画面を作るパートと、コンポーネントのパターンを作るパートに分けて解説します。

プロトタイプを活用する

Lesson6-08までに作った画面をプロトタイプ化します。プロトタイプを作ることで、実際の画面遷移などを含めてアプリに近いものを再現できるため、開発に入る前にプロトタイプを関係者やユーザーに操作してもらうといいでしょう。

POINT

Lesson6ではFigmaのデザイン制作ツールとしての活用方法だけでなく、UIデザインをする上で知っておきたい知識も合わせて学んでいきます。ここに以降の各節で取り上げることの概要を挙げておきますので、制作しながらの振り返りにも活用してください。

memo

本Lessonのサンプルデータは、以下の著作物を改変して作成しています。
・Material 3 Design Kit
(作成者：Material Design)
https://www.figma.com/community/file/1035203688168086460
・iOS 16 UI Kit (By Itty Bitty Apps)
(作成者：Mantel Group ほか)
https://www.figma.com/community/file/1172051389106515682
いずれも、以下のルールに則ったものです。
・CCライセンス 表示 4.0 国際
https://creativecommons.org/licenses/by/4.0/deed.ja
・データカタログサイト利用規約
http://www.data.go.jp

Lesson 6

02

30 min

デザインをはじめる準備をする

THEME テーマ

デザインをはじめる前に、必要な情報を集めることで手戻りを少なく進められます。アプリのデザインタスクや事業上・開発上の制約など、確認が必要なものについて紹介します。

本章で想定している開発の流れ

実際のアプリ開発では、プロジェクトごとにチーム体制や開発の流れが異なることが多いです。

本章では、アジャイル型開発を想定し、以下の流れで制作を進めます。

52ページ Lesson1-07参照。

1. プロダクトオーナーとUXデザイナーがプロダクトバックログアイテムを作成する
2. チームメンバー全員でプロダクトバックログアイテムの内容を確認する。UIデザイナーは画面を作り、エンジニアは開発をする
3. UIデザイナーが作った画面をチームメンバーで確認し、エンジニアが画面の開発をはじめる
4. UIデザイナーとエンジニアが、制作した画面の疑問や改善点についてコミュニケーションを取りながら開発を進める
5. 開発した画面に意図と異なるものがないか確認し、公開する

memo
プロダクトとは、ユーザーに提供する製品・サービスのことです。本章では、これからデザインするアプリのことを指します。

memo
本章では、プロダクトオーナーをアプリの開発を通じてユーザーに提供する価値の責任者としています。

memo
本章では、UXデザイナーを「ユーザーに提供する体験について考える担当者」として定義します。プロダクトオーナーと一緒にユーザーに提供する価値について考える役割です。

プロダクトバックログアイテムを読み、分解する

プロダクトバックログアイテムとは、アプリの開発や改善のタスクのことです。本章では「プロダクトオーナーがチームメンバーに渡す、アプリの開発や改善の依頼が書かれたタスク」とします。

プロダクトバックログアイテムには、「誰が、どんなことができて、どんな価値を得られる」といったストーリーや、プロダクトオーナーからの依頼事項が書かれています。書かれている内容を元に、チームメンバー全員でプロダクトバックログアイテムをより細かく分解します。

本章では、以下のプロダクトバックログアイテムのデザインを進めます。

- ユーザーが、簡単にアカウント登録できる

前述したプロダクトバックログアイテムを、チームメンバー全員で以下のように分解しました。

- ユーザーが、今から登録しようとしているアプリが何か把握できる
- ユーザーが、登録に必要な情報を入力できる
- ユーザーが、メールアドレスで本人確認できる

分解したプロダクトバックログアイテムだけでもデザインはできますが、ユーザーの特性や利用環境について知ることで、より使いやすくなるよう工夫ができます。

UXデザイナーにユーザーについての情報や、ユーザーに提供する価値についてより深く聞いてみると良いでしょう。

既存のアプリを調べる

既存のアプリについて調べることで、画面の流れやパーツの動き、必要な情報や、配慮が必要な点の参考になります。アプリの場合は特に、画面の流れやボタンを押した際の画面の動きが大切になります。制作するアプリと領域や見た目が類似する既存のアプリを3〜4つ選び調べると良いでしょう。

スクリーンショットを撮影し、Figma上に並べていきます。iPhoneの場合は、Face ID搭載モデルではサイドボタンと音量を上げるボタン・ホームボタンがあるモデルではホームボタンとサイドボタンを同時に押すと撮影できます。Androidの場合は、電源ボタンと音量を下げるボタンを同時に長押しすると撮影できます。

気づきはメモに残すことで、のちのち見返しやすくなります 図1 。

図1 既存のアプリを調べるために並べる

POINT

プロダクトバックログアイテムを分解する際、事業上・開発上の制約を確認しておくと、制作がスムーズに進みます。アカウント登録では利用規約・プライバシーポリシーへの同意が必要になるのが一般的です。規約の文章や規約に同意するプロセスに関しては、法務部門とのコミュニケーションが必要になります。ほかにも、事業特有の制約がある可能性があります。例えば、医療機器と認定されていない健康管理アプリでは、ユーザーの病気を診断することはできません。ドメインエキスパートや、法務担当者など、詳しい人から話を聞くとよいでしょう。

POINT

アプリ開発の過程では開発の期間や難易度によって、実現することが難しい機能やポイントがあります。その場合は、エンジニアとのコミュニケーションが必要不可欠です。デザインの進捗を共有する際に、コメントを活用するなどして、細かな確認を行っていきましょう。

memo

ドメインエキスパートとは、開発しているアプリの領域について深い知識を持つ人のことです。例えば、健康管理アプリの場合は管理栄養士や医師をドメインエキスパートとすることがあります。

手描きラフを用意する

Figmaでデザインをはじめる前に、まずは手描きラフを用意します。手描きラフをもとにステークホルダーとコミュニケーションをすることで、早い段階から認識を合わせつつ進めることができます。

紙を用意する

手描きラフ用の紙を用意します。コピー用紙を使うことで、スマートフォンの画面サイズに近い縦長の画面に切り分けることができます。A4用紙を4つ折りし、ハサミなどで切り分けることで1画面描くのにちょうど良いサイズになるのでオススメです。スマートフォンのフレームが印刷された紙を複数枚用意していることもあります 図1。

memo

制作に慣れてきた場合に手描きラフのステップを採用しないデザイナーもいますが、初心者の方は特に意識して取り組むといいでしょう。

図1 A4を4つに折った様子

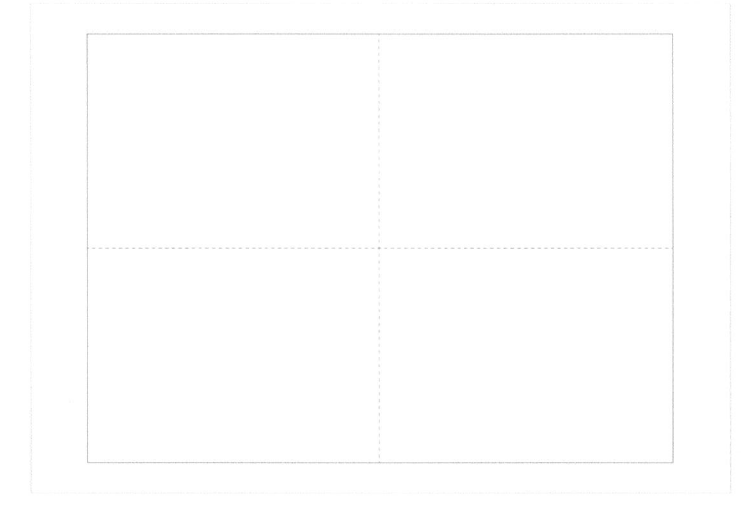

手描きでラフを描く

Lesson6-02のプロダクトバックログアイテムをもとに、今回作るアカウント登録画面を手描きで描いていきます。主に以下の確認ができます。

◎画面の要素に抜け漏れはないか
◎ボタンやアイコンなど、押せるパーツを押した前後の画面に抜け漏れはないか
◎一連の流れがスムーズに実現できるか

主に以下のものについては文言やサイズ・レイアウトを制作したいものに近づけると良いでしょう 図2。

◎見出し
◎テキストエリア
◎アイコン
◎ボタン
◎画像エリア

memo
手描きラフの段階では、細かく描き込む必要はありません。

図2 **手描きラフのイメージ**

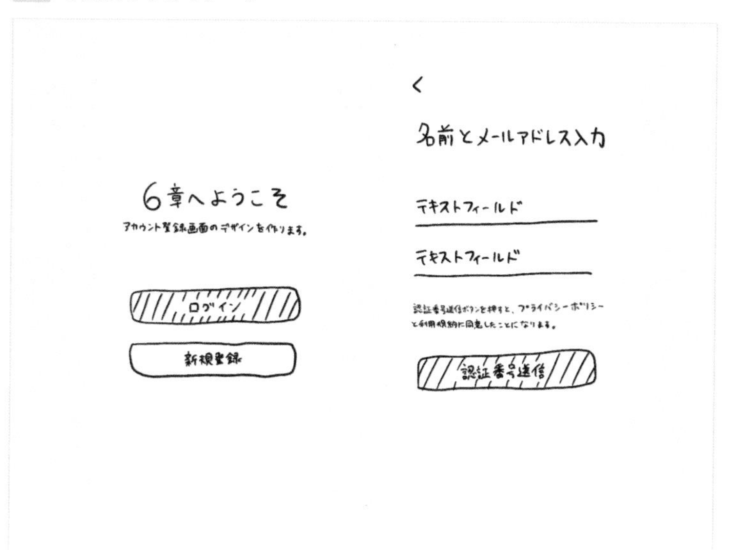

手描きラフは横に並べ、どのボタンからどの画面に移るのかを確認することで、抜け漏れを防ぐことができます。抜け漏れが見つかったら、手描きラフを修正し再度確認をします。消せるボールペンや鉛筆など、一度描いたものを消して修正のできる筆記具を使うと便利です。

手描きラフをもとにコミュニケーションをする

手描きラフを描き終えたら、ステークホルダーとコミュニケーションをします。まだ完成度が低いため、主にプロジェクト内のチームメンバーとのコミュニケーションに使用します。これから作ろうとしているものを早い段階で共有することで、デザイナー以外の目線でのフィードバックを早めにもらうことができます。スキャンや撮影をしてFigmaに画像データとして配置し、プロトタイプにすることもあります。

12ページ Lesson1-01参照。

手描きラフの状態でユーザーに見てもらうこともあります。ただし、実際の機能・使い勝手に関するフィードバックを得るのは難しいので、作ろうとしているものがユーザーの状況下で使えるか、イメージがつくか、などのフィードバックを中心にもらうとよいでしょう。

手描きラフをFigmaに配置する

手描きラフをスキャンや撮影し、画像データとしてFigmaに配置します。実際にデザインをするフレームの横に並べることで、要素を確認しやすくなります。紙の状態のままで残しておき、作業するときに参照する形でも問題ありません。作業のしやすい形で手描きラフを残しておきましょう 図3。

memo

作業を進めると、手描きラフの内容から変更が生じることも多々あります。デザインフェーズでは、試行錯誤を繰り返します。せっかく作ったものではありますが、よりよくするための工程と捉えて進めるとよいでしょう。

図3 手描きラフをFigmaに配置する

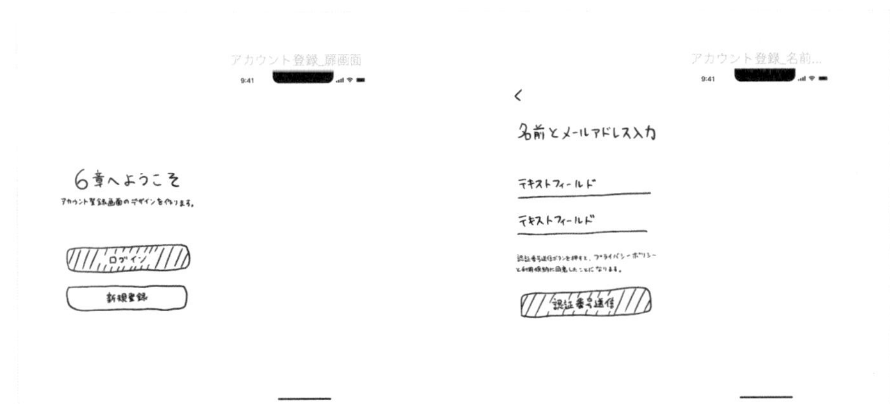

デザインデータの土台を用意する

Figmaで制作をする前にも下準備が必要です。作業をするための場所や、コンポーネントの場所を用意し、ファイルを整えていきます。

デザインファイルを作る

アプリのデザインをするためのデザインファイルを作成します。ファイル名は「develop」とします。

19ページ　Lesson1-03参照。

memo

スタータープランの場合、ファイル数が不足する可能性があります（16ページ、Lesson1-02参照）。その場合は、下書きに移す、新しくスターターのチームを作成する、プロフェッショナルプランに移行する、などいずれかの対応をすることで新しいファイルを作成できます。

ページを追加する

作業を進めるページを作ります。新規ページを作成し、ページ名を「アカウント登録」にします。ページ名は今取り組んでいるタスクや画面の名前にすることで、自分も共同編集者も見返しやすくなります 図1 。

図1 ページの名前をつける

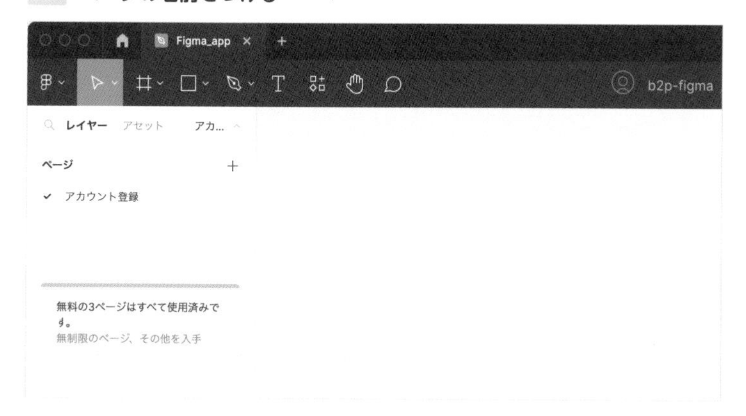

コンポーネントを作る場所を用意する

コンポーネントは特定の場所に一覧で並べることで、いつでも参照しやすくなります。

今回は同じページ内に画面デザインを配置する場所と、コンポーネントを一覧で配置する場所を用意します。「セクション」を使って場所を区切るとあとから見やすくなります 図2 。

28ページ Lesson1-04参照。

図2 セクションで区切る

コンポーネント　画面デザイン

フレームを追加する

手描きラフをもとに、Figmaのページ上に必要な画面数分のフレームを並べます。フレームのサイズはユーザーが使っている端末の中でもっとも多いものにすると、ユーザーが見ている画面に近い状態で作り進めることができます。本章では、iPhone 13 miniで作ります。iPhone 13 miniのサイズに対応しているステータスバーとホームバーを配置すると、より実際の画面の見た目に近づきます。本章では、Figmaコミュニティで公開されている「iOS 16 UI Kit (By Itty Bitty Apps)」を使用します。下書きに複製保存し、使いたいパーツを選んで配置しましょう。

フレーム名も画面の意味する名前に変更することで、後から見返しやすくなりプロトタイプ制作のときも見失いません。本章では、「画面デザイン」のセクション上でフレームを4つ作り、以下の名前にしました 図3 。

- アカウント登録_扉画面
- アカウント登録_名前とメールアドレス入力画面
- アカウント登録_認証番号入力画面
- アカウント登録_パスワード入力画面

56ページ Lesson2-01参照。

225ページ Lesson6-01参照。

memo

下書きのファイルからそのままコンポーネントを使用すると、メインコンポーネントの場所を見失うことがあります。コンポーネントを解除してから使うと良いでしょう。

図3 4つのフレーム

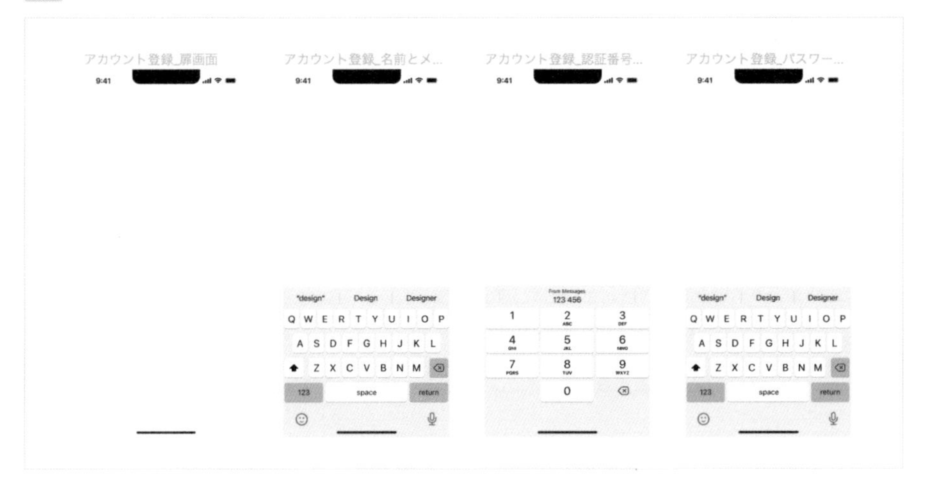

テキスト・色をスタイルに登録する

本章では、Figmaコミュニティで公開されているMaterial 3 Design Kitのテキスト一覧の中から制作に使用するものを選び、事前にスタイルを登録してから制作を進めます。

あくまで本章の制作をスムーズに進めるための方法のため、ゼロからご自身で自由にスタイルを作成しても構いません。

登録するテキストは以下のとおりです図4。

図4 テキスト一覧

名前	フォントファミリー	太さ	フォントサイズ	行間	文字間	段落間隔	使用用途
Title1	Noto Sans JP	Bold	32	100%	0%	0	最も大きな見出しに使用します。
Title2	Noto Sans JP	Bold	28	150%	0%	0	2番目に大きな見出しに使用します。
Label	Noto Sans JP	Regular	18	150%	0%	0	見出しに使用します。
Body/Bold	Noto Sans JP	Bold	14	150%	0%	0	文章の太字・ボタンのテキストに使用します。
Body/Regular	Noto Sans JP	Regular	14	150%	0%	0	文章に使用します。

色はLesson5で使用したものを参考に、本章の制作で使用するものを事前に登録してから制作を進めます。

登録する色は次のとおりです(次ページ図5)。

図5 色一覧

名前	カラーコード	使用用途
Primary	#1F7A3A	1番頻度が多く使用される色です。
Attention	#FF0000	エラーや、特に目を引く箇所に使用する色です。
Gray100	#000000	最も読んでもらいたい文字に使用します。
Gray80	#777777	2番目に優先する文字・押せるアイコンボタンに使用します。
Gray60	#BABABA	線・空のテキストフォームの文字に使用します。
Gray20	#EFEFEF	押せないボタン・アイコンに使用します。
Gray0	#FFFFFF	Primaryの色に配置する文字・アイコン、背景、塗りに使用します。

画面を作る① 扉画面

Lesson6-03の手描きラフをもとに、実際の画面を制作していきます。Lesson6-05では扉画面を作ります。何度も使うパーツはコンポーネント化し、すぐに使えるようにすることでほかの画面を作るスピードや品質が高まります。

扉画面の要素

アプリを開始する際に、一番最初に目にとまる扉画面を作ります 図1。

図1 アカウント登録の扉画面

Lesson6-02で分解したプロダクトバックログアイテムの以下を満たすようにします。

- ユーザーが、今から登録しようとしているアプリが何か把握できる
- ユーザーが、登録に必要な情報を入力できる

扉画面では、ユーザーが今から登録しようとしているアプリが何か把握できるようにアプリのタイトルと説明を加えます。

新規登録なのかログインなのかで、入力する情報が異なります。ユーザーが登録に必要な情報を入力するため新規登録ボタンとログインボタンを用意し、それぞれの用途に合った画面へ移動できるようにします。

memo

本章ではアプリのタイトルとアプリの説明を全て文章で表現していますが、ロゴを入れることでアプリを認識しやすくしたり、アニメーションを加え楽しい雰囲気を表現することで新規登録のモチベーションを高めようとすることがあります。

タイトルを配置する

ユーザーが今から登録しようとしているアプリが何か把握できるように、アプリのタイトルを配置します。アカウント登録_扉画面フレームにテキストを配置し、「6章へようこそ」と入力します。スタイルに登録した「Title1」を適用します。塗りの色は「Gray100」を適用します 図2。

図2 スタイルからテキストと塗りの色を適用

中央に配置するために、「テキスト中央揃え」とします。

アプリの説明を配置する

アプリでできることを端的に説明する文章を配置します。

例えば、家計簿アプリでは「スマートフォンで家計簿を作ることができます。」となります。本章ではサンプルとして「アカウント登録画面のデザインを作ります。」という文章を配置します。フレームに「テキスト」を配置し、「アカウント登録画面のデザインを作ります。」と入力します。スタイルに登録した「Body/Regular」を適用します。塗りの色は「Gray80」を適用します 図3。

図3 スタイルからテキストと塗りの色を適用

中央に配置するために、「テキスト中央揃え」とします。

タイトルと文章の間隔を整える

バランスを見ながら、タイトルと文章の「アイテムの間隔（縦）」を「4」にします。「オートレイアウト」を使うと、数字にズレが生じにくくなります 図4。

78ページ Lesson2-04参照。

図4 オートレイアウトの数値

ボタンを配置する

新規登録ボタンとログインボタンの2つを配置します。多くのユーザーは、初回のみ新規登録をし、新規登録後はログインを使います。そのため、ログイン側のボタンの表現をユーザーの目に留まりやすいものにするとよいでしょう。

コンポーネントのセクションで作業をします。ログインボタンは優先度の高い表現に、新規登録ボタンは優先度の低い表現にします。優先度の高いボタンを「filledButton」、優先度の低いボタンを「outlinedButton」とします 図5。

memo
このような「幅を固定したボタン」は、84ページ、Lesson2-04でも解説しています。

図5 ボタンの完成イメージ

filledButton　outlinedButton

このとき、「Button」というコンポーネントを作成しバリアントに「fillButton」と「outlinedButton」として登録しておくと、ほかの画面を作るときにすぐに使いまわせるようになります。オートレイアウトを使い、ログインボタンと新規登録ボタンの「アイテムの間隔（縦）」の値を「16」にします。2つのボタンをフレームの下辺から「40」上の位置に配置します。

74ページ Lesson2-03参照。

memo
スマートフォンを片手で操作しているときも押しやすいように、ボタンは親指の届く範囲に配置します。

すべての要素の間隔を整える

関係性の高い要素は近い位置に配置し、関係性の低い要素は遠い位置に配置します。情報のまとまりがわかりやすくなり、要素が何にひもづいているのかが見やすくなります 図6。

図6 関係性に応じて要素の位置を調整した

画面を作る②
名前とメールアドレス入力画面

THEME テーマ Lesson6-05に続き、画面を作っていきます。Lesson6-06では、名前とメールアドレス入力画面を作ります。

名前とメールアドレス入力画面の要素

名前とメールアドレスを入力し、認証番号を送信する画面を作ります 図1 。

図1 名前とメールアドレス入力画面

Lesson6-02で分解したプロダクトバックログアイテムの以下を満たすようにします。

- ユーザーが、登録に必要な情報を入力できる
- ユーザーが、メールアドレスを使って本人確認できる

名前とメールアドレス入力画面では、登録に必要な情報である名前とメールアドレスを入力するためのテキストフィールドを配置します。

アカウント登録にあたり、利用規約とプライバシーポリシーへの同意を求める必要があります。

すでに登録をしていたことに気づいたユーザーが新規登録をやめてログインできるように、1つ前の画面に戻るボタンを配置します。

ユーザーが今見ている画面で何をする必要があるのかがわかるように、画面のタイトルを配置します。

memo
テキストフィールドは、テキスト入力欄のことを指します。

1つ前の画面に戻るボタンを作る

1つ前の画面に戻るボタンは、画面上部に配置します。今回はGoogle Fontsにある Material Symbolsを使います 図2 。

memo
実際のアプリ開発でも、素早く画面を作るためにMaterial Symbolsのようなアイコン集を使用することがあります。利用規約を確認してから使うようにしましょう。

memo
Material SymbolsはGoogleが提供しているアイコン集です。
https://fonts.google.com/icons

図2 **Material Symbols**

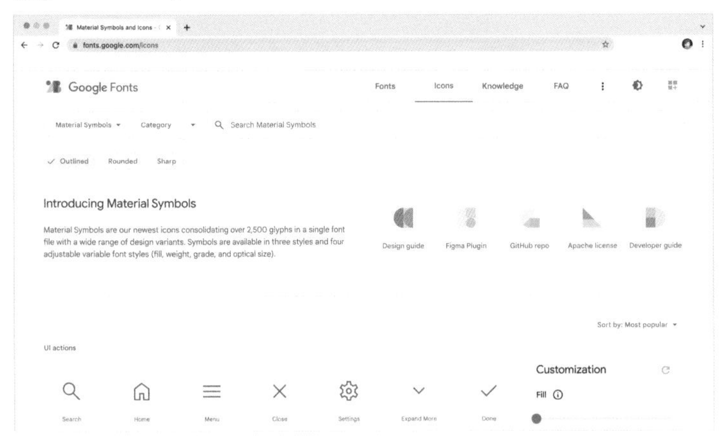

フレームの左から「16」、ステータスバーの「24」下に配置します。「オートレイアウト」を適用し、「水平方向のサイズ調整」を「拡大」にし、「垂直方向のサイズ調整」を「ハグ」に、「下パティング」を「24」に設定します。このとき、コンポーネントにすると、ほかの画面でも使いやすくなります。コンポーネント名を「NavigationBar」にします 図3 。

78ページ　Lesson2-04参照。

68ページ　Lesson2-03参照。

memo
本章で扱っているNavigationBarの要素は1つ前に戻るボタンのみですが、画面のタイトルやボタンを配置するパターンの展開も想定されるため、コンテンツ幅いっぱいになるように設定しています。

図3 **1つ前の画面に戻るボタンのコンポーネント**

画面のタイトルを配置する

1つ前の画面に戻るボタンの下に、扉画面でタイトルとして使用したテキストを配置します。扉画面のタイトルを選択し、コピーします。「名前とメールアドレス入力画面」のフレームに貼り付けします。「名前とメールアドレス入力」と入力します 図4 。

> memo
> 要素のコピーと貼り付けは、編集メニューから選択できます。

図4 タイトルを配置

テキストフィールドを作る

名前とメールアドレスを入力するテキストフィールドを2つ作ります。

本章では、テキストフィールドはプレースホルダーや入力されたテキストと下線で表現します。テキスト未入力の状態で表示します。テキストを配置し、「名前」と入力します。テキストスタイルは「Label」を設定し、塗りの色スタイルは「Gray100」を設定します 図5 。

> memo
> 小さめの端末の場合、テキストが入りきらないことがあります。小さめの端末での表示は、テキストが2行になるようにするなど、エンジニアと話しあって決めるとよいでしょう。

図5 テキストフィールドで使用するテキスト

「オートレイアウト」を適用します。水平方向のサイズ調整を「固定」にし、「W343」に設定します。垂直方向のサイズ調整を「ハグ」に設定します。

78ページ　Lesson2-04参照。

下辺にだけラインが表示されるように設定をします。内側に「1」の太さで、線の色スタイルは「Gray60」を設定します 図6。

図6 テキストフィールドの設定値

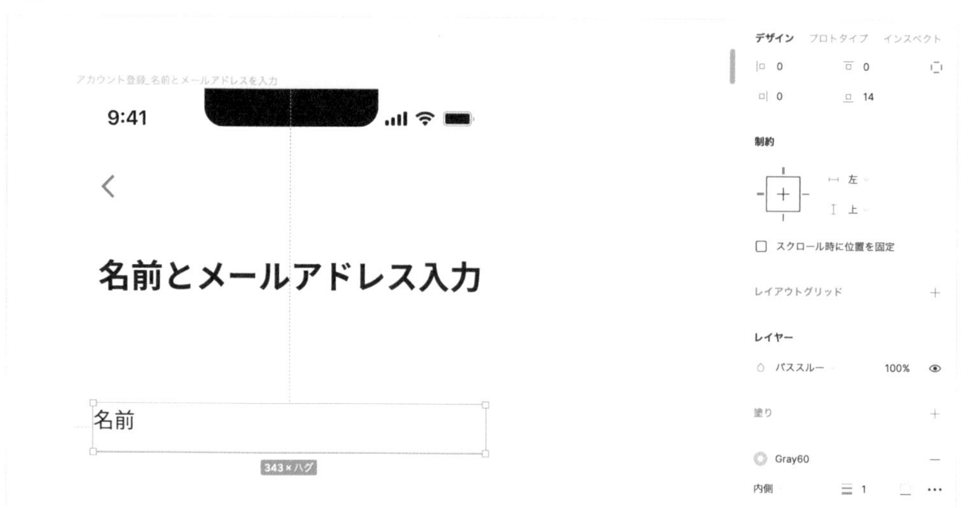

テキストフィールドが1つできたので、コンポーネントにします。名前を「TextField」にします。作成したコンポーネントをもとに、もう1つのメールアドレスを入力するテキストフィールドを作ります。プレースホルダーのテキストを「メールアドレス」に変更します。このとき、文字が入力されたものと入力されていないものの2つを作っておくと、パターンの確認がしやすくなります 図7。

68ページ　Lesson2-03参照。

図7 テキストフィールド配置

テキストを配置する

Lesson6-05でアプリの説明に使用したテキストを選択し、コピーします。「名前とメールアドレス入力画面」のフレームに貼り付けます 図8 。

図8 テキストをコピーして配置

「テキスト左揃え」にし、「認証番号送信ボタンを押すと、プライバシーポリシーと利用規約に同意したことになります。」と入力します。プライバシーポリシーと利用規約をリンク表現にします。テキスト内の「プライバシーポリシー」を選択することで、選択した箇所のみのスタイルの変更ができます。テキストスタイルは「Bold」を設定し、色スタイルは「Primary」を設定します。「利用規約」も同様にスタイルを設定します 図9 。

図9 テキストを入力し色スタイルを適用

ボタンを作る

Lesson6-05で制作したコンポーネントのボタンを配置します。名前とメールアドレスが未入力の場合ボタンを押すことができないようにするため、「filledButton」の押せない表現を作成します。

コンポーネントの「Button」のバリアントを1つ追加します。「filledButton」の状態が異なるものとして登録するため、プロパティを追加し名前を「disabled」にします。他のボタンには「Normal」を登録します。テキストの色を「Gray60」にし、塗りの色を「Gray20」に設定します図10。

図10 ボタン設定

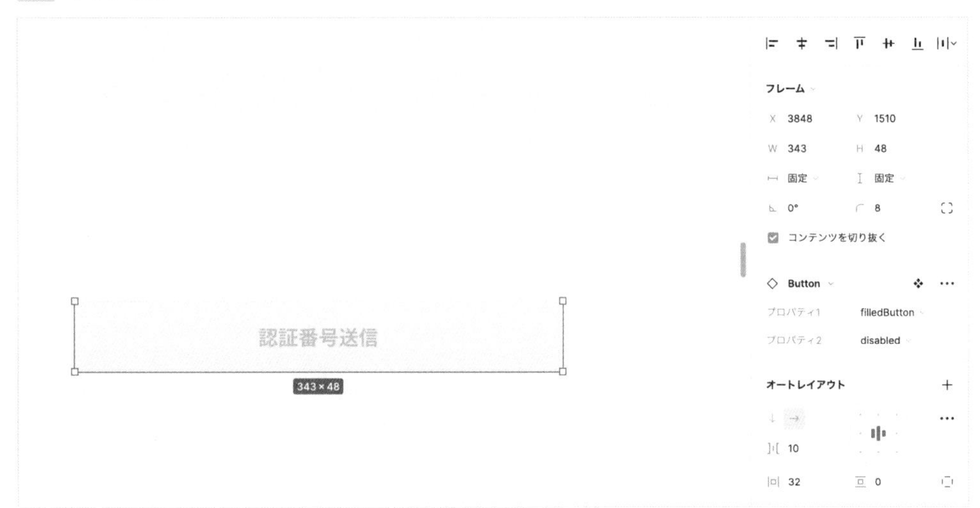

名前とメールアドレスを入力したあとにプライバシーポリシーと利用規約を確認してから認証番号を送信することができるように、テキストの下に配置します。

配置したコンポーネントの横幅の間隔を揃える

すべてのコンポーネントの位置を整えます。このとき、オートレイアウトを使うとよいでしょう。全ての要素にオートレイアウトを適用し、「水平方向のサイズ調整」を「固定」にし、「W375」を指定します。「垂直方向のサイズ調整」を「ハグ」にします。

「水平パティング」を「16」、「上パティング」を「24」、「下パティング」を「0」に設定します。

本章では、認証番号を送信する前にユーザーに確認をしてもらうために、登録に必要な情報を入力する要素と認証番号を送信するボタンで要素を分けます。

タイトル、テキストフィールド2つ、テキストの4つの要素に「オートレイアウト」を適用し、「アイテムの間隔(縦)」を「24」に指定します。

全ての要素に適用した「オートレイアウト」の「アイテムの間隔（縦）」を「40」に指定します図11。

図11 オートレイアウト設定

設定した要素をステータスバーのすぐ下に配置します。これで、名前とメールアドレス入力画面は完成です。

画面を作る③

認証番号入力画面・パスワード入力画面

THEME テーマ Lesson6-06に続き、画面を作っていきます。Lesson6-07では、認証番号入力画面とパスワード入力画面を作ります。

認証番号入力画面の要素

ユーザーのメールアドレス宛に届いた6桁の認証番号を入力する画面をデザインします 図1 。

図1 認証番号入力画面

Lesson6-02で分解したプロダクトバックログアイテムの以下を満たすようにします。

- ユーザーが、メールアドレスを使って本人確認できる

認証番号入力画面では、本人確認のための認証番号を入力するテキストフィールドを配置します。

認証番号が届かないときに再送するボタンも配置します。

ユーザーがアプリを操作する手間を減らすため、正しい認証番号が入力されるとすぐに次の画面に移動するようにします。そのため、ほかのボタンは作りません。

名前とメールアドレス入力画面の要素をコピーして配置する

認証番号入力画面は、名前とメールアドレス入力画面と共通の要素が多いので、名前とメールアドレス入力画面をベースに作ります 図2。名前とメールアドレス入力画面のフレーム全体を選択し、「コピー」します。作業をする際に間違えないよう、離れた場所に「ペースト」します。

図2 コピーして配置

画面のタイトルのテキストを「認証番号入力」に変更します 図3。

図3 タイトル変更

プライバシーポリシーと利用規約について書かれているテキストを選択し、タイトルの下に移動します。テキストを「sample@example.com に届いた認証番号を入力してください。」に変更します。色スタイルは「Gray80」を指定します。名前とメールアドレス入力画面で使用したテキストフィールドとボタンは、認証番号入力画面では不要なので削除します 図4。

図4 テキスト変更

認証番号入力のためのテキストフィールドを作る

6桁の数字を入力するテキストフィールドを作ります。半角数字の「0」をテキストとして配置します。テキストスタイルは「Title2」に設定します 図5。

> **memo**
> 今回は認証番号を入力しやすく読みやすくするために、テキストを大きくしています。そのため、タイトルではありませんがテキストフォームのテキストスタイル「Title2」を設定しています。

図5 テキストを配置

「オートレイアウト」をテキストに設定します。「水平方向のサイズ調整」を「固定」に、「垂直方向のサイズ調整」を「固定」にします。「各端の線」を「下」にし、「内側」に「2」の太さで設定します。

78ページ Lesson2-04参照。

色スタイルは、テキスト、線のどちらも「Gray100」を設定します 図6。

図6 認証番号用テキストフィールドのオートレイアウトの設定値

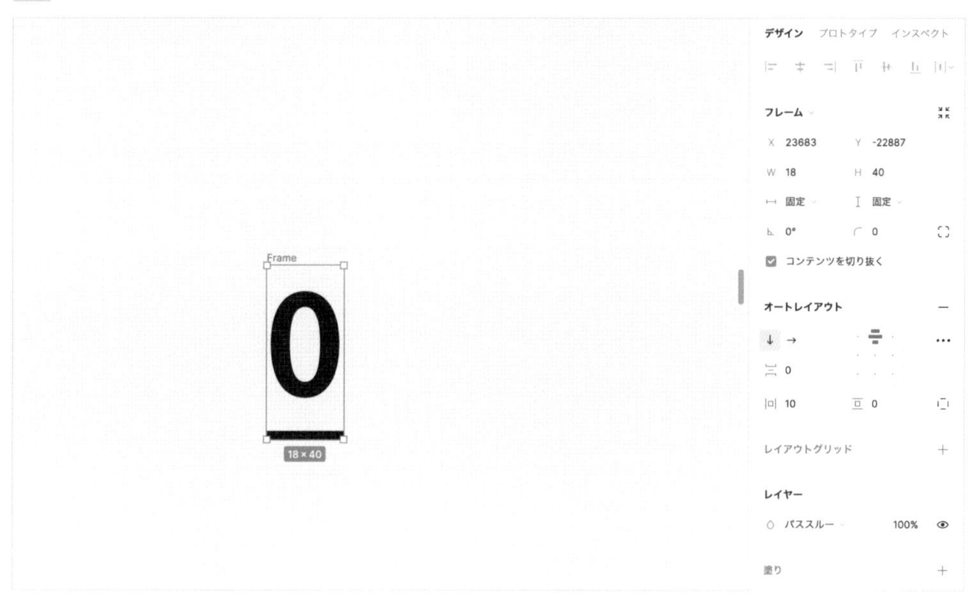

作成したテキストフィールドを6つ横に並べ、オートレイアウトを適用します。「アイテムの間隔(横)」を「24」にします図7。

図7 認証番号用テキストフィールド6つのオートレイアウトの設定値

認証番号再送ボタンを作る

テキストを配置し、「認証番号を再送」と入力します。テキストスタイルは「Body/Bold」を設定し、色スタイルは「Primary」を設定します 図8 。

図8 認証番号再送ボタンの設定値

「オートレイアウト」を設定し、「水平パディング」に「16」を指定します。「水平方向のサイズ調整」と「垂直方向のサイズ調整」を「固定」にし、「W18,H40」に設定します。見た目はテキストリンクに見えますが、最も優先度の低い表現のボタンとして扱うため、「Button」コンポーネントのバリアント として設定します。

「textButton」として追加します 図9 。

74ページ Lesson2-03参照。

図9 オートレイアウトの設定画面

すべての要素を並べる

すべての要素の位置を整えます。このとき、「オートレイアウト」を使うと良いでしょう。

すべての要素にオートレイアウトを適用し、「水平方向のサイズ調整」を「固定」にし、「W375」を指定します。「垂直方向のサイズ調整」を「ハグ」にします。「水平パティング」を「16」、「上パティング」を「24」、「下パティング」を「0」に設定します。

タイトル、テキスト、認証番号入力のためのテキストフィールドの3つの要素に「オートレイアウト」を適用し、「アイテムの間隔（縦）」を「24」に指定します。

認証番号再送ボタンをホームバーのすぐ上に配置します。

これで、認証番号入力画面が完成しました。

パスワード入力画面の要素

パスワードを入力する画面を作ります図10。

図10 パスワード入力画面

Lesson6-02で分解したプロダクトバックログアイテムの以下を満たすようにします。

◎ユーザーが、登録に必要な情報を入力できる

ユーザーが意図しないパスワードを登録しないよう、同じパスワードを2回入力してもらうためにテキストフィールドを2つ用意します。

名前とメールアドレス入力画面の要素をコピーして配置する

パスワード入力画面は、「名前とメールアドレス入力画面」と共通の要素が多いので、名前とメールアドレス入力画面をベースに作ります図11。名前とメールアドレス入力画面のフレーム全体を選択し、「コピー」します。作業をする際に間違えないよう、離れた場所に「ペースト」します。

図11 コピーして配置

画面のタイトルのテキストを「パスワード入力」にします。

プライバシーポリシーと利用規約について書かれているテキストを選択し、タイトルの下に移動します。テキストを「パスワードは、半角の英大文字、英小文字、数字、記号のうち、3種類以上を含む8文字以上で登録してください。」に変更します図12。色スタイルは「Gray80」を指定します。

図12 テキスト変更

ボタンのテキストを「アプリ利用開始」に変更します。名前とメールアドレスを入力するテキストフィールドは新しいものを作成するため、削除します図13。

図13 完成イメージ

パスワード入力のテキストフィールドを作る

パスワード入力のテキストフィールドは、名前とメールアドレス入力画面を作るときに作成したテキストフィールドにパスワード表示切り替えアイコンを追加したものになります。テキストフィールドのバリアントを追加します。テキストの「水平方向のサイズ調整」を「コンテナに合わせて拡大」に指定します。

オートレイアウト内にアイコンを配置します。アイコンのサイズは「W24,H24」を指定します。「オートレイアウト」を「横に並べる」に設定し、「アイテムの間隔(横)」を「10」にします図14。

> **memo**
> パスワード表示切替アイコンは、ユーザーが入力したパスワードをそのまま表示するか、記号に置き換えて隠して表示するかを選択するためのものです。外出先や他の人がいる場所で登録をする場合、パスワードが表示されていると第三者に知られてしまう恐れがあります。

図14 テキストフィールドの設定値

TextField
example
343 × ハグ
コンテンツを切り抜く
オートレイアウト
10

確認のためのパスワード入力テキストフィールドとしてパスワード入力のテキストフィールドをコピーし2つ縦に並べます。

すべての要素を並べる

すべてのコンポーネントの位置を整えます。このとき、オートレイアウトを使うと良いでしょう。全ての要素に「オートレイアウト」を適用し、「水平方向のサイズ調整」を「固定」にし、「W375」を指定します。「垂直方向のサイズ調整」を「ハグ」にします。「水平パティング」を「16」、「上パティング」を「24」、「下パティング」を「0」に設定します。

本章では、パスワードが正しく入力できたかをユーザーに確認してもらうために、登録に必要な情報を入力する要素とアプリの利用開始ボタンで要素を分けます。タイトル、テキスト、テキストフィールド2つの4つの要素に「オートレイアウト」を適用し、「アイテムの間隔(縦)」を「24」に指定します。全ての要素に適用した「オートレイアウト」の「アイテムの間隔(縦)」を「40」に指定します。

これで、すべての画面が完成しました図15。

図15 完成イメージ

画面とコンポーネントのパターンを作る

Lesson6-05・06・07で作った画面をもとにコンポーネントのパターンを展開します。展開したパターンをコンポーネントのバリアントにすることで、ほかの画面でも使い回すことができ、デザインの一貫性を保てます。

テキストフィールドのパターンを作る

テキストフィールドには複数の状態が存在します。デザインをするときに意識したほうがよいパターンは主に以下です。

- 何も入力されていない状態
- テキストフォームが選択されている状態
- 適切な文字量が入力されている状態
- 文字が多量に入力されているか、文字数制限ギリギリまで入力されている状態
- エラーが生じている状態

テキストフィールドのコンポーネントにバリアントとして追加することで、ほかの画面でも展開しやすくなります。認証番号入力フォームについては、文字数を超えた場合の表示はないため作りません。

パスワード入力テキストフィールドには、パスワードの表示・非表示を切り替えるボタンが含まれています。パスワードが表示されたパターンとパスワードが非表示のパターンをそれぞれ作ります。それぞれアイコンの状態が変化する点に気をつけます（次ページ 図1）。

memo

テキストフィールドの状態は、問題や例外が生じないように先回りして考えると良いでしょう。

memo

デザインのパターンを考えるときに、プロダクトデザイナーであるScott Hurff氏が提唱しているUI Stackの考え方が役立ちます。
UIの考慮すべき5つの状態は「理想とされる状態（デザインを作るときに一番最初に考える状態）」「中身が空白の状態」「ユーザーが意図しない動きをした状態」「中身がわずかに存在する状態」「待ち時間が生じている状態」だ、というものです。
https://www.scotthurff.com/posts/why-your-user-interface-is-awkward-youre-ignoring-the-ui-stack/

74ページ　**Lesson2-03**参照。

memo

実際の制作では、制作をしながら共通する部分を見つけてコンポーネントのパターンとして展開していくことが多いです。本Lessonでは説明のため画面を作った後に取り上げています。

図1 テキストフィールドのパターン

プレースホルダー

テキスト

テキスト

プレースホルダー

テキスト

••••••••••••

テキスト

••••••••••••

> **memo**
> 慣れてきたら、テキストフィールドを作るときにはじめからパターンを含めた形でコンポーネントを作っておくとよいでしょう。デザインの考慮漏れを防ぐことができます。

キーボードを配置する

テキストフィールドをタップすると、OS独自のキーボードが表示されます。Figmaでデザインを作る際にも、コミュニティで配布されているキーボードパーツや実際のスクリーンショットを配置することで開発された画面に近い形で見ることができます 図2 。

図2 キーボードが表示されている状態を再現した様子

> **memo**
> キーボードが表示されることで画面の下部の要素が隠れてしまいます。重要な要素はレイアウトや配置を調整し、なるべく隠れないようにします。

横幅が最小サイズの端末の場合のデザインを作る

本章ではフレームのサイズをiPhone 13 miniで作っていますが、iPhone SEサイズのフレームで一部の画面を制作してみることですべての端末で問題なく表示されているかを確認できます。iPhone SEサイズのフレームは、Figmaでフレームツールを使用するときにデザインタブで選択できます 図3。

memo

本稿執筆時点（2023年1月現在）で、考慮しておくとよい最小サイズの画面はiPhone SEサイズです。余裕があれば、大きな画面のときのパターンも考慮しておくと汎用性の高い画面を作ることができます。理想は、すべての画面サイズに適用できるデザインにすることです。

図3 iPhone SEの画面サイズでデザインした様子

プロトタイプを活用する

THEME テーマ

プロトタイプを作ることで、実際のアプリに近いものを再現できます。開発に入る前に、ユーザーに触ってもらったり、ステークホルダーとのコミュニケーションに使うことができます。

プロトタイプ制作の目的

プロトタイプを制作する目的により、作り方や設定が変わります。ユーザーに触ってもらう場合は、現実的な表現のテキストや各OSで使われている同じ見た目のパーツを使うことで実際のアプリに近い状態でフィードバックをもらうことができます 図1。例えば「テスト」のような表現を使わない、各OSで使われているキーボードを使う、などがあります。

図1 **現実的なものと、そうでないものの比較**

本章では、作ったデザインをよりイメージしやすい形にし、プロトタイプをチームメンバーとのコミュニケーションに役立てるためのものとして作ります。例えば、作ったデザインがプロダクトバックログアイテムの内容を満たしているのかをプロダクトオーナー・UXデザイナーと確認するときや、エンジニアが開発時に画面の動きを確認するときに使用します。

Figmaのプロトタイプはあくまで紙芝居のようなもののため、アプリのすべての画面でコンポーネントの状態変化をすべて制作しようとすると作業量が膨大になってしまいます。

チームメンバーとのコミュニケーションに役立てるものの場合は、口頭での補足が可能となります。そのため、プロトタイプの完成度を高めすぎないような形で構築していきます。

プロトタイプでつなぎたい画面を並べる

プロトタイプでつなぎたい画面のフレームを、利用の流れに沿って並べます。どのタイミングでキーボードが表示されるのかも再現するとよいでしょう。本章では、テキストフィールドのある画面に移動した瞬間にキーボードが表示されるようにします 図2 。Lesson6のサンプルファイルの「プロトタイプ」のページに、プロトタイプをはじめられるように一連の画面を並べています。

memo
プロトタイプで一連の流れを表現するために、キーボードが表示・非表示のパターンなど状態が変化したものを作る必要があります。サンプルファイルで用意している画面を参考に制作を進めてみましょう。

図2 サンプルファイルにあるプロトタイプの画面

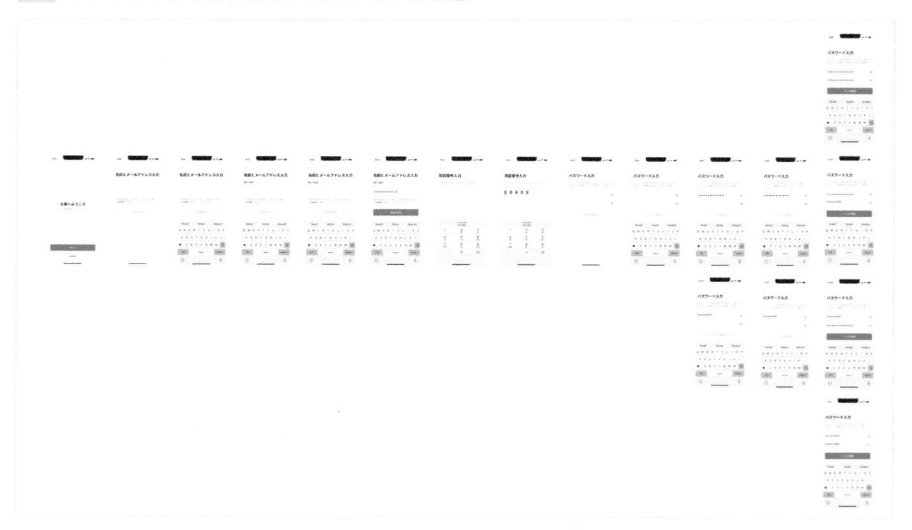

画面をつなぐ

右サイドバーにあるプロトタイプ タブをクリックして、画面をつないでいきます(次ページ 図3)。

90ページ Lesson3-01参照。

図3 **画面をつなぐ**

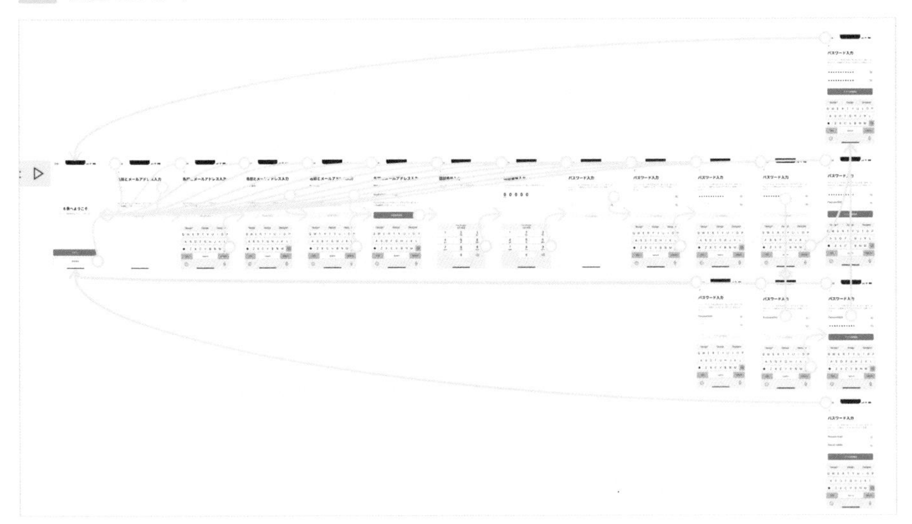

プロトタイプを試しているときに、途中で扉画面に戻りたいことがあります。実際のアプリの挙動とは異なりますが、デザインの要素外の特定のオブジェクトから扉画面に接続すると、デザインに影響を及ぼさないのでオススメです。本章では、ノッチを押すと扉画面に戻るようにします。共有の際はプロトタイプ限定の挙動であることを伝えるようにしましょう 図4。

memo

ノッチとは、スマートフォン上部にあるインカメラのある黒い領域のことを指します。

図4 **ノッチから扉画面へ接続**

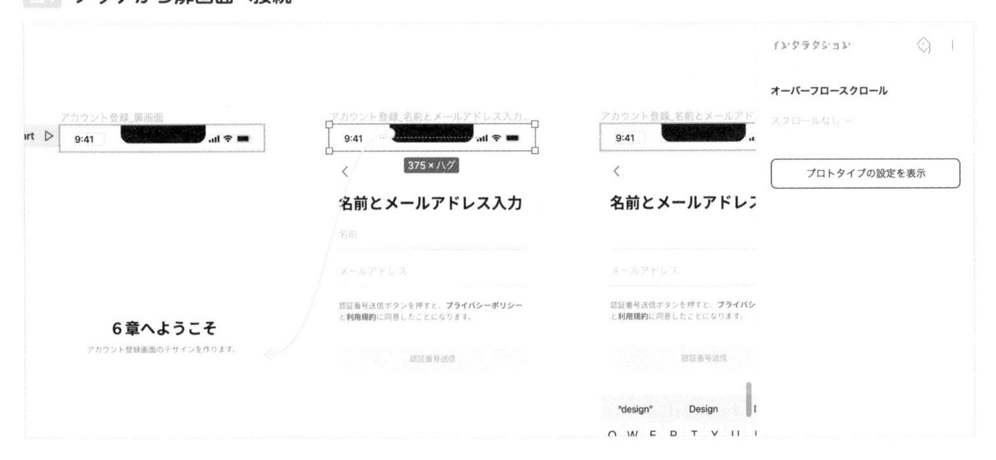

URLを発行して共有する

プロトタイプのリンクをコピーして、チームメンバーに共有します 図5 。

108ページ Lesson4-01参照。

図5 リンクを共有

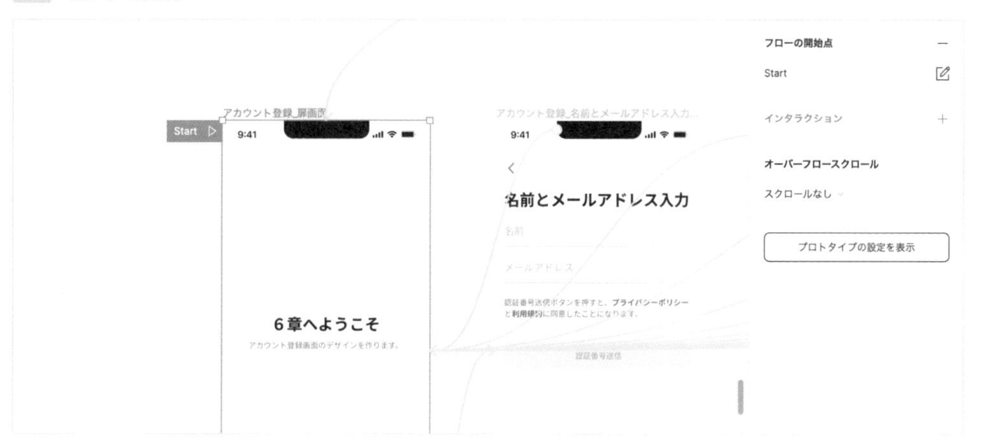

チームメンバーによっては、プロトタイプをスマートフォン以外で見る可能性があります。よりスマートフォンの表示に近い形で見てもらうために、プロトタイプの設定で「デバイス」を「iPhone 13 mini」に設定します 図6 。

図6 プロトタイプの設定

必ずスマートフォン端末で見てもらいたい場合は、すでにプロトタイプにアクセス済みのスマートフォン端末を共有するか、リンクを読み取りやすくするためにQRコードを作成するとよいでしょう。

Google Chromeの場合は、プロトタイプのリンクを開いた画面上で右クリックすると表示されるメニューから「このページのQRコードを作成」を選択すると、QRコードが表示されます。

プロトタイプに関する意見を収集する際は、直接ヒアリングする以外に、Google フォームやGoogle スプレッドシートへの記入を依頼することがあります。プロトタイプ上でコメントをもらうこともできます 図7。

memo
QRコードは、デンソーウェーブの登録商標です。

図7 プロトタイプ上のコメント

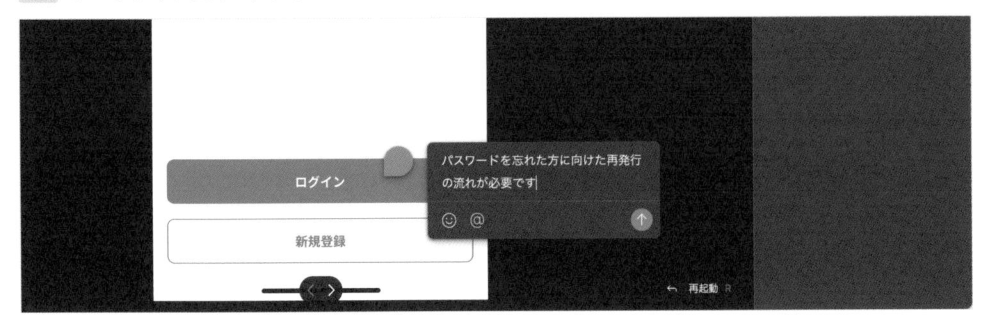

客観的な意見をもらうことで、作っている最中に気づかなかった指摘をもらうことができます。例えば、プロトタイプを操作したエンジニアからより使い勝手のよくなる新しい技術を紹介してもらうことがあります。意識的に取り入れてブラッシュアップを進めましょう。

Lesson 7

外部のデザインツールとの連携

デザインツールには、PhotoshopやIllustratorといった特定の表現に特化したものや、FigmaやAdobe XDのように共同作業を前提としたものなど、さまざまなものが存在します。本章では、Figmaとその他のデザインツールの使い分けや連携・移行方法について解説します。

基本解説　機能解説　実践・制作

Adobeデザインツールと連携する

THEME テーマ　PhotoshopやIllustratorなどの特定の表現に特化したデザインツールと組み合わせて使うことで、より効率的にデザインできます。ここではAdobeデザインツールの使い分け方と、データをFigmaで利用する方法について解説します。

デザインツールの使い分け方

Figmaは優れたデザインツールですが、デザインにおけるすべての工程をFigmaだけで完結させることは困難です。高品質なグラフィックや写真、ロゴやグラフ、映像やアニメーションなどを作り込もうとすると、それらに特化したデザインツールを使ったほうが効率的です。実際の制作現場でも、Figmaとその他のデザインツールを組み合わせて使うシーンはよくあります 図1 。

図1 デザインツールの特性による使い分け

Photoshopのデータを利用する

Photoshopは写真補正や合成、高品質なグラフィックの制作に向いているデザインツールです。Figmaと組み合わせて使う場合、以下のようなデザインはPhotoshopのほうが向いているといえます。

◎高度な写真補正
◎作り込まれた高品質なビットマップ表現
◎RAWファイルの現像

Photoshopで作られたPSDファイルを直接Figmaに読み込むことはできないので、一度何らかのファイルとして書き出す必要があります。Photoshopからファイルを書き出すには、ファイル→書き出し→書き出し形式を選びます 図2 。

図2 **Photoshopからのファイル書き出し**

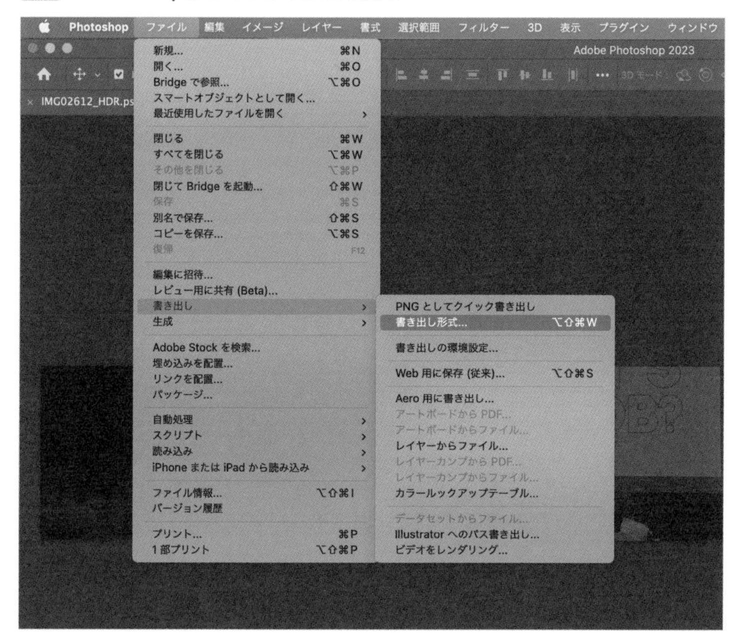

ファイル形式はPNG、JPEG、GIFの3つから選べますが、GIFは256色までしか使えないため、PNGまたはJPEGを選ぶことをおすすめします。PNGまたはJPEGについては、 図3 の基準を参考にしてください。

図3 **ファイル形式**

ファイル形式	向いている表現
PNG	イラストや図版など色数が少なく、色の境界がはっきりしている画像
JPEG	写真など色数の多い画像

このように書き出した画像は単純なビットマップ画像となるので、再編集するにはPhotoshopが必要です。別途PSDファイルも保存しておくことを忘れないように注意しましょう。

memo
Figmaでの画像の読み込み方法は、30ページ、Lesson1-05を参照してください。

Illustratorのデータを利用する

Illustratorは本来印刷物のデザインに特化したデザインツールです。ベクターグラフィックの編集にも長けているため、Figmaと組み合わせて使う場合、以下のようなデザインはPhotoshopのほうが向いているといえます。

- ロゴ
- 複雑な図表やグラフなどのインフォグラフィック
- ベクターベースのイラスト

Illustratorで作られたAIファイルを直接Figmaに読み込むことはできませんが、ベクターグラフィックのコピー＆ペーストは可能です。例えばIllustratorの長方形ツールや楕円形ツールなどでシェイプを描いてコピーし、Figmaにペーストすると、再編集可能なベクターとして貼り付けられます。

もう1つの方法として、IllustratorからSVGファイルに書き出してFigmaに読み込む方法があります。SVGファイルを書き出すには、アセットの書き出しが便利です。Illustratorで書き出したいオブジェクトを選択し、option（Alt）キーを押しながら「アセットの書き出し」パネルにドラッグ＆ドロップします。登録されたアセットを選び、「書き出し設定」の「形式」で「SVG」を選んだ上で「書き出し」ボタンをクリックします図4。

memo
ベクターグラフィックの状態、またはIllustrator側で使っている機能によっては正しく編集状態を保てない場合があります。また、テキストや複雑なグラフィックをコピー＆ペーストしたときは、ビットマップ画像に変換されます。

memo
「アセットの書き出し」パネルが表示されていない場合、ウィンドウ→アセットの書き出しを選択してください。

図4 Illustratorからのアセットの書き出し

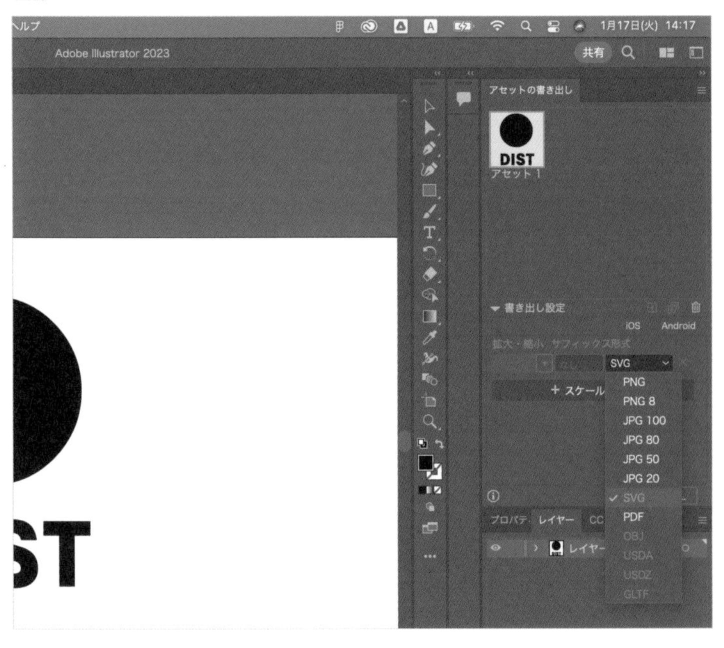

Illustrator側の作り方によっては、SVGとして書き出せずビットマップになってしまう場合もあります。その場合はPNG、JPEGなどのビットマップとして書き出すことも検討しましょう。Figmaに読み込んだSVGは再編集も可能ですが、高度なパス編集はIllustratorのほうが向いていますので、別途AIファイルも保存しておくことを忘れないように注意しましょう。

Adobe XDから移行する

Adobe XDは、Figmaと近い機能を持ったデザインツールです。日本語化のタイミングが早かったこともあり、特に日本市場では人気を得ています。Figmaとは基本的な機能において似た部分も多いため、Adobe XDに長けたデザイナーであればFigmaの習熟も早く進むでしょう。

残念ながらFigmaにはXDファイルを直接読み込む機能はありませんが、XDファイルをFigmaで読み込めるように変換するサードパーティー製のツールがいくつか存在していますので以下に紹介します 図5 図6 図7 。いずれもすべてのXDファイルを100%完全に変換できるわけではなく、変換の精度もツールによって異なります。しかし膨大なXDファイルがある場合は、ゼロから作り直すより変換してから必要に応じて修正するほうが早く移行できるでしょう。

Adobe XD to Figma

Magiculが提供している有料の変換サービスです。XDファイルをアップロードすることで、Adobe XDのコンポーネントをFigmaのコンポーネントに変換したり、プロトタイプのトランジションを変換したりできます。アートボード数や変換回数に応じて利用料金が変わります。Figmaのほかに、PhotoshopやIllustratorからの変換ツールも提供されています。

図5 Adobe XD to Figma（有料）

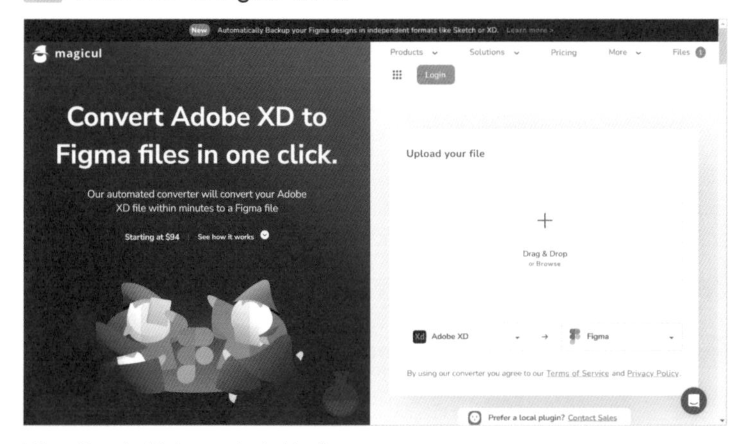

https://magicul.io/converter/xd-to-figma

memo

Figmaでの画像の読み込み方法は、30ページ、Lesson1-05を参照してください。

memo

かんたんなシェイプであれば、SVGファイルを通してエクスポート、インポートが可能です。

POINT

サードパーティーとは、当事者ではない第三者という意味です。この節では、Adobe XD側でもFigma側でもない別の会社や団体を指します。

memo

本書で紹介しているサードパーティー製ツールを使ってデータが正常に変換できない、破損するなどの問題が発生した場合でも、一切の責任を負うことはできませんのでご了承ください。ファイルのバックアップを取った上、自己責任でご利用ください。

Convertify

Figmaプラグインとして提供されている有料の変換ツールです。基本的にはファイルをFigmaからAdobe XD、Sketch、After Effectsなどに変換するためのプラグインですが、ベータ版の機能としてXDファイルをFigmaにインポートする機能もあります。これらは通常有料の機能ですが、10回までは無料で利用できます。

図6 Convertify（有料、無料トライアルあり）

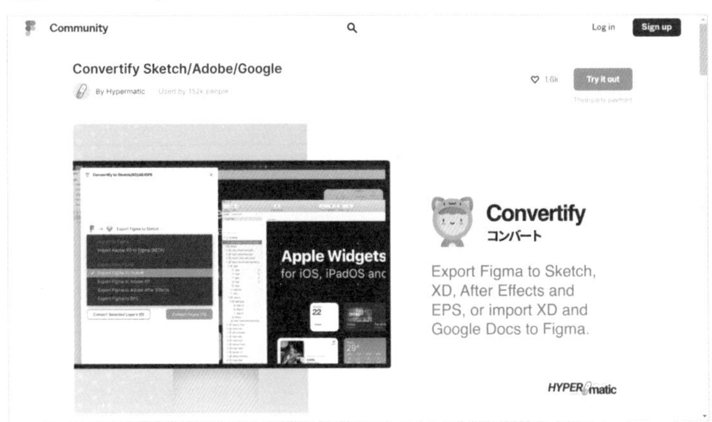

https://www.figma.com/community/plugin/849159306117999028/Convertify-Figma-to-Sketch%2FXD

html.to.design

これまでのツールとは違い、XDファイルではなくHTMLを直接Figmaのデザインファイルに変換するためのFigmaプラグインです。Web上のどんなURLからでも変換ができるため、すでに完成しているWebサイトをFigmaのデザインファイルにしたいときに便利です。無料版では毎月20回までの変換が可能です。

図7 html.to.design

https://www.figma.com/community/plugin/1159123024924461424/html.to.design

Sketchから移行する

Figmaと同じくUIデザインに特化したデザインツールとして、Sketchが挙げられます。ここではSketchからFigmaへのデータ移行の方法について解説します。

Sketchファイルをインポートする

Figmaでは、Sketchで作られたSketchファイルをインポートできます。「ファイル」→「Sketchファイルから新規作成」を選びます。インポートしたいSketchファイルを選び、「開く」ボタンをクリックします 図1。

図1 Sketchファイルから新規作成

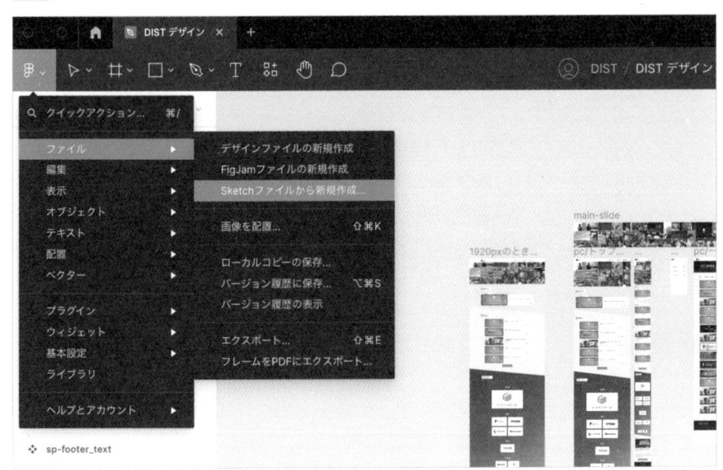

ただし、Figmaでインポートがサポートされている機能は一部のみとなっており、以下のとおりです。

- Page（Figmaにおけるページ）
- Symbol（Figmaにおけるコンポーネント）
- Font（Figmaにおけるテキストのフォント）

Appearance（Figmaにおけるスタイル）をはじめインポートできない、あるいはインポートできても表示が崩れてしまうこともあるため、その場合はFigmaで作り直しとなります。

Index 用語索引

アルファベット

五十音

あ行

か行

さ行

た行

は行

ま行・ら行・わ行

著者紹介

相原 典佳 （あいはら・のりよし）

Lesson 1・2・3執筆

1984年群馬県生まれ。2006年よりDTP、Web制作に携わる。Webアシスタントディレクター業務を経たのち、2010年にフリーランスとして独立。また、デジタルハリウッドなどでWeb制作の講師としても活躍。デザインからフロントエンド構築まで、一貫したWebサイト制作を提供している。

Twitter：@noir44_aihara

沖 良矢 （おき・よしや）

Lesson 4・7執筆

1981年愛媛県生まれ。インタラクションデザイナー。2003年よりWeb制作に携わる。2008年にフリーランスとして独立後、2019年に合同会社世路庵（せろあん）を設立。ビジネスとクリエイティブの両立を強みとして、戦略立案、UI/UX設計、デザイン、フロントエンド開発に携わる。現場で培った知見をもとに講演、執筆、コミュニティ運営にも取り組んでいる。長岡造形大学デザイン学科非常勤講師、WebクリエイティブコミュニティDIST代表、Vue.js-jpコアスタッフ。

Web：https://www.ceroan.co.jp/

Twitter：@448jp

倉又 美樹 （くらまた・みき）

Lesson5執筆

1985年新潟県生まれ。Web／UI／DTPデザイナー。2014年にフリーランスとして独立。女子美術大学デザイン・工芸学科プロダクトデザイン専攻および横浜芸術高等専修学校非常勤講師。「駆け出しデザイナーを一人にしない」をミッションにするコミュニティ「まるみデザインファーム」を運営している。Adobe MAX 2021登壇。

Web：https://miki-kuramata.com/

Twitter：@nicoicon_design

岡部 千幸 （おかべ・ちゆき）

Lesson6執筆

GUIデザイナー／UXデザイナー。法政大学デザイン工学研究科システムデザイン専攻卒業後、事業会社に入社。既存サービスのグロース、ゲーム開発などを経験。2018年ベンチャー企業に入社後は、GUIデザインを軸足にプロジェクトの進行を支援。その後、独立。個人事業主として多くのプロダクト開発を経験後、株式会社cencoを設立。2022年より女子美術大学非常勤講師。

Web：https://cenco.design/

●制作スタッフ

[装丁] 西垂水 敦（krran）
[カバーイラスト] 山内庸資
[本文デザイン] 加藤万琴
[DTP] リブロワークス・デザイン室
[編集] リブロワークス
[編集協力] 久賀美意子　笹 明美　長谷川未来　福島一天　松岡ふみ
奈良 葵・阿部萌夏（合同会社世路庵）　野中麻未（cenco）

[編集長] 後藤憲司
[担当編集] 熊谷千春

初心者からちゃんとしたプロになる

Figma基礎入門

2023年6月1日　初版第1刷発行

[著者] 相原典佳　沖 良矢　倉又美樹　岡部千幸
[発行人] 山口康夫
[発行] 株式会社エムディエヌコーポレーション
〒101-0051　東京都千代田区神田神保町一丁目105番地
https://books.MdN.co.jp/
[発売] 株式会社インプレス
〒101-0051　東京都千代田区神田神保町一丁目105番地
[印刷・製本] 中央精版印刷株式会社

Printed in Japan

【カスタマーセンター】
造本には万全を期しておりますが、万一、落丁・乱丁などがございましたら、送料小社負担にてお取り替えいたします。お手数ですが、カスタマーセンターまでご返送ください。

落丁・乱丁本などのご返送先
〒101-0051　東京都千代田区神田神保町一丁目105番地
株式会社エムディエヌコーポレーション カスタマーセンター
TEL：03-4334-2915

書店・販売店のご注文受付
株式会社インプレス　受注センター
TEL：048-449-8040 ／ FAX：048-449-8041

【内容に関するお問い合わせ先】

株式会社エムディエヌコーポレーション
カスタマーセンター メール窓口

info@MdN.co.jp

本書の内容に関するご質問は、Eメールのみの受付となります。メールの件名は「Figma基礎入門　質問係」、本文にはお使いのマシン環境環境（OSとWebブラウザの種類・バージョンなど）をお書き添えください。電話やFAX、郵便でのご質問にはお答えできません。ご質問の内容によりましては、しばらくお時間をいただく場合がございます。また、本書の範囲を超えるご質問に関しましてはお答えいたしかねますので、あらかじめご了承ください。

ISBN978-4-295-20493-0　C3055